Helas ARCHITEKTUR IN DRESDEN 1800–1900

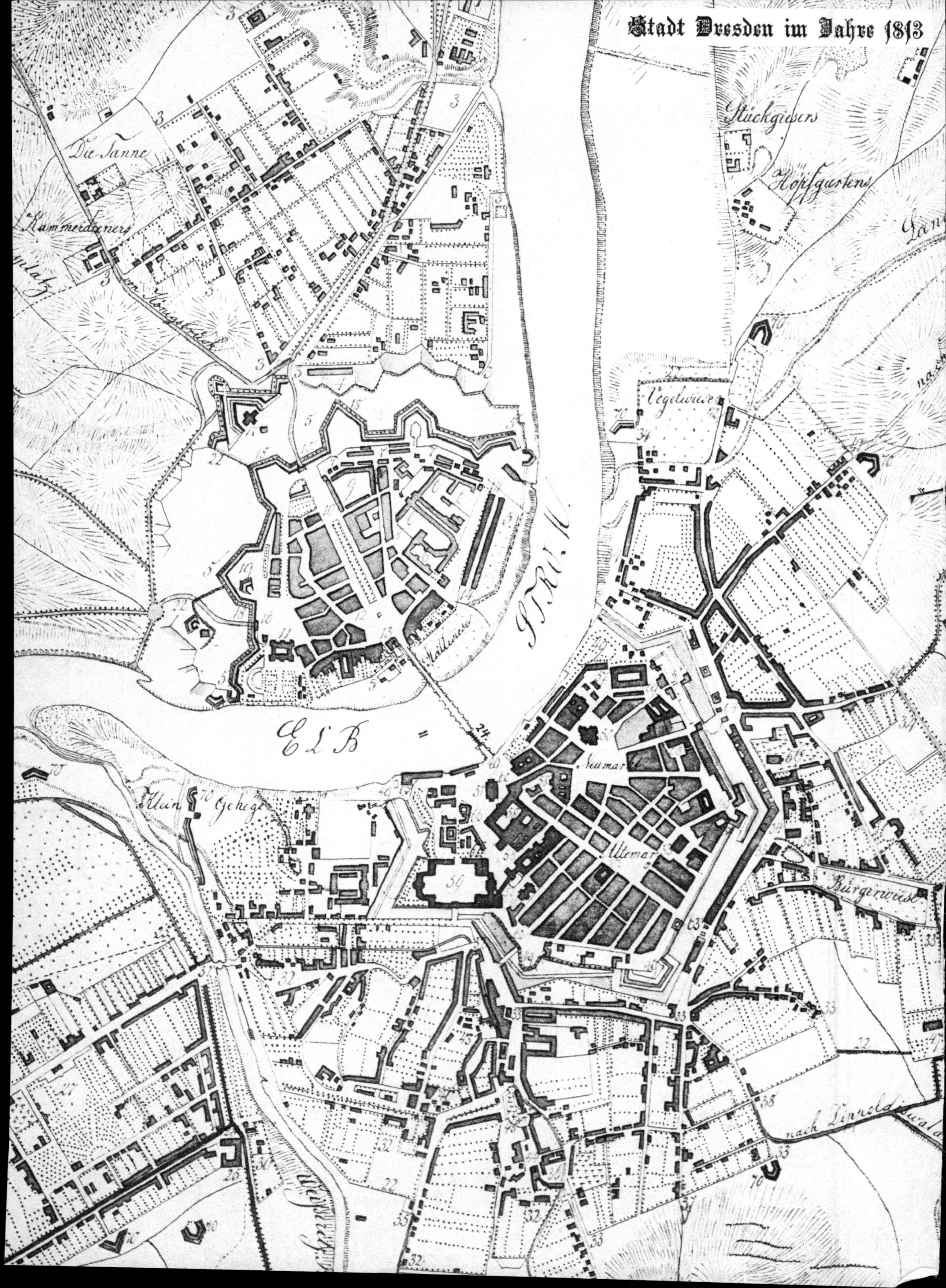

Stadt Dresden im Jahre 1813

Volker Helas

ARCHITEKTUR IN DRESDEN 1800 — 1900

2., durchgesehene Auflage

Springer Fachmedien Wiesbaden GmbH

Die Abbildung auf dem Schutzumschlag zeigt
das Altstädter Elbufer mit der Brühlschen Terrasse,
der Hofkirche, dem Hoftheater und der Augustusbrücke
im Jahre 1896 (unbekannter Fotograf).

1. Auflage 1985
2., durchgesehene Auflage 1986

Ursprünglich erschienen bei Friedr. Vieweg & Sohn Verlagsgesellschaft mbH, Braunschweig 1986
Softcover reprint of the hardcover 2nd edition 1986
Einbandgestaltung: Peter Neitzke, Köln
Lithographie: Schütte & Behling, Berlin
Satz: RES, R.-E. Schulz, Dreieich

ISBN 978-3-528-18696-8 ISBN 978-3-322-84117-9 (eBook)
DOI 10.1007/978-3-322-84117-9

Für meinen Vater

Das Material zu diesem Buch wurde zwischen 1971 und 1975 gesammelt und 1982 durch Zusätze erweitert.
Herr Dr. Heinrich Magirius, Dresden-Radebeul, hat meine Aufmerksamkeit auf das Thema dieser Untersuchung gelenkt und diese durch Rat und Anteilnahme gefördert.
Herr Dr. Fritz Löffler, Dresden, hat mir mit manchem Hinweis geholfen; Herr Prof. Dr. Hans Nadler, Dresden, und mein akademischer Lehrer, Herr Prof. Dr. Ernst Ullmann, Leipzig, haben die Unternehmung durch ihr interessiertes und geduldiges Wohlwollen ermöglicht.
Ihnen und meiner Frau sei herzlich gedankt.

Inhalt

Exercir-Platz
ANTONSTADT
Kirchhof
Scheunenhöfe
Sächs. Schles. Bahnhof
Leipzig-Dresd. Bahnhof
Winter-Hafen
Bautzner Platz
Caserne
Hospital-Platz
Cavallerie Caserne
Palais-Platz
NEU STADT
Alte Brücke
Kl. Ostra Gehege
Theater
Neu-Markt
Alt-Markt
Pirnaisch Platz
Pirnaischer Schlag
Das Lämmchen
Chemische Fabrik
Stückgiessers
Hopfgarten
Kön. Stall-Wiese
Wiegenvoigts Haus
Fleischer Wiese
Vogelwiese
Holzhof
Rampischer Schlag
Grosser
Prinz Johanns Garten
Dohnaischer Schlag
Freiberger Platz
Löbtauer Schlag
Freiberger Schlag
Bahnhof der Alberts-Bahn
Taubstummen Institut
Blinden Institut
nach Dippoldswalde
Bahnhof
Sächsisch-
Stadt Dresden im Jahre 18

Einleitung

Die Residenzstadt Dresden erlebte im 19. Jahrhundert die Industrielle Revolution. Es entstanden ein neues sozialökonomisches System, neue politische Strukturen, neue Bauaufgaben. Die wirtschaftliche Betätigung, die Bevölkerung und das Bauaufkommen wuchsen um ein Vielfaches.

In diesem Buch soll die Architektur der Stadt zwischen 1800 und 1900 untersucht werden. Doch nur allzu bekannt ist, daß die Stadt dieses Zeitabschnitts nicht mehr existiert. Nicht, weil sie überformt worden wäre, sondern weil weite Flächen der Stadt am 13./14. Februar 1945 zerstört worden sind. Es wird daher der Versuch unternommen, durch die gedankliche Rekapitulation des Gebauten einen Aufschluß darüber zu gewinnen, welche Idealbilder Bauherren und Architekten bewegt hatten. Bilden doch Bauten Weltsichten ab, wie sie, um diese hervorzubringen, errichtet wurden. Bauwerke deuten eine Welt, über sie erschließt sich das Denken ihrer Erbauer.

Es ist problematisch, mit der Untersuchung einer subjektiv vollzogenen Auswahl einzelner Bauwerke, deren Daten zufällig überliefert worden oder die ebenso zufällig nicht zerstört worden sind, die architektonische Eigenart einer großen Stadt nachvollziehen zu wollen. Es ist zu hoffen, daß sich aus der Beschreibung des Einzelnen das Bild eines Ganzen zusammenfügt. Als Ganzes ist die tendenzielle bauliche Entwicklung der Stadt des 19. Jahrhunderts in ihrer Eigenart zu verstehen, die zu beschreiben versucht wird. Die Beschränkung der Untersuchung auf die Spanne eines Jahrhunderts ist weder zwingend noch willkürlich. Sie bietet sich jedoch an, denn das 19. Jahrhundert wurde trotz Heiliger Allianz ein neues Jahrhundert, das bürgerliche. In diesem Jahrhundert entstand eine Architektur eigener Prägung. Für sie wurde das Entstehen einer Vielzahl neuer Bauaufgaben, die quantitative Steigerung des Gebauten, die Trennung des Ingenieurbaus von der Kunstgattung Architektur und die Verwendung historisierender Stilzitate kennzeichnend. Letzteres kann als Charakteristikum für die Architektur dieses Jahrhunderts betrachtet werden. Die Untersuchung setzt ein, als diese Gestaltungsweise zur dominierenden wurde und endet, als sich die Einsicht verbreitete, daß eine Stilverbrämung in der Architektur entbehrlich sei, da die Gesellschaft des Rückbezuges und der Rückversicherung bei der Historie nicht mehr bedürfe. Die Zäsur, die durch diese Erkenntnis markiert wurde, kann unterschiedlich gezogen werden, entweder mit dem Aufkommen des Jugendstils oder mit der Neuen Sachlichkeit. Für Dresden ist die Jahrhundertwende als Zeitschnitt gewählt worden, weil sich um 1900 ein sehr deutlicher Sinneswandel im Umgang mit dem historischen Formzitat bemerken läßt.

Die Untersuchung der Dresdner Architektur im 19. Jahrhundert bereitet besondere Schwierigkeiten dadurch, daß nicht nur große Teile der Stadt, sondern auch die Archivalien des Stadtbauamtes zerstört worden sind. Die Quellenlage ist daher meist schlecht. Die Untersuchung mußte sich wegen dieser Ausgangslage auf das Stadtgebiet in seiner heutigen Ausdehnung beschränken, die Vororte sind dabei unterschiedlich ausführlich behandelt worden. Aus den erhaltenen Bauten, aus Planungen, aus Mappenwerken, historischen Fotografien und Beschreibungen ergibt sich dennoch das Bild ausgeprägter architektonischer Eigenart, die im folgenden dargestellt werden soll.

Bei einem Thema wie der Architektur des 19. Jahrhunderts, des Historismus, das bis in letzter Zeit kontrovers beurteilt wurde, ist es unerläßlich, eingangs einige geistesgeschichtliche Hintergründe, philosophische Theorien und kunsthistorische Begriffe wenigstens andeutungsweise zu berühren, die für die Architektur des 19. Jahrhunderts und für das heutige Verständnis von Belang sind.

Zur Theorie des Historismus

Die Vergangenheit als Vorbild

Der kunsthistorische Begriff Historismus bezeichnet die Verwendung bereits geschichtlicher Kunstformen. Er umfaßt auch die Theorie, die die Wiederaufnahme dieser Formen begleitet. Die Aufnahme historischer Kunstformen wurde gern als „Stilmaskerade“ oder als „Stilchaos“ geschmäht. Ein Chaos ist jedoch nur solange ein Chaos, wie dessen Regeln unbekannt sind. Feste Konventionen in der Wahl der Stilvorbilder sind jedoch unverkennbar. Bestimmten Bauaufgaben wurden bestimmte Stile zugewiesen – Kirchen wurden gotisch, Schlösser barock stilisiert. Das Weltbild des Bürgertums war im 19. Jahrhundert durch Ideale bestimmt, die von der Realität oft erheblich abwichen. Sie wandelten sich, da sie den Umständen angepaßt wurden, die sich mit der raschen Entwicklung der bürgerlichen Gesellschaft ebenso schnell änderten. Das Bürgertum suchte sich immer dann wieder neue Leitbilder, wenn es sich erwiesen hatte, daß sich bestimmte Vorstellungen nicht verwirklichen ließen. Daß es sich sehr häufig auf geschichtliche Leitbilder bezog, um einem gegenwärtigen Ideal Gestalt zu verleihen, war dadurch bedingt, daß keine Realität mit ihrem historischen Vorbild unmittelbar vergleichbar ist. Probleme, die in der Gegenwart unlösbar erschienen, wurden in die Vergangenheit projiziert, ohne daß die Unlösbarkeit des Problems augenfällig zu werden brauchte.

Die Funktion der historischen Kunst

Die Ideale einer Klasse, wie die künftige Gesellschaft und wie die Kunst beschaffen sein solle, pflegen homogen in sich geschlossen zu sein, wenn diese Klasse am Beginn ihrer geschichtlichen Entwicklung steht und ihre grundlegenden Interessen zwar bereits erkannt, ihre Ideale jedoch erst in recht allgemeiner Form formuliert hat.

Eine solche Einheitlichkeit wurde in Deutschland gegen Ende des 18. Jahrhunderts durch eine wachsende Verschiedenheit der Weltsichten abgelöst. Diese Verschiedenheit rührte von divergierenden Idealen und ließ eine gewisse Unsicherheit des Urteils aufkommen. Kein Ideal und daher auch keine Kunstform besaß noch Allgemeinverbindlichkeit. Doch da auf ideellem Gebiet zur allgemeinen Verständigung Korrespondenzformen gefunden werden mußten, wurde nach Wegen gesucht, die trotz der eingetretenen Unsicherheit eine hinreichende Verständigung erlaubten.

Verständigungen sind grundsätzlich nur dann möglich, wenn die Ausdrucksmittel allen vertraut sind. Ein fester Sinn- und Bedeutungsgehalt pflegt sich nur durch fortwährende Übung und über einen langen Zeitraum herauszubilden; neue Ausdrucksmittel zu erfinden, bereitet größte Mühe. Es liegt daher nahe, solche Ausdrucksmittel zur Korrespondenz zu benutzen, die bereits als Träger von Bedeutungen und Informationen existieren. Als solche boten sich die bekannten Formen der historischen Kunst an. Sie vermochten bei dem Betrachter – unter der Voraussetzung einer entsprechenden Bildung – über sein Wissen oder seine Emotionen Reflexionen über einen Sinngehalt auszulösen, der durchaus im außerkünstlerischen Bereich liegen konnte.

Philosophie und Historismus

Das philosophische Denken der Aufklärung hat die Herausbildung des Historismus als Weltbild und als Stil in der Architektur wesentlich beeinflußt. Die am Bauwerk realisierten Intentionen sind in der Philosophie als ideale Postulate verbal formuliert worden. Es mag daher dem Verständnis der historischen Architektur dienen, sich mit den theoretischen Begründungen für die Verwendung der historischen Kunstformen zu befassen. Die Philosophie war in diesem Wechselverhältnis der gebende Teil. Die theoretischen Begründungen für die Verwendung historischer Kunstformen sind oft eine Generation vor ihrer Umsetzung in die Architektur formuliert worden. Grundlegende Denkweisen, die das Bild der Architektur des 19. Jahrhunderts geprägt haben, sind im philosophischen Denken vorgebildet worden, so die Überzeugung von der Vorbildhaftigkeit der historischen Kunst und, daraus abgeleitet, die Forderung nach ihrer Nachahmung; die Trennung des Schönen vom Zweckmäßigen mit der Konsequenz der Unterscheidung zwischen Baukunst und Ingenieurbau; das Prinzip der Bekleidung eines Bauwerks mit symbolhaften, bedeutungsträchtigen Formen mit der Folge, daß die Fassadengestaltung zur überbewerteten Aufgabe der Architektur gemacht wurde.

Kant

In der Architekturästhetik des 19. Jahrhunderts war Schönheit eine notwendige Bedingung der Kunst, und zwar die Schönheit der Form.
Für Kant war die Form Gegenstand ästhetischen Wohlgefallens. Er schätzte die reine Form, ohne ihre Zweckbindung in seine Bewertung einzubeziehen, er negierte damit ältere ästhetische Anschauungen von der engen Verbindung zwischen Schönheit und materieller Nützlichkeit. Bei Kant ist daher die Überbewertung der Kunst*form* angelegt, ein Phänomen, das für die Architektur des 19. Jahrhunderts bezeichnend werden wird[1]:
Bauten, die ihren Sinn aus ihrer materiellen Zweckbestimmung erhalten, brauchen nicht schön zu sein und bedürfen daher auch nicht der Gestaltung durch den Architekten. Damit ließ sich der Ingenieurbau aus dem Aufgabenkreis des Architekten ausscheiden. In diesem System war kein Platz für eine Schönheit, die aus der Erfüllung materieller Zweckmäßigkeit resultiert.
Für die Architekturästhetik des 19. Jahrhunderts wurde auch der Kant'sche Begriff der „anhängenden Schönheit" bedeutungsvoll[2]. Dieser Begriff setzt ein Ideal voraus, einen „Begriff der Vollkommenheit", einen Kodex idealer Formen. Diese wurden weniger in der mißlichen Gegenwart, sondern in Zeiten gesucht, die für vorbildlich gehalten wurden und konnten kaum anders als antik oder mittelalterlich gedacht werden.

Schelling

Schelling gehört in den Kreis der Theoretiker, die durch die gedankliche Trennung des Schönen vom Zweckmäßigen jene Entwicklung in der Architektur einzuleiten geholfen haben, die als Gegenüberstellung von Baukunst und Ingenieurbau ebenso bezeichnend wie verhängnisvoll geworden ist.
Schellings Grundvorstellung von Architektur als schöner Kunst läßt sich in einem Satz zusammenfassen: Sie habe in Gestalt des Anorganischen das höhere Prinzip des Organischen zum Ausdruck zu bringen. Wie Kant trennte er das Schöne vom Nützlichen[3]; bei ihm klingt bereits die folgenschwere Lehre von der Unvereinbarkeit von Kunst und Technik an[4].
Die Aufgabe der Kunst suchte Schelling in der Darstellung eines idellen Prinzips. Die Plastik habe die Aufgabe, „Ausdruck der Vernunft als Wesen der Materie"[5] zu sein, die Architektur, den Organismus als „präformiert im Anorganischen" darzustellen[6].
Als besonders geeignet für die Darstellung des Organischen hielt Schelling die Nachahmung der Pflanzenwelt. Die Gotik sah er eng mit dem organischen Vorbild verbunden; die Ableitung der gotischen Säule vom Baum führte er breit aus[7]. Die Kunst der Antike hielt er allerdings für die überlegene; die Säule, glaubte er, deute nicht auf die Pflanze, sondern auf die menschliche Gestalt hin, die er als Verkörperung des höheren organischen Prinzips betrachtete. Gemäß dieser anthropomorphen Betrachtungsweise gliederte Schelling ein Bauwerk in Verschiedenes bedeutende Teile. Die Basis stehe für die Füße, der Säulenschaft für den Leib, das Kapitell für den Kopf. „Je näher dem Gipfel, desto bedeutender werden alle Formen. Das Fronton bedeutet schon dem Namen nach die Stirne des Gebäudes. Dieß ist der Ort der vorzüglichsten Verzierungen . . ."[8].
Schelling hatte die klassischen Säulenordnungen als Inbegriff des Symbolischen auf ihre Eignung untersucht, über ihre ästhetische Erscheinung hinaus „Vorbedeutung von etwas Höherem" erlangen zu können. Die Darstellung eines ideellen Prinzips mittels historischer Kunstformen schloß den ständigen Rückbezug ein, weil nur die kanonisierte historische Form und keine andere symbolhaft gebraucht werden konnte.
Die mit diesem Zwang des Rückgriffs verbundene fiktive Unmöglichkeit, mit neuen Formen bedeutungsträchtige Symbolformen zu schaffen, charakterisierten die historistische Architekturtheorie und das Gebaute zu einem guten Teil.

Hegel

Auch Hegel äußerte sich zu Fragen der Architektur. Für ihn ist „der Grundtypus der Architektur die *symbolische* Kunstform"[9]. Architektur bedürfe stets des Rückgriffs auf die symbolische Form, die Hegel sich als historische Form dachte. „Ihrem eigentlichen Begriff" scheint Hegel nur die antike Architektur zu entsprechen[10].
Die philosophische Begründung der Überlegenheit antiker Kunst hat die Rezeptionsbereitschaft gegenüber dieser während des Klassizismus gefördert; Hegels Auffassung von Architektur als symbolischer Kunstform hat zur Herausbildung eines an der Antike orientierten Formenkodex beigetragen.

Schopenhauer

Nach 1849 wurde das deutsche Bürgertum aufnahmewillig für die Schopenhauersche Philosophie des Pessimismus. Schopenhauer sah in der interesselosen Kontemplation eine Bedingung des Schönen. Schön sei ein Gegenstand, wenn in ihm nicht das einzelne Ding, sondern eine Idee zu erkennen sei[11]. Die Idee, die es zu erkennen gälte, reduzierte Schopenhauer auf elementare ästhetische Qualitäten. Die Baukunst solle Schwere, Kohäsion, Starrheit, Härte, „diese allgemeinen Eigenschaften des Steins, diese ersten, einfachsten, dumpfesten Sichtbarkeiten des Willens, Grundbaßtöne der Natur" sichtbar werden lassen[12]. Diese Denkweise hat alle diejenigen in ihrem Tun bestärkt, die an den Fassaden ihrer Häuser ausgeprägt tektonisch determinierte Gliederungen zu zeigen pflegten, die Neogotiker, die gern ein konstruktives System zeigten, die Renaissancisten, die Lasten und Tragen durch applizierte, konstruktiv keinesfalls erforderliche Säulenordnungen verdeutlichten.
Für die Herausbildung des Historismus ist auch Schopenhauers Geniekult folgenreich gewesen. Genialität galt ihm neben Heiligkeit als eine der beiden Formen, in denen das bessere Bewußtsein auftreten könne. Das diesem Geniekult innewohnende Elitedenken ermöglichte dem Bourgeois, sich aus der ungebildeten Masse herausgehoben zu fühlen. Nur ihm brauchte die zitierte historische Form und deren inhaltlicher Bezug verständlich zu sein.
Der Geniekult hatte eine weitere Konsequenz für das Denken darüber, worin Geschichtlichkeit bestehe. Schopenhauer war zeitlebens ein Feind des Entwicklungsgedankens. Als Anhänger Linnés war er der Ansicht, daß Natur und Gesellschaft sich nicht verändern. Daher schien es ihm angemessen, große Personen unterschiedlichster Zeiten gleichwertig und undifferenziert nebeneinander zu stellen. Diese ungeschichtliche Gleichsetzung fand eine Parallele in der Architektur des Historismus, in der zu gewissen Zeiten unterschiedlichste historische Epochen oder Stile gleichrangig behandelt wurden. Das Zusammenfügen von Stilelementen verschiedenster Herkunft ist in dieser ahistorischen Betrachtungsweise angelegt.

Nietzsche

Nietzsche hat bedeutenden Einfluß auf das Denken des deutschen Bürgertums gehabt. Die aphoristische Form seines Werkes erschwert es, seinen Einfluß auf die Theorie und die Architektur des Historismus zu verfolgen, zumal er sich fast gar nicht zu Fragen der Architektur geäußert hat.
Bei flüchtiger Betrachtung erscheint Nietzsche geradezu als Kontrahent des Historischen, wenn er sich gegen das „Übermaß des Historischen" wendet. Seine Aversion gipfelte in folgendem Satz: *„Es gibt einen Grad von Schlaflosigkeit, von Wiederkäuen, von historischem Sinne, bei dem das Lebendige zu Schaden kommt, sei es nun ein Mensch oder ein Volk* oder eine Cultur."[13] Damit stellte Nietzsche den Entwicklungsgedanken und die Rolle der kulturellen Tradition in Frage.
Nietzsches Verachtung der „ungeistigen Masse" erfaßte durchaus nicht alle Schichten des Bürgertums. Sie infizierte jedoch im kaiserlichen Deutschland oft diejenigen, die im kulturellen Bereich den Ton angaben[14]. Nietzsches erklärte Geschichtsfeindlichkeit fördert das gründerzeitliche Elitebewußtsein. Als ästhetische Konsequenz auf architektonischem Gebiet bedeutete das keineswegs den Verzicht, sondern die intensivere Hinwendung zu historischen Stilen, die mehr als vorher üblich abgewandelt und in historisch willkürlicher Weise zusammengestellt wurden und ihre historischen Vorbilder nicht mehr nur nachahmten, sondern zu überbieten suchten.
Das Elitedenken äußerte sich in der Geschichtsschreibung in der Heroenverehrung und in der offiziellen Kunst im Heroischen. In der Architektur fand der Heroismus in einer Hypertrophie von Maßstäben, Ansprüchen und Formen seinen Ausdruck, in der Neigung zum Gigantischen und Pathetischen, im Streben nach elitärer Distanz. Elitebewußtsein fordert Distanz zur Masse. Der Bezug auf exotische Stile – auf die maurische, türkische, indische oder chinesische Kunst, die vor allem das Besondere herausstreichen und erst in zweiter Linie ästhetischem Genuß dienen sollten, diente dazu, Distanz sichtbar zu machen.

Semper

Sempers theoretisches Hauptwerk entstand lange nach seiner Dresdner Zeit. Als Lehrer wird er Anschauungen vertreten haben, die sich nicht wesentlich von dem unterschieden haben dürften, was er später niedergeschrieben hat. Denn es ist bezeichnend für Semper, daß seine Ideen – seine Theorien oder seine Bauvorstellungen – sich über Jahrzehnte nur wenig geändert haben.
Semper war nicht deshalb Historist, weil er Kunstformen materialistisch als Resultat historischer Entwicklungen betrachtete und, auf gründlichen historischen Forschungen fußend, bei seinen Bauten Elemente der historischen Kunst wie Zitate verwendete. Semper war Historist wegen des seiner Kunsttheorie innewohnenden Zwanges zum fortwährenden Rückgriff auf die historische Kunst.
Die in seinem theoretischen Hauptwerk[15] dargelegte Bekleidungstheorie geht davon aus, daß die textile Kunst als die historisch älteste ihren Formenschatz den jüngeren Künsten, dem Holzbau, dann dem Steinbau, mitgeteilt habe. Aus funktionellen Elementen seien Elemente hervorgegangen, die die frühere Funktion nunmehr symbolhaft darstellten. Das ursprünglich funktionelle Bauglied – z.B. die Säule – werde zu einem entstofflichten ideellen

Bedeutungsträger, im Falle der Säule zum Symbolisieren des Tragens, als Erscheinung gewordene Idee. So ist die Darstellung der ideellen Funktion unauflöslich und unabänderbar mit der historischen Kunst verbunden, an diese geradezu gefesselt.
Auch Sempers Forderung nach Stilgerechtigkeit erweist sich als steter Zwang zum Rückbezug auf die historische Kunst. Semper hatte die historische Kunst mit der Absicht studiert, das Zusammenwirken aller bei der Entstehung des Kunstwerks beteiligten Faktoren darlegen zu können. Dem Entstehungsvorgang widmete er deshalb so viel Aufmerksamkeit, weil es erst die Kenntnis des Entstehungsvorganges ermögliche, den Geschmack zu heben. Geschmack jedoch bedeutete für Semper die historisch richtige Anwendung der Kunstform. Der „stilgerechte" Umgang mit den Kunstformen produziert stets von neuem in der bereits beschriebenen Weise den Rückgriff auf die bekannten Formen der geschichtlichen Kunst.

Die „Stilfrage"

Die Periodisierung der Kunstgeschichte durch die Abstraktion von Stilbegriffen besitzt unbestritten hohe wissenschaftliche Ordnungsfunktion, auf die nicht verzichtet werden kann. Die Architektur des 19. Jahrhunderts läßt sich durch eine Unterscheidung nach formalen Eigenheiten schwerlich ordnen. Da in der Architektur des 19. Jahrhunderts vorzugsweise aus der älteren Kunst abgeleitete Formen gebraucht wurden, sind Fehlergebnisse zu erwarten, wenn die abgeleiteten Formen an den Vorbildern gemessen werden.
Die Suche nach dem eigenen Stil prägte das architektonische Denken der ersten Hälfte des 19. Jahrhunderts. Das Fehlen eines eigenen Stils wurde bedauert, da ein solcher als Voraussetzung einer zeitgenössischen Architektur betrachtet wurde.
1828 verfaßte Heinrich Hübsch die Schrift mit dem bezeichnenden Titel „In welchem Style sollen wir bauen", Schinkel bedauerte das Fehlen eines eigenen Stils[16]. Weil sich ein eigener Stil entgegen allen Bemühungen nicht einstellen wollte, versuchte der kunstliebende König Maximillian II von Bayern über ein Preisausschreiben einen Stil erfinden zu lassen, was jedoch auch nicht die erhoffte Lösung brachte.
Ein Weg wurde in der Weiterentwicklung der historischen Stile gesehen. Für die Gotik als Grundlage künftiger Architektur fanden sich gute Argumente[17], desgleichen für die italienische Renaissance. Doch noch gegen Ende des 19. Jahrhunderts galt die Stilfrage als ungelöst, und „man war (...) in Ermangelung eines neuen Stils, der immer noch auf sich warten läßt, genötigt, auf die der gebildeten Welt allgemeinverständlichen Symbole der Baukunst zurückzugreifen"[18].
Sollte die Architektur dieses Jahrhunderts Eigenständigkeit besessen haben, müßte diese erkennbar sein und sich als Stil fassen lassen.

Das „verschleierte Vermögen"

Gegen Ende des 19. Jahrhunderts wies Cornelius Gurlitt, Professor für Architekturgeschichte an der Technischen Hochschule Dresden, auf die Eigenständigkeit der Architektur des 19. Jahrhunderts hin, sowie darauf, daß sich diese durch ihre Eigenart von der anderer Zeiten unterscheide. Er stellte treffend fest, daß sie von der eigenen Zeit stärker geprägt sei als von der nachgeahmten[19]. Die der Architektur der Gegenwart innewohnenden Gemeinsamkeiten seien darauf zurückzuführen, daß sie nicht durch das bloße Unvermögen zu korrekter Nachahmung, sondern durch die Fähigkeit, Eigenes zu schaffen, hervorgebracht wurden. Diese Fähigkeit nannte er *„verschleiertes Vermögen"*.
Ebenso treffend benannte Gurlitt die Eigentümlichkeit des neuen Baustils[20], wie die Regelmäßigkeit, die Gleichförmigkeit, die Übertreibung und das Malerische – Eigenheiten, die sich ungeachtet der jeweiligen historischen Vorbilder feststellen lassen[21].

Stil – Modus – Mode

Bereits in der Architektur des späten 18., vor allem aber in derjenigen des 19. Jahrhunderts wurden für bestimmte Bauaufgaben bestimmte Stile bevorzugt. Andererseits wurden für gleiche Bauaufgaben, sogar für Entwürfe des gleichen Baues, verschiedene historische Stile verwendet. Stile sind nicht mehr selbstverständliche Konventionen künstlerischen Ausdrucks. Der Stil wurde nunmehr mit Bedacht gewählt, um die Bauaufgabe zu verdeutlichen. Der historische Stil wurde zum Mittel und Träger einer Aussage, zum Gegenstand der künstlerischen Umbildung – weil an seiner Weiterbildung und Anpassung gearbeitet wurde – und zum wissenschaftlichen Gegenstand formgeschichtlicher Studien. Der Umgang mit historischen Stilen in diesem Sinne ist als Modus bezeichnet worden[22].
Hinter den verschiedenen Modi – etwa wenn Schinkel die Werdersche Kirche in Berlin alternativ frühchristlich oder gotisch entwarf – stand die Suche nach der zweckmäßigsten künstlerischen Form, sie trat während des Historismus als „Stilproblem" in das Bewußtsein, oder, wie es Gurlitt nannte, als „Kampf der verschiedenen Stile untereinander".
Die Suche nach der angemessenen Form erwies sich im gewissen Sinn oft als Mode, wenn man darunter eine Form der Konvention und der Kommunikation innerhalb einer Gesellschaft versteht, die auf die gerade übliche Sitte und

Gepflogenheit in Kleidung, Lebenshaltung und Kunst (wozu auch das Schmücken der Behausung gehört) gerichtet ist. Wenn eine Mode strikt befolgt wird, sichert sie ihrem Träger Exklusivität und demonstriert nach außen einen selbstgewählten Bezug. Mit der im 19. Jahrhundert nach der Industrialisierung möglichen Massenproduktion, mit der Gewerbefreiheit und der Einführung verschiedener bürgerlicher Freiheiten (z. B. Wegfall der Kleiderordnungen) wurden die ehemals exklusiven Attribute des gesellschaftlichen Ranges einfacher käuflich und viel rascher, als es dem Träger der Mode lieb sein konnte, allgemein verfügbar. Um durch Exklusivität den eigenen Rang zu sichern, mußten neue Unterscheidungen notwendigerweise noch rascher eingeführt werden. Die Moden wechselten, ihr rascher Wechsel und der Beweggrund des Wechsels sind ein konstantes Element der Architektur jener Zeit. Aus dem Abstand eines Jahrhunderts, nach einer breiten wissenschaftlichen Beschäftigung, fällt es notwendigerweise leichter, das Besondere der Architektur des 19. Jahrhunderts, für die sich die Bezeichnung Historismus längst eingebürgert hat, zu benennen. Als wesentliche Eigenart der Architektur des Historismus stellen sich nicht ihre habituellen Eigenarten, stellt sich nicht der „Stilpluralismus" dar, sondern die dieser Architektur zugrunde liegende Auffassung von der Bindung an das geschichtliche Vorbild.

Die gestalterische Originalität

Meinten die Architekten auch, daß sie vor einer Krise der Form stünden, so rührte diese Krise doch aus der Unsicherheit darüber, wie die Gesellschaft künftig beschaffen sein solle. Es war eine Krise der Leitbilder, die sich mit den äußeren Umständen rasch wandelten und zu einem „Stilwechsel" führten, der treffender als Wechsel der Moden zu bezeichnen wäre.
Es steht ebenso außer Frage, daß die „Stilarchitektur" die Realität ihrer Zeit sehr anschaulich zum Ausdruck gelangen ließ, wie daß sie künstlerisch höchst reizvolle Leistungen hervorgebracht hat. Diese haben im Städtebau, in Platzbildungen, in Fassaden und Grundrissen, in einer kunstgemäßen Darstellung ihre stimmige Form gefunden. Mit architektonischen Mitteln die bürgerliche Weltsicht bauend zu verbreiten – diese Möglichkeit bot die Freiheit in der Wahl der Ausdrucksmittel der historischen Kunst. Kritiker begründeten den Vorwurf des Unschöpferischen mit der Verwendung von Formen, denen es als abgeleiteten an Originalität mangele. Diese Originalitätsvorstellung erwuchs aus dem Geniekult Nietzschescher Prägung und sie orientierte auch an dem Markt. Denn der Zwang zur profitablen Absetzbarkeit der Ware „Bauwerk" brachte es mit sich, daß diese augenfällig, überraschend, Bewunderung abverlangend, huldigend etc. wirken mußte. Als Plagiat galt demzufolge alles, was schon einmal dagewesen war; und ein Plagiat war schlecht verkäufliche Ware. So wurde der Zwang zur Verkäuflichkeit zu einem weiteren Grund für den raschen Wechsel der Moden, für die Originalitätssucht und die prunkvolle Überladenheit in der Spätphase des Historismus, was jedoch nicht das Geringste an der tatsächlich verwirklichten künstlerischen Originalität der historistischen Architektur ändert.

Das Ende der „Stilarchitektur"

Die historisierende Architektur galt für überholt, als die Vorbildhaftigkeit der historischen Kunst fragwürdig zu werden schien, als deutlich wurde, daß sich mit deren Formenarsenal weder die Ideale der kapitalistischen Gesellschaft formulieren noch deren Probleme lösen ließen. Darüber hinaus zeigte es sich, daß sich die „Stilarchitektur" nur wenig in Einklang mit den technischen Erfordernissen des Bauwesens bringen ließ, weil sich ihre komplizierten Dekorationen einer rationellen Massenfertigung wenn auch nicht entzogen, so doch diese erheblich erschwerten.
Der bürgerliche Individualismus sah in den Formen der historischen Stile fortan geringere Möglichkeiten der Selbstdarstellung. Das Verlangen nach einer radikal neuen Kunst verbreitete sich um die Jahrhundertwende und fand zuerst im Jugendstil, später im Expressionismus seine neue Form.
Gewiß war die Formensprache jener Jahre auch in der Architektur in vieler Hinsicht neu und befreiend, anders als in der Stilkunst. Schätzenswert erschienen neben dem dekorativen Reichtum der neuartigen Form Einfachheit, Natürlichkeit, Materialgerechtigkeit und die harmonische Ausgewogenheit der schlichten, edlen Form. Diese Ideale glaubte man auch in der klassizistischen Kunst verwirklicht[23], und so wies auch die Kunst, die auf die Überwindung des Historismus und auf das Hervorbringen einer neuen, als zeitgemäßer verstandener Kunst gerichtet gewesen ist, wiederum historisierende Neigungen auf. Die Bindungen an historische Muster waren allerdings in den ersten Jahrzehnten des 20. Jahrhunderts selten so eng, wie dies während des Strengen Historismus der Fall gewesen war.

Begriffsbildungen und ein Periodisierungsversuch

Begriffe wie Neugotik oder Neubarock, die aus der Bezeichnung des Stilvorbildes abgeleitet sind, besitzen eine wissenschaftliche Ordnungsfunktion, weil sie im Sinne der Abgrenzung äußere Merkmale bezeichnen. Diese Begriffsbildungen sind jedoch darum problematisch, weil sie die historistische Architektur als uneigenständig abwerten.

Soll allein das formale Erscheinungsbild bezeichnet werden, befriedigt diese Begriffsbildung.

Eine Periodisierung nach dem Schema „Früh – Hoch – Spät“ gibt gewissen Aufschluß über ein zeitliches Bezugssystem. Dieses Schema ist im Falle des Historismus allerdings nur von vager Bestimmtheit, da eine allgemeine wissenschaftliche Übereinstimmung über den zeitlichen Bereich und auch über den inhaltlichen Begriff, der mit Historismus zu bezeichnen wäre, nicht gefunden ist.

Zeitgeschichtliche Einordnungen für andere Kunstgattungen – aus Malerei, Musik oder Literatur –, wie Romantik, Biedermeier oder Impressionismus, lassen sich durchaus verwenden, um Tendenzen in der historischen Architektur zu verdeutlichen.

Wenn man nach dem unterschiedlichen Grad der Freiheit oder Bindung dem jeweiligen historischen Vorbild gegenüber eine Klassifizierung und Periodisierung der historistischen Architektur versuchen wollte, so ließe sich folgende Entwicklung vorschlagen:

1. Der „Sentimentale Historismus“ beabsichtigt einen lockeren Stilbezug. Die formale Ähnlichkeit ist meist nur oberflächlich, die Zitatformen sind versatzstückhaft andersartigen Strukturen aufgelegt. Der Sentimentale Historismus ist durch die Aufklärung, archäologische Forschungen und die sentimentale Literatur angeregt. Er ist vor allem in der Gartenarchitektur verwendet worden (2. Hälfte 18. Jahrhundert bis 1. Drittel 19. Jahrhundert).

2. Der „Romantische Historismus“ ist ebenfalls durch einen lockeren Bezug auf die historischen Stile und häufig durch den Versuch gekennzeichnet, aus der Verbindung heterogener Formen einen neuen Stil zu schaffen. Er fällt mit der romantischen Bewegung in Malerei und Literatur zusammen und ist von dieser angeregt worden.

Die nur geringfügig historisierende Architektur der Biedermeierzeit kann als „Biedermeierlicher Spätklassizismus“ umschrieben werden (1800 bis 1850).

3. Der „Strenge Historismus“ sucht aus den oft sehr genau studierten Prinzipien oder Formen eines Stils eine zeitgemäße Architektur zu schaffen. Der historische Stil gilt als Wertmaßstab. Engste formale Anlehnung ist das erstrebte Ziel, selten jedoch die Kopie. Die Absicht, einen eigenen Stil zu erfinden, ist mit Bedauern aufgegeben (1830 bis 1870/1900).

4. Der „Freie Historismus“ ist durch den großzügigen Umgang mit dem historischen Formenmaterial geprägt. Mit der willkürlichen Verwendung heterogener Motive werden neuartige, dekorative Wirkungen zu erzielen versucht. Historische Treue wird nicht angestrebt, Hypertrophien aller Art sind häufig (1880 bis 1900/1910).

Voraussetzungen

Die Situation Sachsens nach dem Siebenjährigen Krieg

Der Machtkampf zwischen Österreich, Sachsen und Preußen hatte 1763 mit der völligen Niederlage Sachsens im Siebenjährigen Krieg sein Ende gefunden. Der Traum von einer Großmachtstellung Sachsens in Mitteleuropa war ausgeträumt und mußte für immer begraben werden. Zwar hatte der Friede von Hubertusburg den territorialen Bestand des Kurfürstentums nicht angetastet, doch von nun an wurden die Ressourcen für das Fortbestehen des Staates nicht mehr in der kostspieligen dynastischen Verbindung mit Polen, sondern in der wirtschaftlichen und geistigen Potenz des Landes gesucht; eine Rettung schienen daher bürgerlicher Rationalismus und Gewerbefleiß zu bieten.

Die Niederlage Sachsens, die Mühen des Wiederaufbaus des zerstörten Landes und die hohen Kriegskontributionen machten die Notwendigkeit von Reformen im Staats- und Wirtschaftsleben erforderlich. Das starke kursächsische Bürgertum trug die Reformbewegung, die unter dem Namen „Rétablissement“ bekannt ist. Diese Bewegung forderte für Kursachsen, dem Kernland der Aufklärung, die Herausbildung von Verhältnissen, in denen sich die bürgerlichen Ideale vom Wesen und der Pflicht des Staates verwirklichen ließen. Staatsverwaltung und Ökonomie sollten neu geordnet werden, um dem Bedürfnis des Bürgertums nach freier wirtschaftlicher Entfaltung Rechnung zu tragen.

Anknüpfend an den Merkantilismus der ersten Jahrhunderthälfte kam es zur Gründung und zum Ausbau von Manufakturen. Bildungseinrichtungen wurden ins Leben gerufen, die der wirtschaftlichen Belebung des Landes dienen sollten. In seiner ersten Phase fand das Rétablissement Rückhalt und Unterstützung des Landesherren, der die bürgerliche Reformbewegung zur Stärkung seiner Machtposition gegen Adel und Stände auszunutzen hoffte. Das Idealbild des aufgeklärten Herrschers erwies sich in machtpolitischer und wirtschaftlicher Hinsicht und in bezug auf die geistigen Emanzipationsbestrebungen in Sachsen wie anderswo als Illusion. Da ihm der wachsende Einfluß des Großbürgertums durch dessen wirtschaftliche Macht in seiner absoluten Vormachtstellung zu beschneiden drohte, suchte der Landesfürst dieser Gefährdung damit zu begegnen, daß er sich wiederum um Unterstützung bei seinen alten Bundesgenossen, Adel und Ständen, bemühte. Die Liberalisierung erlebte einen Rückschlag, was sich 1790 in der harten Niederschlagung der Bauernaufstände in Kursachsen äußerte, bei denen es um die Abschaffung der Frondienste und um Agrarreformen als Voraussetzung für die Entwicklung bürgerlicher Wirtschaftsstrukturen gegangen war. Auch die Unruhen in den Städten zeigten die Unzufriedenheit mit dem starren gesellschaftlichen System. Es kam zu scharfen Reaktionen auf alle liberale Bewegungen, die sich im wesentlichen auf literarischem Gebiet abgespielt hatten. Seit der Reformation hatte es in Sachsen keinen vergleichbaren Aufruhr gegeben.

Außenpolitisch zeigte Sachsen nach dem Siebenjährigen Krieg keine Aktivitäten. Es lavierte zwischen der Anlehnung an Preußen und Österreich, entsagte 1785 der polnischen Königskrone und trat dem vom preußischen König gestifteten Deutschen Fürstenbund bei.

1789 erschütterte die Französische Revolution Europa, die alten Mächte schlossen eine Allianz zur Vernichtung der französischen Republik. Auf der Fürstenzusammenkunft der Regenten von Preußen, Österreich und Sachsen 1891 in Pillnitz wurde die erste Koalition gegen Frankreich beschlossen, die 1795 zur sächsischen Beteiligung am Reichskontingent im Kriege gegen die Republik führte. 1796 schloß Sachsen mit Frankreich einen Neutralitätsvertrag; es blieb auch neutral bei der Wiederaufnahme des Krieges 1799 und 1805.

Kulturelle Traditionen und das Baugeschehen

Als nach der Niederlage im Siebenjährigen Krieg feststand, daß sächsischer Großmachtpolitik die Grundlage entzogen war, bot der Rationalismus bürgerlicher Kräfte die Rettung. Bürgerliche Ideen, die das Neue in der Gewandung der Antike kleideten, verbreiteten sich.

Vom äußeren Glanz der Residenzstadt war mehr als nur ein Schatten geblieben. Durch seine Kunstsammlungen besaß Dresden hohe Anziehungskraft. In Dresden lebte nach wie vor eine kultivierte, nicht unvermögende Auftraggeberschaft, Winckelmann konnte Dresden überschwenglich als das neue Athen preisen. Seit 1754 lebte er hier bei Oeser.

1763 wurde die Akademie der Künste zu Dresden gegründet. Hier wurde im Sinne der neuen Kunstlehre unterrichtet, und hier lehrte einer der Theoretiker des Klassizismus, Krubsacius.

Antibarocke Strömungen regten sich selbst in Kreisen des Hofes.

Die Ausstattung mit antikisierenden Bühnenbildern, das Wirken von Winckelmann und Lippert, des Lehrers für Antike, und die Berufung von Künstlern, deren Schaffen deutlich antifeudale Züge trug, trugen dazu bei, die neuen Ideale bekannt zu machen.

In Sachsen war man seit zwei Generationen bereit, fremde Kulturen zur Kenntnis zu nehmen und ihre Ausdrucksmittel zu akzeptieren. Türkenmode und Ostasienbegeisterung hatten nicht nur die Nacherfindung des Porzellans in Sachsen angeregt, das Pillnitzer Schloß (1) selbst ist mit seiner exotischen Dachlandschaft und seiner Bemalung ein glanzvolles Zeugnis der Ostasienbegeisterung.

In der Architektur der zweiten Hälfte des Jahrhunderts herrschte ein kühles, kultiviertes Rokoko mit klassizistischen Anklängen. Selbst das Hauptwerk des Dresdner Theoretikers des Klassizismus, das Landhaus von Krubsacius von 1770/1776, ließ das neue Ideal nur sehr vorsichtig anklingen. An der Fassade des in barocker Tradition stehenden Gebäudes für die sächsische Ständevertretung finden sich dorische Säulen. Diese Säulenform sollte als signalhafter Bezug auf die Kultur der Antike verstanden werden[24].

Äußerer Aufwand verbot sich in dieser wirtschaftlich stagnierenden Zeit. Zunächst galt es 260 Brandstätten aus dem Siebenjährigen Krieg in der Stadt und weitere 374 in den Vorstädten wiederaufzubauen. Dieser Aufbau währte etwa eine Generation, er veränderte weder Strukturen

1 Schloß Pillnitz. Rechts das Neue Palais. 1818/1830 von Schuricht

noch Proportionen der Bebauung. Die Bauten des Wiederaufbaues ließen ein Empfinden für die Schönheit ausgewogener Proportionen erkennen, ein Vermächtnis der höfischen und bürgerlichen Architektur aus Dresdner Glanzzeit in der ersten Jahrhunderthälfte.

Das Bild der Architektur im letzten Viertel des Jahrhunderts wurde durch zwei Strömungen bestimmt. Von einem gemäßigten Rokoko war bereits die Rede; ein bezeichnendes Beispiel war der Wiederaufbau der Kreuzkirche bis 1792. Die zweite Strömung gab sich programmatisch antifeudal-klassizistisch. Dieses Ideal verschaffte sich in einer Reihe kleinerer Bauten Geltung, oft in Verbindung mit Gartenanlagen. Die künstliche Ruine über Schloß Pillnitz und das Waldschlößchen (2), beide von Schade um 1785, beide in gotischen Formen, werden gern als früheste Beispiele des Historismus in der Dresdner Architektur bezeichnet. Aber wo liegt der wesentliche Unterschied, wenn römische oder gotische Formen als sentimentale Stimmungsträger gebraucht werden? In den Dekorationen einiger Zimmer des Palais Marcolini mischten sich chinesische und gotische Motive, in den Raumdekorationen für Schloß Pillnitz von Weinlig tauchten Groteskenmotive auf, die durch die Kenntnis Pompejis vermittelt worden sind. Weinligs Planung für eine Erweiterung des Pillnitzer Schlosses, für die er 1782 einen Auftrag erhielt, sah als eine der stilistischen Möglichkeiten „un Palais à la Chinoise“ vor[25].

Es war nicht bedeutend, was gegen Ende des 18. Jahrhunderts gebaut wurde, und bedeutend schien auch die Architektur der kommenden Jahrzehnte nicht werden zu können.

2 Radeberger Straße 60. Das „Waldschlößchen“. Herrenhaus einer Meierei des Grafen Marcolini. Um 1785 und 1790 von Schade

Die Architektur Dresdens im 19. Jahrhundert

1800 – 1830

Die politische Situation

1805 blieb Sachsen bei Ausbruch des Krieges zwischen Österreich und Preußen gegen Frankreich wohlwollend neutral, 1806 jedoch wurde das mit Preußen verbundene sächsische Korps bei Jena und Auerstädt von Frankreich besiegt. Sachsen löste sich von Preußen und schloß sich Frankreich an. Im Frieden von Posen mußte der sächsische Kurfürst dem Rheinbund beitreten, er erhielt dafür die Königswürde und mußte Napoleon Militärhilfe leisten. 1809 wurden in Dresden sächsische Truppen gegen Österreich gemustert, 1813 fielen in der Schlacht bei Dresden dessen Vorstädte in Schutt und Asche. Auch während der Völkerschlacht bei Leipzig stand und unterlag das sächsische Heer auf französischer Seite. Das nach dem Sieg der verbündeten Armeen errichtete „General Gouvernement der Hohen Verbündeten Mächte" stellte Sachsen zunächst unter einen russischen Generalgouverneur, den aufgeklärten Fürsten Nikolai Repnin-Wolkonski; im Oktober 1814 schloß sich eine preußische Verwaltung an.
Der Gefahr einer Einverleibung in das Königreich Preußen entging Sachsen mit knapper Not. Auf dem Wiener Kongreß wurde jedoch die Überweisung von drei Fünfteln sächsischen Territoriums, die zwei Drittel der Landeseinkünfte erbracht hatten, an Preußen und an Sachsen-Weimar beschlossen.
Als die Besatzungstruppen im Juni 1815 abgezogen waren, kehrte der sächsische König durch eine Ehrenpforte aus dem Exil zurück. Alles blieb bei der feudal-absolutistischen landständischen Ordnung. Im Gegensatz zu Preußen erlebte Sachsen 1815 keine bürgerlichen Reformen. Das auf das hohe Mittelalter weisende offizielle Geschichtsbild bot den Fürsten die Legitimation ihrer gegenrevolutionären Politik. Die „Friedhofsstille" der Restaurationszeit war auch in Sachsen nur die Ruhe vor dem Sturm, denn mit der Industriellen Revolution entwickelten sich Verhältnisse, die immer nachdrücklicher auf Liberalisierung drängten.

Geistiges Klima und kulturelles Leben

Die Residenzstadt Dresden zehrte vom Glanz des Augusteïschen Zeitalters. Die bedeutenden Kunstsammlungen, ein reiches musikalisches Leben und eine an landschaftlichen Reizen reiche Umgebung machten Dresden zu einem Anziehungspunkt für Bildungsreisende, für Musiker, Maler und Dichter. Dresden wurde im ersten Drittel des Jahrhunderts zum Hauptort der romantischen Malerei in Deutschland. Die Weltsicht dieser bewegten Zeit fand in der Malerei ihren beinahe umfassenden Ausdruck[26]. In dieser Zeit entwickelten sich neue Formen bürgerlichen Kulturlebens. Die italienische Oper wurde geschlossen, und seit 1817 war Carl Maria von Weber Hofkapellmeister und Direktor der Oper. 1825 wurde der Alterthumsverein gegründet, der sich die Erforschung und Erhaltung vaterländischer Kunstdenkmäler zur Aufgabe machte, 1828 der Kunstverein und die Technische Bildungsanstalt.
Glanzvoll war das kulturelle Leben jener Jahre allerdings nicht zu nennen, war doch die patriotische Gestimmtheit der Zeit der napoleonischen Herrschaft der Resignation der Restaurationszeit gewichen. Das Gefühl des Unbehagens an der Gegenwart war allgemein. Von einer „lähmenden, jeden hohen Schwung hindernden Luft von oben und von allen Seiten" schrieb Carl Maria von Weber[27]. Auch das rege literarische Leben der Jahrhundertwende verlor mehr und mehr an Bedeutung.

Der Städtebau nach der Entfestigung

In den Wirren der Napoleonischen Kriege, deren Schauplatz auch Dresden gewesen war, wurde so gut wie nichts gebaut. Dennoch fielen in den ersten Jahren des Jahrhunderts Entscheidungen, die für die städtebauliche Entwicklung Dresdens höchst bedeutungsvoll werden sollten[28]. Nach dem Tilsiter Frieden von 1806 wurde die Befestigung der Stadt verstärkt. Baubeschränkungen für die Vorstädte waren die Folge. 1809 wurden die Schanzarbeiten zwar wieder eingestellt, doch die Baubeschränkungen für die Vorstädte wurden erst 1813 aufgehoben. Zwischen 1817 und 1829 wurden die Festungsanlagen bis auf wenige Überreste geschleift. Die Erschließung dieses Bereichs stellte sich als neue Aufgabe. Oberlandbaumeister Schwarze und Hofbaumeister Thormeyer konnten dabei auf die Planungen aus dem Jahre 1745 zurückgreifen[29].

Der erste Bebauungsplan Dresdens für das ehemalige Festungsgelände der Neustadt wurde 1824 zur Ausführung bestimmt. Er basierte auf einem Plan zur Umgestaltung Dresdens, den der Oberlandbaumeister Schuricht 1811 vorgelegt hatte.

1825 war die Baupolizei aus der Zuständigkeit der Landesregierung entlassen und dem Stadt-Polizei-Collegium unterstellt worden; der städtischen Baupolizei waren der Hofbaumeister Thormeyer, Landbaumeister Barth und Professor Siegel als Sachverständige beigeordnet. Die neu geschaffene Behörde stellte 1827 einen weiteren Bebauungsplan in offener Bebauung auf, und zwar für das Stadterweiterungsgebiet vor dem Löbtauer Schlag südlich der Friedrichstadt. Von dieser Bebauung ist nichts erhalten geblieben.

Es ist bemerkenswert, daß baulichem Wildwuchs sehr entschieden begegnet wurde; gebaut werden durfte nur auf der Grundlage eines Bebauungsplanes[30]. Die Absicht der Baubehörde, die Schönheit der Residenzstadt zu pflegen, hat deren Entscheidungen während des ganzen Jahrhunderts stark beeinflußt.

Die Intentionen der Bauordnung von 1827, die das bis dahin gültige Baureglement von 1720 bzw. 1736 für die Vorstädte ablöste, läßt die Formulierung von Paragraph 7 erkennen: „Niemand darf der öffentlichen Sicherheit, Wohlfahrt und Zierde hiesiger Stadt zum Nachteil bauen.“ Diesem Ziel dienten die sehr ins einzelne gehenden Vorschriften. Sie reichten von dem in vier Zonen gegliederten Bebauungsplan bis zu gestalterischen Details. Mit der Bauordnung sollte den Besitzern von Grund und Boden ein juristisches Instrumentarium entgegengehalten werden, das eine Verwertung des Baulandes mit höchstem wirtschaftlichen Effekt durch Eingriffe in das Eigentumsrecht zu regulieren ermöglichte.

Die Regulative von 1824, 1826, 1828 und 1829[31] schrieben für die Stadterweiterungsgebiete zweigeschossige offene Bebauung vor. Die Bedeutung dieser von bürgerlich individualistischem Geist geprägten, neuartigen städtischen Be-

3 Albertplatz. Der frühere Bautzner Platz wurde 1816 als Sternplatz auf den ehemaligen Stadtbefestigungen angelegt.

bauung kann aus kulturhistorischer Sicht nicht hoch genug veranschlagt werden, war doch die Stadt bisher durch den engen Gürtel der Befestigungen eingezwängt gewesen. Die neue Art und Weise städtischer Bebauung sollte Dresden ganz entscheidend prägen.

Auf fiskalischem oder kommunalem Gelände bestand kein Zwang zur höchstmöglichen Ausnutzung des Bodens. Hier wäre am Rande der Altstadt nach Abtragung der Festungswerke Raum für Plätze, Alleen oder öffentliche Bauten gewesen, wenn nicht bereits im 18. Jahrhundert durch Schenkungen des Landesherrn ein großer Teil der Wallanlagen der Altstadt in den Besitz von Privatleuten gelangt wäre. Für die Anlage einer Ringstraße ab 1824 (Moritz-, Maximilians-, Friedrichs- und Johannisallee) blieb daher allein der knapp bemessene Raum des verschütteten Stadtgrabens.

Die Neustadt sah sich in besserer Lage. An der Stelle des Schwarzen Tores zwischen der Neustadt und dem Neuen Anbau wurde nach 1811 durch Thormeyer das Rund des Bautzner Platzes, des späteren Albertplatzes und heutigen Platzes der Einheit (3) angelegt, die bedeutendste Platzanlage der ersten Hälfte des Jahrhunderts. In seiner Grundform arg beeinträchtigt, ist dieser Platz heute noch vorhanden.

In der Altstadt entstanden auf den niedergelegten Befestigungen der Wilsdruffer Platz, der spätere Postplatz, und südlich davon nach Plänen von Thormeyer der langgestreckte Antonsplatz (4), später flankiert von den Kaufhallen, der Post und der Technischen Bildungsanstalt. Ein städtebaulicher Akt war die Anlage der Treppe von der Brühlschen Terrasse zum Schloßplatz (5). Thormeyer legte 1814 auf Befehl des russischen Gouverneurs der Terrasse, einem Rest der elbseitigen Stadtbefestigung, eine geradläufige, monumentale Treppe vor, die die Gärten auf der Terrasse der Öffentlichkeit erschloß.

5 Die Treppe zur Brühlschen Terrasse wurde 1814 von Thormeyer entworfen

4 Der Antonsplatz wurde 1826 auf der ehemaligen Stadtbefestigung der Altstadt angelegt. Zu beiden Seiten die Kaufhallen von Blaßmann, im Hintergrund das Postgebäude von Geutebrück. Gegen Ende des Jahrhunderts wurde der Antonsplatz mit der Markthalle überbaut. Litho

Die Architektur des Klassizismus

Die großen städtebaulichen Taten waren im ersten Teil des 18. Jahrhunderts getan, größere Bauaufgaben waren nicht zu vergeben. In der Zeit des subjektiven Individualismus, der Sentimentalität und der kontemplativen Abgeschlossenheit kleiner elitärer Gruppen wurde in Dresden so gut wie nichts gebaut, wenn man einmal von Bauten absieht, die als verspätete Irrläufer aus der Zeit der Empfindsamkeit betrachtet werden können, wie der Chinesische Pavillon im Schloßpark zu Pillnitz aus dem Jahre 1804 (7). Er gilt als „die beste europäische Nachbildung eines geschlossenen ostasiatischen Bauwerks“[32].

Nicht nur die Gesellschaft, auch die Kunst schien um 1800 änderungsbedürftig. Angeregt von der französischen Revolutionsarchitektur und den Ideen der Aufklärer galten die Rückkehr zum Ursprünglichen, zur geometrischen Grundform oder zu den Quellen der eigenen Vergangenheit als Wege zur Veränderung des Bestehenden.

Die Intentionen wurden nur an einigen wenigen Bauten verwirklicht, am dritten Belvedere auf der Brühlschen Terrasse von Schuricht (1814), an der Treppe zur Brühlschen Terrasse, am klarsten am helmbekrönten Kubus des Denkmals für den General Moreau in Räcknitz bei Dresden von Thormeyer und Kühn. Bauten im gotischen Stil wurden nicht errichtet. Die Hinwendung zum Nationalen, zur mittelalterlichen Geschichte, blieb in jener Zeit der romantischen Malerei vorbehalten.

Der beschäftigste Architekt des ersten Drittels des Jahrhunderts war Thormeyer, die wichtigsten realisierten Bauten gehen auf ihn zurück. Er kam mit seinen Bauten dem Bedürfnis der verarmten Bevölkerung nach Sparsamkeit, Schlichtheit und nobler Formensprache am weitesten entgegen. 1812 wurde er als Nachfolger seines Lehrers Hölzer Hofbaumeister. Erst als Siebenundfünfzigjähriger bekam er 1814 die ersten größeren Aufträge, zuvor hatte er sich als Zeichner über Wasser gehalten. Die erwähnte Treppe der Brühlschen Terrasse ist für Dresden ebenso wichtig geworden wie sein Bebauungsplan für die Antonstadt (1817) und der Turm der Annenkirche, in welchem sich spätbarockes Formengut und Proportionsempfinden mit klassizistischen Motiven mischte. Die Anlage des Antonsplatzes mit den Kaufhallen, einer rhythmischen, geschlossenen Bebauung, war fern jeder klassizistischen Kühle. Gleiches gilt auch von den Torhäusern am Leipziger Tor (8), von denen das nördliche die Zerstörungen der Wiederaufbauphase nach 1945 überstanden hat. Kubischen Grundkörpern sind wenig abweisende, eher einladende Portiken vorgelegt. Thormeyers Entwurf für den Umbau des Hoftheaters von 1835 (9) applizierte einer wenig diffe-

6 J.C.A. Richter, Das Villersche Landhaus, Holzhofgasse 12, auch „Kuppelvilla“ oder „Wasserpalais auf Cosel“ genannt. 1827 von Hermann. Rechts im Hintergrund die „Schwanenvilla“ von 1826, die ebenfalls von W. Hermann stammt. Litho

7 Der Chinesische Pavillon im Schloßpark Pillnitz. 1804 von Schuricht

8 Das nördliche Torhaus des früheren Leipziger Schlages, 1827/1829 von Thormeyer erbaut

9 Der Entwurf Thormeyers, 1835, zum Umbau des Ballhauses am Zwinger zum Opernhaus. Ansicht der Hauptfassade

10 Die Altstädter Wache, 1831/1833 nach Schinkels Entwurf durch Thürmer ausgeführt

renzierten Baumasse über etwa rechteckigem Grundriß drei unterdimensionierte Portiken; die hohen Walmdächer nahmen in keiner Weise Bezug zur festlich-heiteren Architektur des Zwingers, an den das alte Hoftheater angebaut war.
Klassizistische Bauten reinsten Wassers gab es in Dresden nur wenige. Zu ihnen zählte das erwähnte dritte Belvedere von Schuricht, vor allem aber die Wache nach dem Entwurf Schinkels (10). In Dresden hat dieser Bau kaum Nachfolge gefunden.
Fremd blieb auch der kühle Klassizismus Thürmers. Dem Palais Lüttichau in der Zinzendorfstraße 11 (11), schmucklos bis auf ein Mäanderband und eine Putznutung, fehlte die biedermeierliche Verbindlichkeit, die einem Bau der Dresdner Architekturtradition wie Antonstraße 8 (12) eigen ist. Dem Preußschen Haus in der Gewandhausstraße 7 waren die klassizistischen Formen einem Baukörper aufgelegt, der in der Tradition barocken Formempfindens stand (13).
Der anspruchsvollste Auftrag der Restaurationszeit war mit dem Bau des Neuen Palais in Pillnitz zu vergeben (14). Ihn erhielt der Oberlandbaumeister Schuricht, ein Mann von fünfundsechzig, Schüler von Krubsacius. Auch er hatte wenig Gelegenheit zum Bauen gehabt. Schuricht ging ungemein einfühlsam zu Werke[33]. Er ordnete den Neubau, der das Wasser- und Bergpalais zu einer Dreiflügelanlage verband, dem Vorhandenen durch seine Proportionen und seinen stilistischen Habitus unter. Die Lustgartenseite wies spätbarocke, chinoise, die Rückseite klassizistische Formen auf (15). Festsaal und Kirchensaal (16, 17) sind die einzigen bedeutenderen Innenräume der ersten Jahrhunderthälfte, die die Kriegszerstörungen überstanden haben.
Die Villa auf Findlaters Weinberg (18), die Löffler Giesel zuschreibt[34], atmete eher spätbarocken als klassizistischen Geist und bestätigt das lange Nachleben der Architekturvorstellungen aus der zweiten Hälfte des 19. Jahrhunderts.
Die Klassizisten Thormeyer und Thürmer gebrauchten antikisierende Motive gleichmäßig für unterschiedlichste Zwecke; eine programmatische Absicht bei der Verwendung des historischen Stils ist selten wahrzunehmen. Daß es einen bewußten, ablesbaren Bezug auf kunsthistorische Motive, Bauwerke oder Traditionen auch gegeben hat, lehrten die frühen Bauten von Woldemar Hermann. Seine „Kuppelvilla“ (6) an der Prießnitzmündung, Holzhofgasse 12, bezog sich deutlich auf Palladio *(317–319)**.

11 Palais Lüttichau, Zinzendorfstraße 11. Entworfen um 1830 von Thürmer

12 Antonstraße 8. Der schlichte Bau im damaligen Stadterweiterungsgebiet der Neustadt könnte von Thormeyer stammen. Um 1825

13 Gewandhausstraße 7. Das „Preußsche Haus“ von 1825 wurde 1907 wegen des Rathausneubaues abgerissen.

*Kursive Zahlen in Klammern verweisen auf die Abbildungen im Anhang

14 Schloß Pillnitz, Neues Palais. Erbaut 1818/1830 von Schuricht. Ansicht von der Lustgartenseite

15 Schloß Pillnitz, Neues Palais, Ansicht vom Fliederhof

16 Schloß Pillnitz, Neues Palais. Der Kuppelsaal ist der bedeutendste klassizistische Innenraum der Dresdner Architektur. Ausmalung durch C. Ch. Vogel von Vogelstein nach 1823

17 Schloß Pillnitz, Neues Palais. Ansicht des Kirchensaales mit der Ausmalung durch C. Ch. Vogel von Vogelstein

18 „Findlaters". Errichtet um 1815, 1850 zum Schloß Albrechtsberg umgebaut. Stich von C. A. Richter nach 1825

1831–1849

Sachsen nach der Einführung der konstitutionellen Monarchie

Die Pariser Julirevolution von 1830 erschütterte auch in Deutschland das feudal-monarchistische System. Nach den Mißständen und Repressionen der Restaurationszeit kam es in Leipzig, Dresden und anderen sächsischen Städten zu bewaffneten Volksunruhen. Zu deren Beschwichtigung wurden eine Verfassungsreform angekündigt und personelle Veränderungen auf höchster Ebene vorgenommen; der populäre Prinz Friedrich August wurde zum Mitregenten des alten, hochkonservativen König Anton berufen. Seit dem 4. September 1831 besaß Sachsen eine an süddeutschen Vorbildern orientierte Verfassung, die die landständische Verfassung von 1485 aufhob. Damit war eine Voraussetzung gegeben, das starre soziale Gefüge, wie es seit dem 17./18. Jahrhundert bestand, durch eine kapitalistische Sozialordnung zu ersetzen. An die Stelle einer autoritären Staatsgewalt traten die Verantwortlichkeit der Minister, die Selbstverwaltung der Kommunen und die öffentliche Rechtsprechung. Sachsen war nunmehr konstitutionelle Monarchie. Damit war ein wichtiger Schritt zum bürgerlichen Verfassungsstaat getan. Die Regierungsgewalt hatte das Staatsministerium mit sechs Fachministern inne; es war dem in zwei Kammern geteilten Landtag verantwortlich, in dem der Grundbesitz nach wie vor dominierte. Der liberale Bernhard von Lindenau, Staatsmann, Astronom, Kunstkenner und -sammler, wurde Vorsitzender des sächsischen Gesamtministeriums.
Durch eine umfassende Staats- und Verwaltungsreform im bürgerlichen Sinne – hervorzuheben ist die Abschaffung der Frondienste 1834 – wurde die Entwicklung Sachsens zum Industrie-Agrar-Staat vorangetrieben. Die Städte erlangten durch die Städteordnung vom 2. Juli 1832 größere Selbständigkeit vom Staat, das feudale Stadtregiment wurde durch ein Stadtparlament ersetzt. 1834 wurde Sachsen Mitglied des Deutschen Zollvereins, 1837 fuhr das erste Dampfschiff auf der Elbe, 1838 wurde bei Dresden die erste deutsche Lokomotive gebaut, und 1839 erhielt Sachsen als erstes deutsches Land eine Eisenbahnferntrasse, die Leipzig und Dresden verband.
Die Phase gemäßigter Liberalität war in Sachsen durch ein System von Zugeständnissen und Beschränkungen von Bürgerrechten gekennzeichnet; sie fand 1843 nach vorangegangenen Differenzen zwischen Konservativen und Liberalen mit dem Rücktritt des Ministers von Lindenau ihr Ende. Das konservative Ministerium von Könneritz geriet zunehmend in Widerspruch zur bürgerlichen Opposition, was sich 1845 im Verbot aller politischen Vereine äußerte.
Wiederum beeinflußte das revolutionäre Geschehen in Frankreich 1848 die Ereignisse in Deutschland. Nach Unruhen in verschiedenen Orten Sachsens trat das Ministerium von Könneritz zurück. Die Landtagswahlen in Sachsen brachten im Dezember 1848 einen deutlichen Sieg der Demokraten. Wegen der Nichtanerkennung der von der Frankfurter Nationalversammlung am 28. März 1849 verabschiedeten Reichsverfassung durch den sächsischen König, die dieser wie Preußen und Österreich ablehnte, kam es seit dem 3. Mai 1849 in Dresden zu erbitterten Kämpfen der Dresdner Demokraten mit sächsischen Truppen und preußischem Militär[35]. Am 9. Mai war die breite Erhebung niedergeschlagen, die Beteiligten, unter ihnen die besten Köpfe des Landes, mußten fliehen und im Exil außerhalb des Deutschen Bundes Zuflucht suchen.
In der anschließenden Reaktionszeit kam es zu einer Verfolgung mißliebig gewordener Demokraten, die Zustände des Vormärz wurden restauriert.

Die Reform der Kunstakademie und die neuen Ideale

Die längst überfällige Liberalisierung des sächsischen Staates kam auch der Dresdner Kunstakademie und der städtischen Bauverwaltung zugute. Bernhard von Lindenau leitete 1836 eine Neuordnung der Akademie ein; anstelle eines Generaldirektors stand der Akademie der Akademische Rat vor. In den Neubesetzungen trat der Wandel der Kulturpolitik zutage. 1832 war Ernst Rietschel, 1834 Gottfried Semper berufen worden, der sogleich an der Reform der Akademie mitwirkte. Seit 1836 bekleidete anstelle seines Vaters Carl August Richter der zeitgemäßere Ludwig Richter das Lehramt, seit 1838 bzw. 1841 wirkten die Düsseldorfer Eduard Bendemann und Julius Hübner an der Dresdner Akademie. Auf der Kunstvereinsausstellung 1836 hatte der Kolorismus der Düsseldorfer Historienmalerei einen glänzenden Sieg über die Romantiker davongetragen, derer das Dresdner Publikum überdrüssig war[36]. Daneben spielte das Nazarenertum, das die Förderung des Königshauses genoß, eine bedeutsame Rolle[37]. Als sich die politischen Zustände in Sachsen zum Negativen hin veränderten, fand das retardierende Element 1846 eine Entsprechung in der Berufung des alten Julius Schnorr von Carolsfeld[38,39].
Der 1828 gegründete Sächsische Kunstverein war mit dem Ziel ins Leben gerufen worden, die vaterländische Kunst, insbesondere die der lebenden Künstler zu fördern. Das Verdienstvolle, aber auch die Gefahr der Einseitigkeit liegen auf der Hand.
Enges sächsisches Traditionsbewußtsein pflegte auch der Dresdner Architektenverein, der sich meist aus ehemaligen Schülern der Bauschule der Akademie zusammensetzte. Noch 1890 wurden Architekten getadelt, die gegen Dresdner Traditionen zu verstoßen gewagt hatten.
Die Bedeutung des Hofes für das kulturelle Leben der Residenzstadt war unmaßgeblich, auch wenn ein Mitglied des

königlichen Hauses einen Sitz in der Galeriekommission innehatte und der König selbst ein Mitspracherecht bei Gemäldekäufen besaß. Das stille Gelehrtentum König Johanns wirkte nur wenig nach außen, seine Nachfolger besaßen keine innere Beziehung zur Kunst. Mittelbar jedoch hat das Königshaus auf das Kunstleben Einfluß gewonnen. Durch die Neigung zum Konservativen und zum Restaurativen setzte in Sachsen frühzeitig eine wissenschaftliche Bearbeitung der geschichtlichen und kulturellen Vergangenheit ein[40]. Eine Folge dieses aufgeschlossenen Verhältnisses zur sächsischen Geschichte war eine vergleichsweise frühe Hinwendung zur Architektur der deutschen Renaissance, als derjenigen Zeit, in der Sachsen eine bedeutende Blüte erlebt hatte.
Weder die evangelische noch die katholische Kirche traten sonderlich anregend in Erscheinung. Als im letzten Viertel des 19. Jahrhunderts eine größere Anzahl von Kirchen errichtet wurden, ging das eher auf das Bestreben nach bürgerlicher Repräsentation als auf intensivere Frömmigkeit zurück.
Der entscheidende Auftraggeber und die führende geistige Kraft war das Bürgertum, das vor allem in der Villenarchitektur seinem Anspruch und Selbstverständnis Ausdruck verlieh.

Baugesetzgebung und Bebauungsplanung

Über die Dresdner Baugesetzgebung bis 1905 liegen ausführliche Untersuchungen vor[41]. Das Baugeschehen Dresdens wurde im 19. Jahrhundert durch die Folgeerscheinungen der Industriellen Revolution bestimmt, durch die sprunghafte Vervielfältigung der Einwohnerzahlen[42] und die daraufhin einsetzende lebhafte Bautätigkeit. Durch straffe Vorschriften bei der Bebauung eines Gebietes und bei der Gestaltung der Gebäude wurde danach gestrebt, den Charakter einer Kunst- und Residenzstadt

19 Antonstraße 35 und 37. Der Baublock, 1839–1841 errichtet, bildet die repräsentative Front der Häusergruppe, die sich einem der ersten Bahnhöfe Europas gegenüber befunden hatte.

soweit wie möglich zu wahren. Dieses Streben wurde dadurch erschwert, daß Grund und Boden Privateigentum und damit Spekulationsobjekt war. Erleichtert wurde dieses Bestreben durch die besondere soziale Struktur der Stadt, einer Beamten- und Pensionärsstadt. Städtebauliche Überlegungen, die der Wahrung des repräsentativen Residenzstadtcharakters galten, standen Forderungen der Grundeigentümer und Bauunternehmer gegenüber, die eine für sie ertragsbringende Ausnutzung des Grund und Bodens durch geschlossene Bebauung durchzusetzen versuchten. Die Bebauungspläne bildeten einen Kompromiß.
Daß Dresden relativ frei von störender Industrie und vor allem frei von Schwerindustrie innerhalb des Stadtgebietes geblieben war, hatte seinen Grund in den auf die Verarbeitung von Fertigwaren gerichteten Industriezweigen und im hohen Anteil der Dienstleistungsgewerbe. Extensive Schwer- und Grundstoffindustrie, die große Arbeitermassen verlangt, hat Dresden nie gekannt. Diese Industrie- und Bevölkerungsstruktur erklärt, warum es während des ganzen 19. Jahrhunderts in Dresden selten zu einer mehrgeschossigen Hinterhofbebauung gekommen ist. Statt dessen kam es auch in Arbeiterquartieren zu einer ausgedehnten offenen Bebauung, der seitens der Planer aus volkshygienischen und ästhetischen Gründen der Vorzug gegeben wurde[43].
Die gestalterischen Gesichtspunkte, die die Bauordnung von 1827 ursprünglich enthielt, wurden im Laufe der Zeit immer mehr durch Verbotsvorschriften zurückgedrängt. Die Bauregulative bestimmten nur noch die Art der Bebauung, die Geschoßzahl, das Verhältnis der Breite zur Höhe und Tiefe und die Stellung des Gebäudes innerhalb des Grundstücks. Ein bestimmter historischer Stil war nicht vorgeschrieben; in den dreißiger und vierziger Jahren wurde – gefördert durch den Einfluß Gottfried Sempers – die italienische Renaissance zum bevorzugten Leitbild.
Auf dem rechtselbischen Ufer in der Neustadt konzentrierte sich die Neubebauung auf den Bereich zwischen Königsbrücker Straße und Bautzner Straße und um die stadtseitige Umgebung der Bahnlinien[44]; auf der anderen Elbseite kam es bis zur Jahrhundertmitte zu keiner nennenswerten Bautätigkeit (19).

Die Berufung Gottfried Sempers

Die Entfestigung hätte die Möglichkeit großzügiger städtebaulicher Lösungen eröffnet, doch hatte hierzu – wie dargelegt – wenig Bedarf bestanden, da die Bevölkerung erst wieder in den dreißiger Jahren den Stand der barocken Blütezeit erreichte. Was jedoch mehr als alles andere einer solchen Lösung im Wege stand, war der Umstand, daß kein geistiger Bedarf zur Selbstdarstellung mittels städtebaulicher Monumente bestand.

20 Blick vom Schloßturm auf das Italienische Dörfchen auf dem späteren Theaterplatz. Links der Zwinger, im Hintergrund die Friedrichstadt, davor der Marstall, rechts am Elbufer die Calberlasche Zuckersiederei, 1817/1820, davor das Komödienhaus. Lithographie von C. W. Arldt, 1833

21 Sempers Forumsprojekt, das er 1849 publizierte, als dessen Verwirklichung nach dem Bau des Museums nicht mehr möglich war

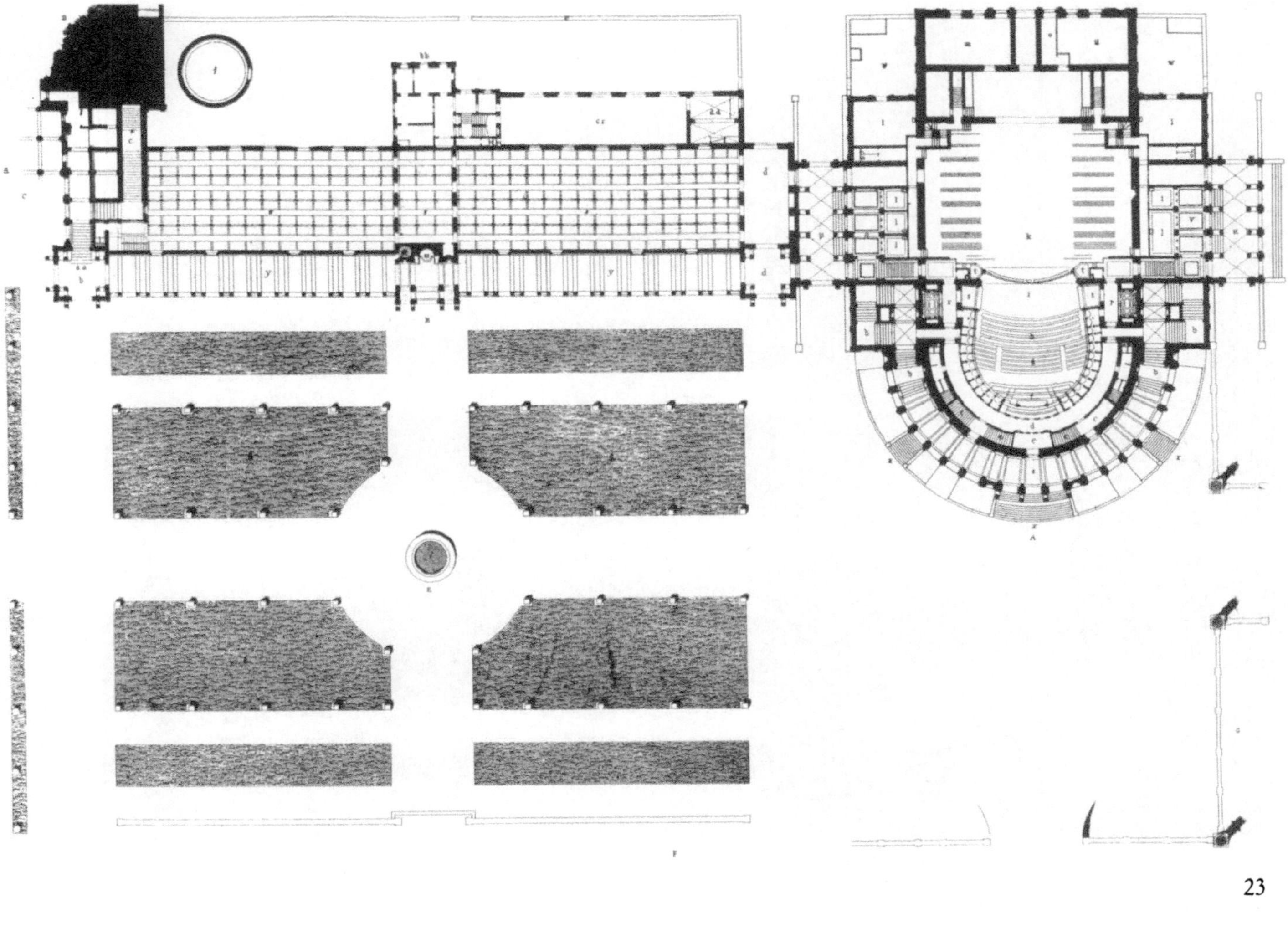

Der Umschwung, der mit der Juli-Revolution anhob und in der Einrichtung eines bürgerlichen Verfassungsstaates sein vorläufiges Ergebnis fand, bewirkte höher gespannte Ideale. Die selbstbewußter, reicher und einflußreicher gewordenen Bürger brauchten für die neuen Aufgaben ihrer Zeit Persönlichkeiten, die Vorstellungskraft und Talent genug besaßen, diesen Idealen Gestalt zu verleihen. Von der Neubesetzung der Kunstakademie in diesem Zusammenhang war bereits die Rede.

Bezeichnend ist es, daß sich Semper[45] nicht, wie viele Architekten vor ihm, mit Umbauvorstellungen für das Pöppelmannsche Hoftheater am Zwinger aufhielt, sondern die Gelegenheit eines Auftrages, einen Standort für das Denkmal König Friedrich August I. zu finden, wahrnahm, um einen Plan für die Vollendung des Zwingers vorzulegen. Semper plante „eine marktähnliche Anlage, die der leitenden Idee nach gewissermaßen den hallenumgebenden, von Tempeln und Statüen gezierten Forum der Alten entsprechen sollte“[46]. Wichtigster Bestandteil der Planung war der Neubau eines Theaters auf dem damals mißgestalteten, verbauten Platz nordwestlich von der Hofkirche, dem sogenannten italienischen Dörfchen. Sempers Intention, den Zwingerhof durch eine Verlängerung beider Flügel zu einem monumentalen Platz (20, 21) umzugestalten, war nicht aufrechtzuerhalten, als der sächsische Landtag 1846 beschloß, die bisher offene Zwingerseite durch den Museumsbau zu schließen. Damit entstand ein Platz, dessen Schönheit unbestritten ist, der aber an den grandiosen Entwurf des Forumprojektes nicht heranreicht. Mit Semper war zwar ein Mann gewonnen, der einer neuen Monumentalität Form zu geben verstanden hätte, doch hatte dessen große Vorstellungswelt nicht den Widerhall in der Auftraggeberschaft gefunden.

Semper war nicht der erste Architekt, der die Umgestaltung des Bereichs nördlich des Zwingers vorschlug. Von Woldemar Herrmann existiert ein Entwurf von 1831, der ebenfalls eine Erweiterung des Zwingerhofes nach der Elbe vorsah, an deren Uferkai sich ein Theater erheben sollte. Die Entwürfe bewegen sich stilistisch zwischen Klassizismus und Renaissance (22). Bemerkenswerterweise schlug Herrmann, wie wenige Jahre später Semper mit einem seiner ersten Museumsprojekte, die Bebauung des fiskalischen Neustädter Elbufers mit einem Theater, dessen Front auf den Strom ausgerichtet ist, und mit öffentlichen Gebäuden vor (23).

Die gründliche kunsthistorische und archäologische Aus-

22 Projekt von W. Hermann für ein Theater am Elbufer. 1831

bildung unterschied Semper von fast allen seinen Berufskollegen; ihr verdankte er sein ausgesprochen historisches Bewußtsein. Während seines Studiums in Paris und auf seinen Studienreisen gewann er die Überzeugung, daß „unser Zeitalter vermöge seiner ganzen Cultur und Bedürfnisse eigentlich nur eine Fortsetzung des Renaissance-Zeitalters sei, und daß es daher dem modernen Architekten vor allem obliege, die Tendenzen der Renaissance-Architektur (...) wieder aufzunehmen und (...) weiter fortzubilden“[47].

Als Lehrer bemühte sich Semper neben der praktischen Ausbildung um die kunsthistorische Unterweisung[48]. Er führte das bei Gau übliche Ateliersystem ein; Schüler verschiedener Ausbildungsstufen arbeiteten gemeinsam an den Aufträgen, die Semper als Architekt erhalten hatte[49].

Gottfried Sempers architektonisches Oeuvre setzte in Dresden 1836 mit einer Arbeit ein, in der er seine Auffassung vom Rang der Farbe in der Architektur darlegte und seine Kenntnis von vielfarbiger antiker Architektur nachwies. Pompejanische Motive suggerierten einen antiken Innenraum (25), in welchem die Statuen der berühmten Antikensammlung, die Winckelmann begeistert hatte, im Sinne eines Gesamtkunstwerks angeordnet waren.

Das Maternihospital, ein schlichter Zweckbau, ist Münchner Vorbildern verpflichtet, es zeigt nur sehr entfernt Beziehungen zu historischen Formen *(373)*.

1838 wurde nach Sempers Plänen die Synagoge errichtet, die 100 Jahre später in der Reichskristallnacht niedergebrannt wurde. Die Synagoge (24) wurde einfacher ausgeführt, als es Semper gewünscht hatte (27). Wie beim Projekt einer Synagoge in Paris (1850) bediente sich Semper einer byzantinisch-romantischen Stilisierung, in der Absicht, damit auf die „morgenländische“ Herkunft des jüdischen Volkes hinzuweisen, um so einen Bezug zwischen Zweckbestimmung und Form herzustellen.

Den ersten Bau im Stile der italienischen Renaissance errichtete Semper 1839/1841 mit dem Neubau des Hoftheaters (26), nachdem Umbauprojekte des Pöppelmannschen Opernhauses am Zwinger kein überzeugendes Ergebnis erbracht hatten. Für die Verbreitung des Renaissancismus ist dieser Bau eminent wichtig geworden. Dem bis dahin in Deutschland dominierenden Hellenismus Klenzes, Schinkels oder Weinbrenners wurde ein neues Stilideal entgegengestellt. Dem aufstrebenden sächsischen Bürgertum kam der Bezug auf die italienische Frührenaissance entgegen, die bürgerliche Gesellschaft identifizierte sich willig mit dieser Zeit und ihrer Architektur.

23 Projekt von W. Hermann für ein Theater am Neustädter Elbufer auf der Mönchswiese. Um 1831

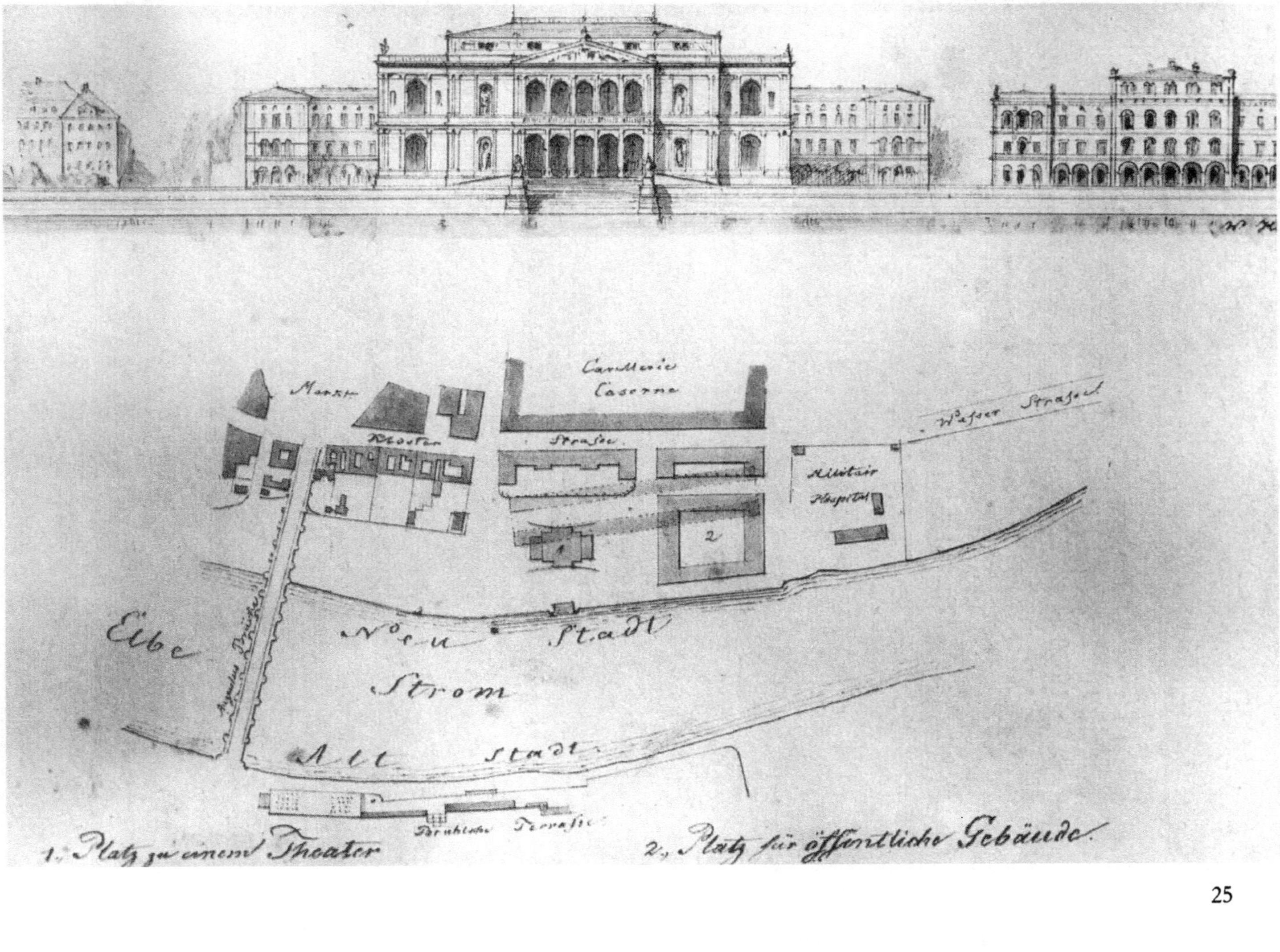

24 Synagoge. 1838 von G. Semper. 1938 in der „Kristallnacht“ niedergebrannt

25 Japanisches Palais. Ausmalung der Antikensäle nach dem Entwurf von G. Semper, 1836

26 Ansicht des ersten Hoftheaters von G. Semper, 1838/1841, das 1869 abbrannte

27 Synagoge. Der Innenraum zeigt eine Ausmalung vom Beginn des 20. Jahrhunderts

28 Villa Rosa, Holzhofgasse 20. Entworfen 1839 von G. Semper. Die Gartenseite nach der Elbe zu war die repräsentative Ansicht.

29 Villa Rosa. Hofseite

1837 war den Juden in Sachsen das Recht zugestanden worden, Grundstücke zu erwerben. Sogleich traten sie als vermögende, anspruchsvolle und kultivierte Auftraggeber in Erscheinung. Die Villa Rosa in der Holzhofgasse 20 in der Antonstadt (28–32; *319*), 1839 von Semper für den Bankier Oppenheim erbaut, war nicht die größte, aber die prächtigste der in jenen Jahren erbauten Villen. Dem Bauherrn war der Bezug auf die Renaissance angemessenes Mittel der Selbstdarstellung; der Stil war zum Mittel der Aussage geworden, die ideale Übereinstimmung von Stil und Ausdrucksweise war bei dieser Villa überzeugend realisiert.

Das Palais Oppenheim in der Bürgerwiese 5–7, die Stadtwohnung des Bankiers, besaß eine strenge Fassade der italienischen Hochrenaissance (33). Das Palais schien ernster und repräsentativer als die heitere Villa Rosa, das ländliche Refugium. Semper bezog sich hier auf Bauten Raffaels, die großartig ausgewogene Fassade war aus belegbaren Zitatformen verschiedener Vorbilder zusammengesetzt. Eindrücklich demonstrierten die Fassade und die Folge der Innenräume, zu welcher ästhetischen Vollkommenheit und Ausdruckskraft dieses „kompilatorische" Verfahren, das für den Strengen Historismus bezeichnend ist, gesteigert werden konnte.

Das zwischen 1848 und 1854 errichtete Museum, das heute die Gemäldegalerie und das Historische Museum auf-

30 Villa Rosa, Seitenansicht mit Pergola

31 Villa Rosa, das Gärtnerhaus von der Holzhofgasse aus gesehen

32 Villa Rosa, Ausmalung des oktogonalen Mittelraumes

33 Palais Oppenheim, Bürgerwiese 5–7. 1845/1848. Blick auf die Seitenansicht, die 1871/1874 nach dem Muster der Hauptansicht angefügt wurde

34 Die Nordseite des 1847/1854 nach dem Entwurf des von G. Semper erbauten Museums, bald nach Fertigstellung aufgenommen

35 Die Südseite des Museums mit dem Denkmal König Johanns. Aufnahme um 1910

nimmt (34–37; *389, 390*), hat in der Arkadengliederung des Obergeschosses die Biblioteca di San Marco in Venedig von Sansovino zum Vorbild. Im oktogonalen Kuppelraum sind die Florentiner Uffizien und der achteckige Belvederehof des Museo Pio-Clementino im Vatikan zitiert, das Vestibül lehnt sich dem römischen Thermenraum an, die Übertragung des Triumphbogenmotivs nach dem Vorbild des Bogens des Septimus Severus *(391)* auf dem römischen Forum oder des Konstantinbogens *(392)* und des nach dem Vorbild des Pantheon überkuppelten Mittelbaues mag durch das Louvremuseum angeregt worden sein[50]. Dem Museumsbau sind Merkmale des Palastbaues eigen, die Hervorhebung der Zuordnung von Vestibül, repräsentativer Treppe und Hauptsaal. Die Fassaden berücksichtigen die Arkadenarchitektur des Zwingers, wenn auch eine stilistische Subordination, wie sie etwa Schuricht am Neuen Palais in Schloß Pillnitz vorgenommen hatte, nicht beabsichtigt war. Sempers Bekleidungstheorie, obgleich sie in diesen Jahren noch nicht formuliert war, manifestiert sich in diesem Bau wie kaum an einem anderen. An keinerlei

36 Der Mittelrisalit auf der Nordseite des Museums

37 Das Vestibül im Erdgeschoß des Museums. Ausmalung und plastischer Schmuck 1945 zerstört

38 Entwurf eines Logenhauses von G. Semper. 1844. Ansicht

39 Bürgerwiese 16 und 17. Rechts vom „Dianabad“ das Seebachsche Haus, 1839 von Nicolai. Rechts eines der ersten Dresdner Mietshäuser. 1846/1847 von Lehmann

konstruktive Notwendigkeit gebundene Kunstformen sind dem glatten Baublock aufgelegt worden, das Formzitat wird zum Aussageträger. Der Zusammenklang von Baumasse in seiner räumlichen Beziehung, Symbolsprache, Stil, Ikonographie der Bildprogramme und der reiche figürliche und ornamentale Schmuck lassen das Bauwerk zu einem beziehungsreichen Kunstwerk werden, das auf die ideale Überhöhung des humanistischen Weltbildes des gebildeten Bürgertums zielte.

40 Der Leipziger Bahnhof in Dresden-Neustadt, 1837/1839, war einer der ersten Bahnhöfe Europas. Litho

Ein ähnliches Idealbild suchte Semper im Entwurf für eine Freimaurerloge zu verwirklichen. Dem schlichten Kubus ist eine Gliederung durch eine römische Halbsäulenordnung vorgelegt (38; *387, 388*). Weshalb der Bau unausgeführt blieb und wo er errichtet werden sollte, ist nicht mehr bekannt.

Das im gleichen Jahr wie die Villa Rosa gebaute Seebachsche Haus Bürgerwiese 16 (39) ist eine der wichtigen Villen jener Jahre. Setzten sich auch Einzelmotive im Stile der venezianischen Frührenaissance gegen die klassizistische Formensprache ab, so lassen doch die kubische Geschlossenheit und die Flächigkeit klassizistische Traditionen erkennen, die zarte Detailbildung gab der Fassade etwas biedermeierlich Bescheidenes. Zierlicher Detailbildung war auch Semper mächtig, wie die Dekoration der langgestreckten Erdgeschoßzone der Schaufenster des Hofjuweliers Elimeyer am Neumarkt zeigte, die eleganteste Geschäftsdekoration, die Dresden je besessen hatte (41).

Kraftvoll wirkte das straff gegliederte herrschaftliche Wohnhaus Bürgerwiese 14 von Hermann (42). Bauform und Stilisierung ließen diesen Bau ausgesprochen italienisch erscheinen. Im gleichen Sinn waren auch Bauten gänzlich anderer Zweckbestimmung entworfen worden, z. B. die Verwaltungsgebäude des Leipziger Bahnhofes (40) in der Neustadt.

41 Neumarkt. Der Ladenvorbau des Hofjuweliers Elimeyer nach dem Entwurf von G. Semper, 1840

42 Bürgerwiese 14. 1838 von Hermann, abgebrochen 1899. Aufnahme um 1898

Romantik und Biedermeier

Das Einordnen von Kunstwerken in Stilrubriken ist unumgänglich, wenn ein umfänglicher Stoff der Übersichtlichkeit halber geordnet und klassifiziert wird. Doch Übergangssituationen bereiten jedem Ordnungsverlangen Schwierigkeiten. Der Leipziger Bahnhof, einer der ersten des Kontinents, ist in seiner Bedeutung mit stilkritischen Mitteln nicht zu erfassen, da diese im frühen Auftreten eines Kopfbahnhofes und in dessen reifer Durchbildung des Bautypus beruht[51]. Eine an der Stirnseite offene Halle nahm den Ankunfts- und Abfahrtsperron auf, der runde Vorplatz war von einer Kolonnade bzw. einem Gitter eingefaßt und durch zwei Villen flankiert. Stilistisch ließe sich die Anlage sowohl der Neorenaissance als auch dem romantischen Rundbogenstil zuordnen.
Bei vielen Bauten jener Zeit ist der Bezug auf Motive der historischen Kunst sehr gering oder nur oberflächlicher Natur. War es dazu gekommen, daß ein Stil bevorzugt wurde, geschah dessen Weiterverwendung beinahe im Selbstlauf. Mitläufer verwendeten seine Motive, die zur Mode wurden, wie weltanschauliche Programme zu Konventionen verkümmerten. Für die Interpretation der Architektur des Historismus bedeutet dies, daß nicht jedes kunsthistorische Motiv als Indiz eines bewußt vollzogenen programmatischen Bezuges verstanden werden darf.
Bezeichnend für diese Gesinnung waren die Bauten Otto von Wolframsdorfs, des Hofbaumeisters. Der Ballsaal des Residenzschlosses (43) stand auf der Höhe der zeitgenössi-

44 Das Belvedere auf der Brühlschen Terrasse. 1842, von Wolframsdorf. Stich von J. C. A. Richter

43 Residenzschloß, Großer Ballsaal. 1846 von Wolframsdorf; die Decke 1883 von Frölich

schen Mode. Am Erfolg von Sempers Hoftheater hoffte er teilhaben zu können, indem er sowohl dessen Grundriß und Aufriß als auch Detailbildung und Stil beim Belvedere auf der Brühlschen Terrasse (44) übernahm. Auch die Fassaden der Villa Rosa haben in sehr unmittelbarer Weise motivisch als Vorbild gedient. Ähnlich eng ist auch die Abhängigkeit seines Café Reale von der Schinkelschen Wache. Anklänge an die italienische Frührenaissance zeigte die Orangerie in der Herzogin Garten (46). Die Pilaster- und Arkadenarchitektur ist eigenständiger durchgeführt, die beschlagwerkartige Ornamentik und die Inkrustationen farbigen Steins assoziieren die deutsche und die französische Renaissance. Im kleinen wurde dieser Bau in der Leipziger Straße 4 wiederholt (45).

Eine Reihe von Bauten läßt motivisch keinen oder einen nur sehr entfernten Bezug erkennen, Bauten, die sich selbst genügten, die ihr Existenzrecht weder mit historischen Kunstformen nachweisen mußten, noch dieser Formen zur Erläuterung der Zweckbestimmung des Bauwerks bedurften. Die schlichten Fassaden der Nieritzstraße und der Glacisstraße lassen eher an das Nachleben bürgerlicher barocker Traditionen denken (47, 48, 50).

Anspruchsvollere Bauten hatten selbstverständlich Vorbilder in der zeitgenössischen Architektur. Für Dresden sind vor allem München und die Bauten der dortigen Ludwigstraße wichtig gewesen. In diesem Zusammenhang sind das Logenhaus von Hörnig in der Ostraallee (51; *385*), die dem Leipziger und dem Schlesischen Bahnhof gegenüberliegende Häusergruppe Antonstraße 29–37, die Villa Unterer Kreuzweg 4 *(362)* und das Wohnhaus Otto-Buchwitz-

45 Leipziger Straße 4. Das 1846 errichtete Orangeriegebäude hat zur Villa der Steingutfabrik Villeroy & Boch gehört.

46 Der Kopfbau der Orangerie in der Herzogin Garten. 1841, von Wolframsdorf

Straße 33 (50), das Seebachsche Haus Bürgerwiese 16 (39) und der Schlesische Bahnhof *(407)* zu nennen.

Das Vorspiel der Neogotik um 1785 blieb in Dresden für mehr als ein halbes Jahrhundert eine Episode. Der nächste gotisierende Bau in Dresden stammt von Semper. Der 1843 durch den Mäzen von Gutschmid gestiftete Brunnen weist baugeschichtlich getreue gotische Formen, aber auch Details zeitgenössischer Erfindung auf (53). Um 1845 entstand für den gleichen Auftraggeber am Elbufer ein herrschaftliches Wohnhaus, das aus gutem Grund „Venezianisches Haus" genannt wurde (55). Unmittelbares Vorbild war die Ca'd'Oro *(359)*. Der Mäzen griff eine barocke Idee auf, die Elbe nach venezianischem Vorbild zu einer von Prachtbauten gesäumten Wasserstraße zu machen. Die Idee fand wenig Widerhall, im gleichen Stil wurde wesentlich später lediglich ein einziges, bescheideneres Haus, Terrassenufer 5, gebaut (57).

Das Venezianische Haus blieb nicht das einzige, das gotisierend stilisiert wurde. Die Villa Orlando in Loschwitz, Schillerstraße 4, fast ein Schlößchen inmitten einer frühe-

47 In der 1844 angelegten Nieritzstraße hat sich die biedermeierliche Bebauung unversehrt erhalten.

48 Togliattistraße 36/38. Die Aufnahme um 1930 zeigt die feine Ornamentik der Fassade, die bei der letzten Instandsetzung verloren ging.

49 Otto-Buchwitz-Straße (Königsbrücker Straße) 33. 1847. Einer der schlichten Biedermeierbauten der Vorstädte

50 Togliattistraße (Glacisstraße) 28–38. Mit diesen Doppelhäusern ist die Bebauung der frühen Stadterweiterung und auf dem Glacis der ehemaligen Festung erhalten.

51 Das Logenhaus in der Ostraallee, 1837/1838 von Hörnig. Der „Arbeitssaal" vor dem Umbau des Logenhauses in den dreißiger Jahren zum Museum für Tierkunde

ren Weinbergslandschaft (52; *355*), wurde als Tudorgotik stilisiert, ebenso das Schloß Altfranken (54), das 1850 begonnen wurde und das der Nürnberger Neogotiker Heideloff beeinflußt haben soll. In beiden Fällen war historische Treue nicht beabsichtigt gewesen; vielmehr kam es darauf an, das Erinnerungsbild „aristokratischer Landsitz" zu signalisieren.

Stets war es mehr als nur eine Angelegenheit ästhetischer Erwägungen, wenn Kirchen in altchristlichen oder mittelalterlichen Formen gebaut wurden. Die Wahl des Stils

52 Schillerstraße 4, Villa Orlando. Um 1850 von Erhard inmitten eines Weinberges errichtet

53 Der Postplatz mit dem Cholerabrunnen von G. Semper. Links die Türme der Sophienkirche, rechts das Ende der Wilsdruffer Straße

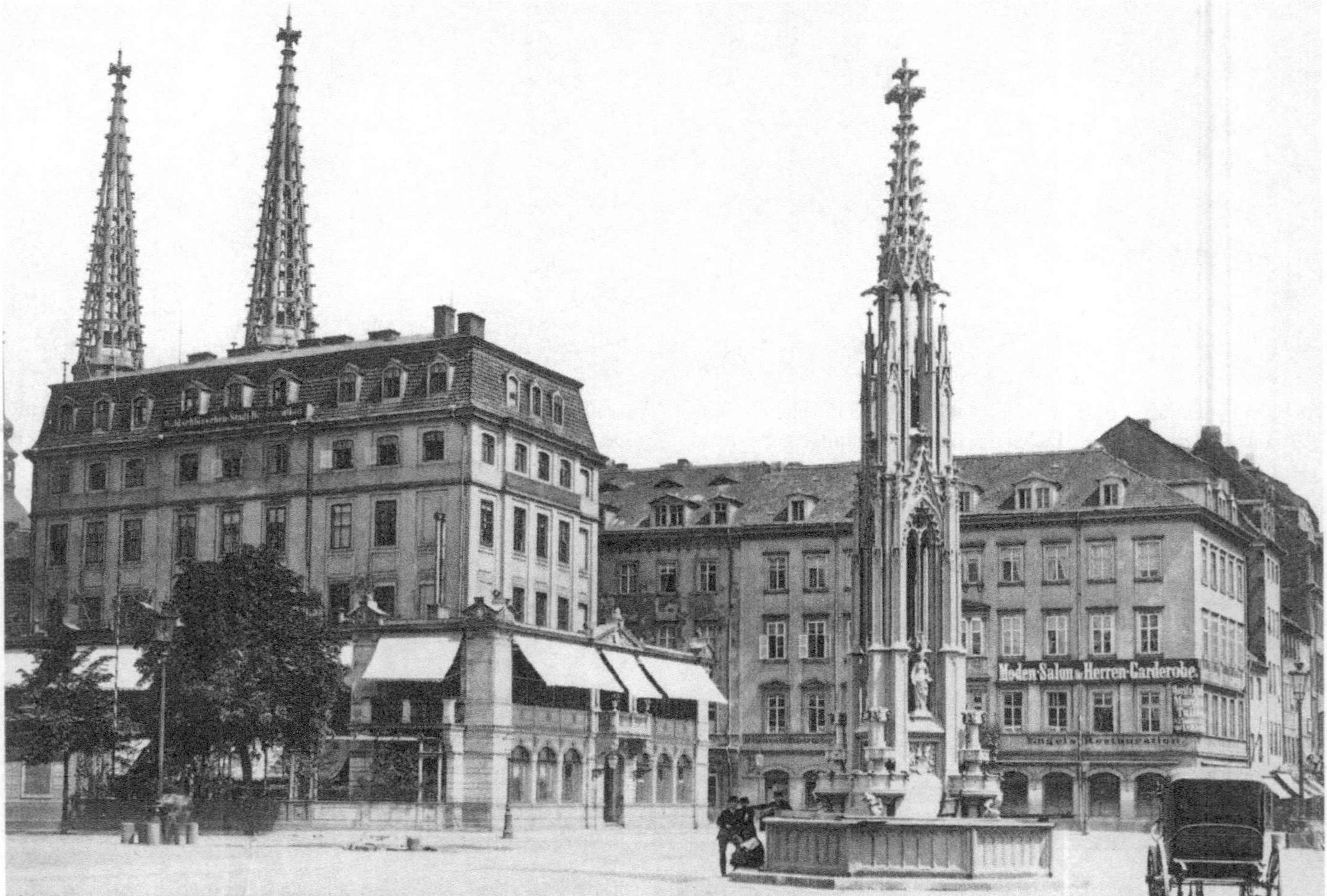

wurde als Hinweis auf die bessere Welt des gläubigen Mittelalters verstanden. In Dresden wurde in jenen Jahren nur die bescheidene Kapelle im königlichen Weinberg in Wachwitz errichtet. Um 1840 entwarf Semper eine Schule in Blasewitz in gotischen Formen. Der Bau blieb unausgeführt, und erst nach 1850 wurde die Schule gebaut, deren Entwurf auf Semper zurückgehen könnte (56).

◀54 Schloß Altfranken, erbaut ab 1850 durch den Grafen Luckner, abgerissen nach 1945

56 Die ehemalige Gemeindeschule Blasewitz, Naumannstraße. Erbaut 1851, wahrscheinlich nach einem Entwurf Sempers. Der Anbau rechts 1905 von Scherz

55 Terrassenufer 3, das „Venezianische" oder „Gutschmidsche Haus". Um 1845 erbaut. Nach der Absicht des Bauherrn, des Mäzens Gutschmid, sollte dieses Haus den Anfang einer Prachtstraße ähnlicher Bauten nach Venezianer Beispiel machen.

57 Terrassenufer 5. Das um 1880 errichtete Haus griff – als einziges – die Idee des „Venezianischen Hauses" auf.

1850 – 1878

Sachsen nach dem Maiaufstand bis zum Sozialistengesetz

Nach der gescheiterten Revolution 1848/1849 kam es zu einer Stärkung der Reaktion. Liberale Reformen, die der „Widerstandslandtag" beschlossen hatte, wurden beseitigt, alle Arbeitervereine verboten, die Pressezensur eingeführt. Der Kriegszustand währte bis Juni 1850.
Politisch – auch kulturpolitisch – wurde die nachfolgende Zeit durch die Regierung von Beust geprägt (seit 1849 Außenminister, 1853 – 1866 Leiter des Gesamtministeriums). Auf außenpolitischem Gebiet vertrat er den für Sachsen verhängnisvollen und überholten Gedanken der Trias, eines Bündnisses der deutschen Mittelmächte als dritter Kraft gegen die rivalisierenden Großmächte Preußen und Österreich. Innenpolitischen Spielraum verschaffte sich von Beust durch ein liberales Wahlgesetz (1860) und durch die Gewährung der Pressefreiheit. Die Gewerbegesetzgebung von 1861 stellte Gewerbefreiheit her.
Während der Hochkonjunktur der Jahre 1852 – 1857 erlebte die sächsische Industrie einen stürmischen Aufschwung. 1863 griff Sachsen im Sinne Österreichs in die Schleswig-Holsteinische Frage ein, die 1866 zum Krieg des Deutschen Bundes gegen Preußen führte. Nach der österreichischen Niederlage bei Königgrätz 1866 wurde Sachsen von preußischen Truppen besetzt und büßte neben anderen Souveränitätsrechten seine außenpolitische Unabhängigkeit ein. Im Gefolge Preußens nahm Sachsen 1870 am Kriege gegen Frankreich teil.
Mit dem Anschluß Sachsens an das deutsche Reich 1871 gerieten auch in Sachsen die wirtschaftlichen Verhältnisse in andere Bahnen, nicht zuletzt wegen der französischen Reparationszahlungen. In keinem anderen deutschen Land entstanden nach diesem Krieg so viele Aktiengesellschaften wie in Sachsen[52].
In Sachsen hatte die Fertigwarenindustrie, bedingt durch den Rohstoffmangel des Landes und begünstigt durch die Verkehrslage zwischen Preußen und Österreich und durch das reiche Arbeitskräfteangebot, eine größere Bedeutung als in anderen deutschen Ländern. In Dresden, wo Grundstoffindustrie im wesentlichen fehlte, galt dies in noch stärkerem Maße. Die Weltwirtschaftskrise von 1873 traf Sachsen als Exportland besonders schwer, in Dresden wirkte sie sich jedoch nicht in ihrer ganzen Härte aus, weil die Erwerbstätigkeit auf verschiedenartige Branchen verteilt war und die Bankrotte daher nie allzu große Gruppen betrafen. Dies ermöglichte eine kontinuierliche wirtschaftliche Entwicklung und damit auch Bautätigkeit.
Die Industrialisierung Dresdens wurde seitens der Regierung unter starken Vorbehalten beobachtet. „Die Regierung war, bei aller sonstigen Fürsorge für das Gedeihen der Industrie, naturgemäß wenig geneigt, Unternehmungen zu fördern, die dem vorwiegenden Charakter der Stadt als Residenz des Königshauses beeinträchtigen können; die Aussicht auf zahlreiche Fabrikessen hatte für sie wenig Anmuthendes"[53]. Trotzdem nahm die Einwohnerzahl der Stadt[54] vor allem in den Arbeitervierteln sprunghaft zu.
Eine Besonderheit der wirtschaftlichen Struktur Dresdens war durch ein kräftig entwickeltes Dienstleistungsgewerbe gegeben. Die Bedürfnisse des Hofes, der Beamten des Landes und der Stadt, der großen Garnison, der zahlreichen Botschaften und Konsulate, der hier ansässigen Ausländer, der Emigranten und Pensionäre bestimmten die Struktur einschlägiger Unternehmen[55]. Diese Bevölkerungsgruppen gaben Dresden und seinen ausgedehnten Villenvororten das aristokratische Gepräge, sie waren den Dresdner Architekten wichtige Auftraggeber, und sie hatten Anteil an der Ausformung des architektonischen Bildes der Stadt.
Wie in ganz Deutschland ließ auch das Bürgertum in Sachsen in der Gründerzeit vom Liberalismus ab und wandte sich konservativen Wertvorstellungen zu. Dieser Tendenzwende stand eine wachsende sozialdemokratische Bewegung gegenüber, die gerade in Sachsen stark entwickelt war. Während 1875 in der zweiten Kammer des sächsischen Landtages eine konservative Mehrheit zustande kam, zogen auch fünf sozialdemokratische Abgeordnete ein; 1877 wurden 38 % aller Wählerstimmen für die Sozialdemokratie abgegeben, ähnlich stand es in anderen deutschen Ländern. Dieser „Bedrohung" wußte Bismarck 1878 lediglich das „Gesetz gegen die gemeingefährlichen Bestrebungen der Sozialdemokratie" entgegenzuhalten.

Villenviertel und Arbeiterquartiere

Ebenso wie der Wunsch nach der Bewahrung eines schönen Stadtbildes hat die Lage Dresdens im internationalen Verkehr die Wirtschaftsentwicklung und das Baugeschehen beeinflußt.
Vorgegebene Verkehrsbedingungen, etwa die seit den dreißiger Jahren erfolgte Trassierung der Eisenbahn (58) im Westen und weit im Süden der Stadt[56], waren von Bedeutung für die Ausbildung von Industrieansiedlungen und von Wohngebieten. Die Bautätigkeit konzentrierte sich zunächst auf den Osten der Stadt und die Bereiche innerhalb der damals noch höhengleichen Bahntrassen[57]. Außerhalb der Bahnlinien schwand die „Baulust" merklich. Auch die Bahnhöfe übten einen beträchtlichen Einfluß auf die Stadtentwicklung aus; die Verbindung des Böhmischen Bahnhofs zum Stadtzentrum, die Prager Straße, entwickelte sich zur bedeutendsten Geschäftsstraße Dresdens.
Mit der Ausweisung von Baugebieten am Rande der Stadt wurden neue Straßen nötig, die, einmal angelegt, das Baugeschehen anzogen. Als wichtigste neue Straßen seien die Prager Straße (1851), die Wettiner Straße (1872/1875; heute Schweriner Straße) und die Grunaer Straße (1878/1880)

genannt, auch die neuen Elbbrücken, die Marienbrücke (1846/1852) und die Albertbrücke (1875/1877) zogen das Baugeschehen an.
Seit der Einführung der Pferdebahnen 1872, die zwischen dem Böhmischen Bahnhof und den Villenvororten Blasewitz und Plauen verkehrten, war es möglich, schneller in die Vororte zu gelangen. Damit konnte an eine flächenmäßig bedeutende Ausdehnung der Stadterweiterungsgebiete gedacht werden.
Für die Geschichte der Architektur der Stadt Dresden war bedeutungsvoll, daß hier nicht allein fähige Architekten und bauwillige Bauherren zu finden waren, sondern daß es sich im staatlichen wie auch im kommunalen Bereich Männer angelegen sein ließen, ihren Vorstellungen von einem sowohl ästhetisch als auch funktionell wohlgeordneten städtischen Organismus mittels ortsgesetzlicher Regelungen und durch hohes persönliches Engagement Gestalt zu verschaffen.
Die unter dem Vorsitz des Ministers von Beust zwischen 1854 und 1866 tätige Bau- und Verschönerungskommission[58] bemühte sich beratend um die Aufstellung von Bauplänen; besondere Verdienste hatte sie bei der Aufstellung des Generalbauplanes.
Um den „Ring von Schornsteinen" zu verhindern, bediente sich die Stadt mit beachtlichem Erfolg baurechtlicher Mechanismen[59]. Der von Bothen aufgestellte Generalbauplan[60] führte schon 1859 (genehmigt 1862) zu einer Koordinierung der einzelnen Bebauungspläne; er stimmte das Verkehrssystem ab, gliederte das Stadtgebiet in einzelne Bereiche, legte für diese Bereiche Bebauungsweisen fest und trug damit wesentlich zu einer geordneten Stadtentwicklung bei. Wichtigste Konzeption des Generalbauplanes war, daß innerhalb des inneren Envirionweges[61] nur geschlossene, zwischen dem inneren und äußeren Envirionweg[62] nur offene Bebauung zulässig war. Das Gebiet vor dem äußeren Envirionweg sollte unbebaut bleiben. In

58 Dresden aus der Vogelschau. Blick vom Norden über die Neustadt nach der Altstadt. – Am unteren Bildrand in der Mitte der Bautzner Platz, der spätere Albertplatz, links die Kasernen an der Mönchswiese, rechts davon die Augustusbrücke, rechts die Marienbrücke, die den Böhmischen Bahnhof im Süden der Altstadt mit dem Leipziger und dem Schlesischen Bahnhof, beide rechts unten im Bild, verband. Die linke Brückenabfahrt der Marienbrücke führt zum Leipziger Schlag, dessen Torhäuser zu erkennen sind. – Auf der Altstädter Seite auf der linken Bildseite an der Spitze der Brühlschen Terrasse das Belvedere, etwas links davon die Synagoge. Darüber im Hintergrund am Stadtrand der Böhmische Bahnhof, den die Prager Straße mit dem Stadtzentrum, dem Altmarkt, verbindet. Am Altstädter Brückenkopf der Augustusbrücke das Schloß, die katholische Hofkirche und das Hoftheater. Dahinter das Museum mit dem Zwinger. Am Elbufer rechts vom Hoftheater die Calberlasche Zuckersiederei. Ganz rechts die Friedrichstadt. Holzstich von R. W. Eltzner nach H. Walter. Um 1865

den siebziger Jahren wurde durch die Aufstellung von Teilbebauungsplänen eine intensivere Bebauung im ehemals zur offenen Bebauung vorgesehenen Bereich statthaft.
Bei der Bebauungsplanung wurde strikt auf die Einhaltung der einheitlichen Bebauungsweise geachtet. Trotz der Widerstände der Bauunternehmer wurde in Dresden immer an Grenzabständen, Baufluchten und einheitlichen Geschoßhöhen festgehalten. Als die ehemals zur offenen Bebauung vorgesehenen Gebiete mit geschlossenen Häuserzeilen bebaut wurden, erfolgte die Einfügung dieser Bebauung gruppen-, straßen- oder blockweise. Wichtig wurde die Festlegung von Baublockgrößen auf Maße zwischen 80m x 150m und 150m x 180m[63].
Mit Einführung der Gewerbefreiheit durch die Sächsische Gewerbeordnung[64] war jedem Einwohner ohne Beschränkung der Wahl des Ortes ein Gewerbe zu betreiben erlaubt. Als damit die Zunftverbindungen und das Bannmeilenrecht abgeschafft waren, entstanden gewerbliche Mischgebiete, die eine städtebauliche Entwicklung in dem von der Regierung gewünschten Sinn erschwerten.
Die Lokalisierung von größeren Industrieunternehmen versuchte die Regierung mit Erfolg durch die Ausweisung von Gewerbegebieten zu steuern; 1853 für den Bereich zwischen Großenhainer Straße, Leipziger Straße und dem Elbufer und um die Blumenstraße im Osten der Stadt. Bei kleineren gewerblichen Betrieben ließ sich die Standort-

60 Radeberger Straße 25. 1871. Ein charakteristisches Beispiel der Bebauung des „Preußischen Viertels“

59 Die Albertstadt und die Antonstadt in Dresden-Neustadt in Richtung Osten. Luftaufnahme um 1940 von W. Hahn. – In der Mitte der linken Bildseite die Kasernen der Albertstadt, in der Mitte das Arsenal, weiter rechts die Garnisonskirche und die Schützenkaserne mit dem Alaunplatz. Darüber die Villen des „Preußischen Viertels“ zwischen Radeberger und Bautzner Straße. Rechts die geschlossene Bebauung der Antonstadt. Die Einteilung der Stadt in Bauzonen hatte Gebiete ausgeprägt unterschiedlicher Bebauung hervorgebracht.

wahl nicht mehr reglementieren, so daß besonders in der Gründerzeit reine Wohngebiete zu Mischgebieten wurden.
Die Bautätigkeit im rechtselbischen Stadterweiterungsbereich war durch die Bahnanlagen und durch die Ausweisungen von Gewerbegebieten geprägt. In den siebziger Jahren wurde im Norden der Neustadt die rein militärische Albertstadt mit ihrer ausgedehnten Kasernenbebauung (59) angelegt, an die sich die Villenbebauung des „Preußischen Viertels" um die Radeberger Straße anschloß (60). In der Antonstadt führte das Fehlen detaillierter Baubestimmungen in den sechziger Jahren zu intensiver Bodenausnutzung.
Im linkselbischen Bereich bestand im Osten der Stadt von 1826 bis in die sechziger Jahre (abgesehen von der Gegend um die Blumenstraße) Bauverbot. Im Zuge der Verbesserung der Verkehrsverbindungen zum Stadtzentrum mit der Anlage der Zeughausstraße (1870) und der Grunaer Straße, der Aufhebung des Bauverbots um den Großen Garten und der Einrichtung einer Pferdebahnlinie nach Blasewitz kam es zu einer Belebung der Bautätigkeit.
Das Schwergewicht der Stadtentwicklung lag allerdings im Süden der Stadt. Dieser stadtnahe Bereich, günstig gelegen in der Nähe des Böhmischen Bahnhofes, der Bürgerwiese und des Großen Gartens, zog Bauherren an, deren Vermögenslage kostspielige Villen gestattete.
Im Südwesten entwickelte sich vor dem Plauenschen Schlag ein Industriegebiet, das seinerseits auf die Entwicklung der Wohnbebauung und der Industrieansiedlungen der Vororte Plauen, Löbtau und Cotta rückwirkte.
Dagegen blieb der Westen der Stadt, die Wilsdruffer Vorstadt, bedingt durch die Eingrenzungen durch die Eisenbahnlinie und die Weißeritz in der Entwicklung zurück. Die ungeklärte Frage eines künftigen Hauptbahnhofes verhinderte die Verabschiedung von Bebauungsplänen, weswegen die Neubautätigkeit in die westlichen Vororte auswich. Der bauliche Aufschwung setzte erst mit der Anlage der Berlin–Dresdner Bahn ein (1888).

Die Architektur der Semper-Nachfolge

1850 wurde Hermann Nicolai Vorstand des Ateliers für Baukunst der Dresdner Akademie. Außerdem unterrichteten Gustav Heine und Christian Friedrich Arnold. Die Flucht Gottfried Sempers nach der Mairevolution 1849 erwies sich als schwerer Verlust für das Dresdner Kunstleben.
Die wichtigste Villa für Dresden – nach Sempers Villa Rosa – entwarf Nicolai 1851 für den Mineralwasserfabrikanten Struve. Die Villa Struve in der Prager Straße 18 (61; *346*) vereinfachte die Villa Rosa und entheroisierte sie. Grundriß und Fassaden dieser Villa waren vollendet ausgewogen, die handwerkliche Qualität dieses unaufdringlichen Gebäudes soll ausgezeichnet gewesen sein. Außer Motiven der Semper-Schule hatte Nicolai auch moderne Vorstellungen des zeitgenössischen französischen Villenbaus aufgegriffen. Die Villa Struve bot für Villen und Mietshäuser bis zur Jahrhundertwende (z. B. Altenberger Straße 12–18) das unmittelbare und tausendfältig variierte

61 Prager Straße 18, Villa Struve, 1851/1852 von Nicolai. Wichtigster Villenbau Dresdens neben der Villa Rosa. Litho von Williard

62 Der Turm der Dreikönigskirche, erbaut 1854/1857 von Marx und K. M. Haenel

Schema für Grundrißlösung, Fassadengliederung, stilistischen Habitus, Wahl und Behandlung des Materials.
In ausgeprägter Weise ist Formengut des Semperschen Renaissancismus am Turm der Dreikönigskirche von Haenel und Marx verarbeitet (62). Im Gegensatz zur Stilisierung

63 Otto-Buchwitz-Straße 45. 1858

64 Hildebrandtstraße 1. 1860 von G. Hanefeldt

65 Hübnerstraße 4. 1885 von Lippold, erweitert 1898 von Carl & Rönitz. Der Umbau gab der Villa das Aussehen eines typischen Dresdner Mietshauses

66 Jägerstraße 2 / Arndtstraße. 1875

67 Rothenburger Straße 5. 1865

der benachbarten katholischen Pfarrkirche St. Franziskus-Xaverius sind hier auch heimische Traditionen (Hofkirche, Kreuzkirche) aufgenommen.
Einige Villen begannen in der zweiten Hälfte der fünfziger Jahre Motive der Villa Rosa zu zeigen. Ein Beispiel für diese Resonanz ist die Villa Bautzner Straße 99 *(287)*. Ähnliche enge Beziehungen in der Ausbildung einzelner Motive – nicht unbedingt der Baukonzeption – zu Semperschen Vorbildern zeigen die Villen Otto-Buchwitz-Straße 45 (63), Hildebrandtstraße 1 von Hanefeldt (64), Hübnerstra-

68 Bautzner Straße 88. 1863. Ansicht der Gartenseite

70 Bautzner Straße 88. 1863. Ausmalung des Treppenhauses

69 Bautzner Straße 88. 1863. Ansicht der Straßenseite

ße 4 (65), das Reihenhaus Rothenburger Straße 5 (67) und Jägerstraße 2 (66).
Eine unmittelbarere Beziehung zur Villa Rosa wird in den Villen Bautzner Straße 86 *(285)* von Hempel und Bautzner Straße 88 (68–70) spürbar. In beiden Bauten lebt etwas

71 Caspar-David-Friedrich-Straße 13. 1859 von F. R. Tharandt. Fassadenaufrisse aus der Bauakte

72 Bachstraße 7. 1860

73 Prießnitzstraße 63. 1861

74 Der Böhmische Bahnhof. 1861/1864 von K. M. Haenel und Canzler. Abgetragen beim Neubau des Hauptbahnhofes

75 Bautzner Straße 96. 1857

76 Bautzner Straße 94. 1863

von der Kraft und Fülle des Semperschen Vorbildes. Beide Villen müssen heute zu den besterhaltenen Wohnbauten der Semper-Schule in Dresden gezählt werden.
Vielen Villen war eine zurückhaltendere, zartere Durchbildung der Renaissanceformen, wie sie Nicolai pflegte, eigen, Formen, die eher eine spätbiedermeierliche Geisteshaltung als gründerzeitlichen Repräsentationswillen verrieten. Das Landhaus Schillerstraße 12 in Loschwitz zeigt diese Tendenz ebenso wie die Villen des Maurermeisters Tharandt aus Lockwitz, von dessen Bauten hier nur die Villa Caspar-David-Friedrich-Straße 13 in Strehlen aufgeführt werden soll (71).
Die äußerst bescheidenen Wohnhäuser Bachstraße 7 (72), Eschenstraße 6 *(304)* und Prießnitzstraße 63 (73) in der Antonstadt verdienen hier Erwähnung, weil an durchschnittlichen Massenarchitekturen wie diesen deutlich wird, in welchem starken Maße die Renaissancevilla und der Renaissancismus zum Allgemeingut und zur architektonischen Konvention geworden waren. Gleiches gilt auch für gewichtigere Bauwerke.
Der 1861/1864 von Canzler und Haenel errichtete Böhmische Bahnhof (74) verwendete Renaissancemotive sehr zurückhaltend, auf Prachtentfaltung wurde verzichtet.

Seitdem das Viertel zwischen Radeberger Straße, Bautzner Straße und Forststraße östlich der Antonstadt, am damaligen Stadtrand also, bebaut werden durfte (1861), entstanden fast ausschließlich Villen der Nicolai-Schule, die hauptsächlich vom Offizierskorps bewohnt wurden. Einige dieser schönen Villen sind weitgehend unversehrt geblieben. Hervorgehoben zu werden verdienen die Häuser Radeberger Straße 11 (77), Radeberger Straße 13 und Radeberger Straße 25 (60), von den Villen der Bautzner Straße seien Nr. 94 (76) und Nr. 96 (75) genannt. Die Fassaden sind stets symmetrisch geordnet, galt doch auch Nicolai Symmetrie als eine der Grundbedingungen der Schönheit; Asymmetrie und malerische Bildungen gehörten bei seinen Bauten und denen seiner Schüler zu den Ausnahmeerscheinungen.

Die architektonisch anspruchvollste erhaltene Reihenhausbebauung der sechziger Jahre in Dresden ist die der Rothenburger Straße. Pilasterordnungen, feingegliederte geputzte Wandflächen, sparsame Ornamentik, maßvolle Gesimse und Fenstereinfassungen in Sandstein gliedern die ausgewogenen Fassaden (67, 78, 80; *349–354*). Direkte Übernahmen Semperscher Motive weisen auf das große Vorbild (Rothenburger Straße 5 und 40, Bischofsweg 60). Die Vereinfachung und Trivialisierung des imperialen Motives eines römischen Triumphbogens, der nun gewöhnlichen Mietshäusern vorgelegt wurde, lehrt, daß das vor allem durch Semper eingeführte Formengut Volkstümlichkeit erlangt hatte. Es fragt sich überhaupt, wie hoch der Anteil einer bewußten Entscheidung über dieses oder jenes Stilvorbild und wie hoch der Anteil unreflektierter Konventionen gewesen ist. Bei aller denkbarer Konvention muß die bewußte Entscheidung für die Motive der italienischen Renaissance doch sicher angenommen werden. Daß Bauherren und Architekten die Möglichkeit zu anderen Entscheidungen freistand, belegt die allerdings geringe Zahl anderslautend stilisierter Fassaden.
Ausgewogenheit und maßvolle Plastizität kennzeichnet die Fassade des herrschaftlichen Mietshauses Bästleinstraße 13 (82). Das dreigeschossige Haus ist mit den Mitteln des zweigeschossigen Villenbaus gegliedert. Es weist Motive auf, die klassische Villen, wie beispielsweise die Villa Goethestraße 1, in ähnlicher Weise zeigten (81).
Ab 1867 wurden zwei durch ihre Gegensätzlichkeit bemerkenswerte Bauten von Nicolai ausgeführt: Die prächtige Villa Meyer in der Beuststraße 1 (79) und die bescheidene, kleine Villa Parkstraße 3 (83), beide im seinerzeit

77 Radeberger Straße 11. 1863

78 Rothenburger Straße 13. 1866

bevorzugtesten Wohngebiet Dresdens gelegen. Erstere war ein aufwendiger, vielgliedriger und spannungsvoller Bau im Stile der oberitalienischen Frührenaissance. Die Inneneinrichtung war prachtvoll, die handwerkliche Qualität der sandsteinverblendeten Fassade hervorragend. Nicht

79 Beuststraße 1. 1867/1869 von Nicolai. Ansicht von der Beuststraße

80 Rothenburger Straße 40. 1874. Der Fassade ist das vereinfachte Triumphbogenmotiv der Nordseite des Museums vorgelegt.

weniger gediegen war auch die zweite Villa, die ihren Reiz gerade durch den Verzicht auf große Form und ein augenfälligeres Stilzitat in sparsamster, ausgewogener Fassadenkomposition fand.

Doch in den späten sechziger Jahren zeigten Villen und

81 Goethestraße 1. 1869/1870 von Eberhard. Ansicht der Straßenseite

82 Bästleinstraße 13. 1866

auch bescheidene Mietshäuser, z. B. Kamenzer Straße 6, im allgemeinen üppigere Detailbildungen als Nicolais Parkstraße 3. Aus der Fülle qualitätvoller Bauten hervorgehoben zu werden verdienen die Villen von Eberhard – Beuststraße 2 (84), Goethestraße 1 und 6 (86), von Grahl – Parkstraße 2, von Hempel – Bautzner Straße 86 *(285)* und Wiener Straße 22 (87), von Hauschild – Parkstraße 9 (88, *344*), von Lottermoser – Wiener Straße 11 (89), von H.A. Richter – Hohe Straße 7 und 9, Moscinskystraße 10 (90; 340) und Wiener Straße 2 *(367, 368)* und Schreiber –

83 Parkstraße 3. 1867/1868 von Nicolai. Ansicht der Straßenseite

85 Kamenzer Straße 6. Um 1865. Charakteristische Fassade der Bebauung in der Antonstadt

84 Beuststraße 2. 1866/1867 von Eberhard. Ansicht der Straßenseite

Parkstraße 9 sowie eine Reihe von Villen, deren Architekten nicht bekannt sind, so Zittauer Straße 5 *(370)* und Bautzner Straße 88 (68–70; *286*).
In der Regel zeigten alle diese Villen einen streng symmetrischen Aufriß, einen zentralen Oberlichtsaal, ein seitlich angeordnetes Treppenhaus, flache Walmdächer und Sandsteinfassaden. Fast überflüssig zu erwähnen, daß sie im Sinne der italienischen Renaissance stilisiert waren und daß es sich stets um frei stehende Bauten handelte, die einen kleinen Garten besaßen, der in symmetrischer Ordnung angelegt war. Brunnenschalen und Statuenschmuck fehlten selten. Auch bei den Gärten wurde auf Anlagen der Renaissance zurückgegriffen, wenngleich die dichte Bebauung arge Reduktion bedingte[67].
Am 21. September 1869 brannte das von Semper errichtete Hoftheater ab. „Man erwog sowohl einen Wiederaufbau und eine Erweiterung des alten Theaters als auch einen Neubau in den Zwingeranlagen (...). Der Dresdner Stadtbaudirektor Theodor Friedrich hingegen sprach sich mit städtebaulichen Argumenten für eine Rückverlegung des Neubaus am Theaterplatz aus (...). Die Regierung beabsichtigte die Ausschreibung eines beschränkten Wettbewerbs, zu dem auch Gottfried Semper aufgefordert werden sollte. Darauf ließ Semper wissen, daß er darauf nicht eingehen werde. Für die Beauftragung Sempers und gegen den Standort am Zwingerteich setzte sich die Dresdner Bürgerschaft in einer Unterschriftensammlung am 31.12.1869 ein. Nachdem die Kammern im Februar 1870 den Wiederaufbau beschlossen hatten, erging an Semper die Aufforderung zu einer Begutachtung (...).“[68] Semper erhielt den Auftrag, die Grundsteinlegung erfolgte am 26. April 1871. Sempers Sohn Manfred erhielt die örtliche Bauleitung, kontrolliert durch den Oberlandbaumeister Haenel, die Oberleitung behielt sich Gottfried Semper selbst vor. Am 2. Februar 1878 erfolgte die feierliche Einweihung (91, 92).
Auch in der Gründerzeit pflegten Villen, Reihenhäuser, öffentliche Bauten und Geschäftshäuser den Strengen Historismus der Semper-Nicolai-Schule. Von der reichen Bebauung des Viertels südlich der Bürgerwiese hat nur eine einzige Villa die Kriegszerstörungen bzw. den Ab-

86 Goethestraße 6. 1869/1870 von Eberhard. Ansicht der Straßenseite. Aufnahme um 1875

87 Wiener Straße 36 (neue Nr. 22). 1869 von Hempel. Ansicht der Straßenseite. Aufnahme um 1875

88 Parkstraße 9. 1866/1868 von Hauschild. Ansicht der Straßenseite. Aufnahme um 1875

89 Wiener Straße 14 (neue Nr. 11). 1868/1869 von Lottermoser, Anbau einer Bildgalerie 1872 von M. Semper

bruch der Ruinen überstanden, die um 1875 errichtete Villa Tiergartenstraße 8 (93). Sie repräsentiert den üblichen Typus der städtischen Villa, wie sie in besonders schöner Weise durch die Villa Opitz, Mosczinskystraße 10 (90; *340*) verkörpert war. Der symmetrische Aufriß um einen durch Säulen und Pilaster gegliederten Mittelrisalit, die Detaillösungen der Fenstereinfassungen, die Grundrißkonzeption und hier besonders der oktogonale Oberlichtsaal lassen das Abhängigkeitsverhältnis zur Villa Rosa erkennen. Auch in den übrigen Vorstädten wurden ähnlich streng renaissancistisch empfundene Villen entworfen, wie die Villen Kaitzer Straße 18 (96) und Jägerstraße 2 (66). Letztere hat im Mittelrisalit das Triumphbogenmotiv vom Mittelbau des Museums. Einen ähnlichen Gestus vertraten die Villen von Weißbach – Liebigstraße 7, (94), Lennéstraße 1 und 2 (95, 98), Heyde – Wiener Straße 27, Rössler – Wiener Straße 32 und von Manfred Semper – Anbau an die Villa Wiener Straße 14, 1872, (89; *366*).

Als streng historisierend darf auch der palaisartige Villentypus angesprochen werden, der an Hochrenaissancevorbilder – etwa an den Palazzo Farnese in Rom – und an das Oppenheimsche Palais von Semper angelehnt war. Der aufwendigste Bau dieser Gruppe ist das Palais für den Bankier Baron von Kap-herr, errichtet 1872/1874 durch Schreiber, Parkstraße 7 *(342, 343)*. Allerdings war dieser Bau nicht im Sinne der Hochrenaissance durchkomponiert, jede Fassade war unterschiedlich stilisiert. Die gehäufte Verwendung bedeutungssteigernder Motive und die sich daraus ergebende Überfrachtung ließen diesen Bau ausgesprochen eklektisch erscheinen. Verwandt in ihrer stilistischen Haltung und in der Geste des großen Anspruchs ist die kleine Villa in der Lene-Glatzer-Straße 23 in Blasewitz (99). Aus dem gleichen Jahr stammt das herrschaftliche Mietshaus Zinzendorfstraße 30 von Haenel & Adam, bei dem die Bezüge auf das Palais Oppenheim nicht zu übersehen waren (100).

Nicht nur herrschaftliche Bauten, sondern auch einfachere Reihenhäuser pflegten einen strengen Renaissancismus. Beispiel hierfür ist die heute noch wohlerhaltene Bebauung der Hoyerswerdaer Straße 25–38 von 1874/1878 (101;

90 Moscinskystraße 10 (Villa Opitz). 1873/1874 von H. A. Richter. Ansicht der Gartenseite

91 Hoftheater II. 1871/1878 von G. Semper, ausgeführt von M. Semper

92 Hoftheater II. Innenraum

93 Tiergartenstraße 8. Um 1875. Ansicht der Straßenseite

94 Liebigstraße 7. 1880

95 Lennéstraße 2. 1873/1874 von Weißbach. Ansicht der Straßenseite

96 Kaitzer Straße 18. 1871 von Solms

97 Parkstraße 7. Palais Kap-herr, später Königliche Villa. Ansicht der Straßenseite von der Lennéstraße aus gesehen

98 Lennéstraße 2. Ansicht der Gartenseite

99 Lene-Glatzer-Straße 23. 1874

101 Hoyerswerdaer Straße 33 und 35. 1874 und 1877

100 Zinzendorfstraße 30. 1873/1874 von Haenel & Adam

102 Residenztheater, Zirkusstraße 41. 1871/1872 von Stock, Schönherr und Weise

323–325). Deren Putzfassaden besitzen in der Regel einen symmetrischen Aufriß, die Mittelachsen werden durch Pilasterordnungen zusammengefaßt. Fugungen, Spiegel, maßvolle Gesimse und Reliefschmuck in der Gebälkzone über den Obergeschoßfenstern ordnen die Fassade in strenger, fast klassizistisch herber Weise. Selbst die Bauten aus den Anfängen des sozialen Wohnungsbaues, die Reihenhäuser von Lisske in der Johann-Meyer-Straße (103), zeigen einen symmetrischen Aufriß und Kunstformen, die ihr italienisches Vorbild noch erkennen lassen.

Symmetrisch und ausgewogen stand der Baublock des Albertheaters am östlichen Rand des Albertplatzes in der Dresdner Neustadt, der Abbruch der Ruine bleibt zu bedauern. Der Entwurf stammte von Schreiber. Die Fassade des 1871 bis 1873 ausgeführten Theaters war im Sinne Nicolais durchgebildet und erinnerte eher an Schinkels Schauspielhaus in Berlin als an eines der beiden Theater Sempers, deren Würde es wohl besaß, nicht aber deren Monumentalität oder gar Originalität. Dem Alberttheater (104) war eine kultivierte, zurückhaltende Plastizität, eine jeder Hypertrophie ferne Formfindung, eine noble Ausgewogenheit in seiner Massenkomposition und Dekoration eigen (269; *394*).

Anders die wuchtige Fassade des Residenztheaters, wie das Alberttheater ein Privatunternehmen. Zu gleicher Zeit fügten Stock, Schönherr und Weise in die geschlossene Bebauung der Zirkusstraße in der Pirnaischen Vorstadt ein Theater ein, dessen Fassade Einzelmotive Semperscher Bauten vergröbernd aufnahm (102; *395*).

In der Albertstadt entstand nach der Reichseinigung eine

103 Johann-Meyer-Straße 22/24, 1873/1876 von Lisske. Die Häuser der Johann-Meyer-Stiftung markieren den Beginn des sozialen Wohnungsbaues in Dresden

105 Das Arsenalhauptgebäude, die spätere Stadthalle am Nordplatz, heute Armee-Museum. Hauptansicht

104 Alberttheater am Albertplatz. 1871/1873 von Schreiber

106 Hauptwachgebäude in der Carolaallee. Um 1875 von Nicolai

107 Palais Prinz Georg, Zinzendorfstraße 24. 1864/1870 von F. A. Krubsacius, 1855/1857 von Nicolai um ein Geschoß erhöht und im Innern umgebaut. Gartenansicht

reine Kasernenstadt, deren Mittelpunkt ein riesiges, von symmetrisch angelegten Kasernenkomplexen flankiertes Arsenalgebäude einnahm, (59; 105 *382–384*). Der Fassadenaufriß folgt mit seiner Kolossalordnung einem barockklassizistischen Schema.

Das von Nicolai entworfene Wachgebäude (106) zeigt in der offenen Bogenhalle des Mittelbaus ein Motiv, das deutlich an die Loggia dei Lanzi in Florenz erinnert; zumindest dieser Teil des Bauwerks – die einzige erhaltene Arbeit von Nicolai in Dresden – vermittelt noch einmal das Stilideal einer vergangenen Generation. Die Zartheit der Detailbildung hatte 1855/1857 im behutsamen Umbau des Sekundogeniturpalais in der Zinzendorfstraße eine Entsprechung gefunden (107), diese Formensprache findet in der Arkadenarchitektur der Eingangsanlage des Annenfriedhofes von 1875/1878 ihre ideale Ausprägung (108).

108 Neuer Annenfriedhof, Kesselsdorfer Straße. 1878. Ein Arkadenflügel des Ehrenhofes von Wimmer

109 Oberpostdirektion, Annenstraße. 1878 von Zopf

Die übrigen öffentlichen Bauten oder Geschäftshäuser folgten auch in der Gründerzeit in ihrer Aufrißgliederung und Motivwahl dem bewährten Vorbild; die Filiale der kaiserlichen Reichsbank von Eltzner & Hauschild zeigte ebenso wie die Börse (110) von Zumpe und Ehrig eine Gliederung in Sockel- und Obergeschosse und eine Motivwahl im Sinne Sempers und Nicolais. Auch das Gebäude

110 Börse, Waisenhausstraße. 1873/1875 von Zumpe und Ehrig

111 Das neue Polytechnikum, später Technische Hochschule, Bismarckplatz. 1872/1875 von Heyn

der Oberpostdirektion von Zopff (109) ist ähnlich komponiert; namentlich durch das Exedramotiv ist dieser Bau Semper verpflichtet.

Bemerkenswert eng schloß sich Heyn mit dem Hauptgebäude der Technischen Hochschule am Bismarckplatz einem Bau Sempers an, dem Eidgenössischen Polytechnikum in Zürich (111; *375, 376*). Ähnlich verhielt es sich mit fast allen anderen Schulbauten der Stadt, hier ist die Annenrealschule von Friedrich (113) hervorzuheben. Auffällig ist weiterhin, daß mit steigendem sozialen Rang der Schulen die Bindung an historische Vorbilder enger wird – die Kreuzschule von Arnold (148), das Neustädter Staatsgymnasium von Canzler *(377)* und das Wettiner Gymnasium von Friedrich (192), um einige Beispiele zu nennen, verwenden historische Zitatformeln; bei der I. Bezirksschule oder der VI. Bürgerschule (112) in der Pirnaischen Vorstadt, beide von Friedrich entworfen, sind Anklänge an historische Stilvorbilder nur als allgemeinste

112 VI. Bürgerschule, das spätere Konservatorium, Blochmannstraße 24. 1876/1877 von Friedrich

114 Kaitzer Straße 9. 1873 von Helm & Müller. Ansicht der Straßenseite

113 Annenrealschule. Humboldtstraße 2. 1867/1868 von Friedrich

Formeln gegeben gewesen. Kolossalordnungen kündigen an, daß die bisher übliche geschoßweise vorgenommene Gliederung nicht zu befriedigen scheint; barocke Kompositionsschemata sollten dem abhelfen.
Eine Belebung und Differenzierung des architektonischen Bildes der Stadt, deren Neubauten durch den beschränkten Formenkanon der Nicolai-Schule geprägt worden waren, wurde in den siebziger Jahren durch malerische, unregelmäßige Formbildungen, durch die Verwendung anderer Stilvorbilder oder durch eine sinnlichere Materialbehandlung versucht. Die Villa Kaitzer Straße 9 von Helm & Müller (114) steht für ebenerwähnte Tendenz, die auch die Reihenhäuser Bürgerwiese 18 von Haenel & Adam und Sedanstraße 4 von E. Lehnert (116) zeigten; auf die Verwendung anderer Stilvorbilder soll später eingegangen werden.
Eine Möglichkeit der Differenzierung nicht allein der künstlerischen Form, sondern der Bedeutung wurde in der

115 Stolpener Straße 8. 1874. Ansicht der Straßenseite

117 Schweizerstraße 9. 1873/1874 von E. Lehnert

116 Sedanstraße 4. 1874 von E. Lehnert

118 Bürgerwiese 5–7. Palais Kaskel-Oppenheim. Speisesaal. Umgebaut 1871/1874 von W. Hoffmann. Wandgemälde von Fr. Oehme

119 Bautzner Straße 133. 1862

Beibehaltung oder der Aufgabe der Symmetrie gesehen. Im Villenbau jener Jahre bedeutete Asymmetrie, daß ein Bau als Landhaus betrachtet werden sollte. Da sich die allermeisten Bauherren den Luxus einer städtischen Villa und zusätzlich eines Landhauses nicht leisten konnten, die Konventionen der gesellschaftlichen Repräsentation die symmetrisch aufgebaute Fassade der städtischen Villa jedoch als die „würdigere" forderte, behalf man sich damit, daß zwar die Straßenansicht streng symmetrisch ausgebildet wurde, die Gartenansichten aber eine freie, malerische Gestaltung erfuhren. Beispiele hierfür sind die Villen Goethestraße 1 von Eberhard (81), Goethestraße 13 von Pieper *(311)*, vor allem aber Lennéstraße 2 (95, 98). Je weiter Bauten vom Stadtzentrum entfernt errichtet wurden, desto lockerer wurde ihre Bindung zu historischen Stilvorbildern. Als Beispiele seien die Villen Stolpener Straße 8

120 Bischofsweg 60. 1883

im „Preußischen Viertel“ (115) und Eichenbuschweg 7 in Hosterwitz *(302)* genannt.
Daß die enge Bindung an den Renaissancismus der Semper-Nicolai-Schule – trotz des gerade im Bau befindlichen zweiten Hoftheaters Sempers – langsam aufgegeben wurde, war nur zu einem geringen Teil durch Reizübermüdung bedingt. Wichtiger dürfte gewesen sein, daß dem Individualismus der Gründerzeit zu geringe Entfaltungsmöglichkeiten geboten wurden. Die Veränderung der Ausstattung des Palais Oppenheim in eine Mischung aus „Altdeutsch“ und „Renaissance“ entsprach eben diesem Bedürfnis, „so sehr auch die Kunstgelehrten über die Zerstörung idealer Werte tobten“[69] (118).
Besonders die Bauten im Sinne der Architekturästhetik der italienischen Hochrenaissance von Lehnert vertraten diese Tendenz – Sedanstraße 4, (116) und Schweizerstraße 9, (117; *357*). Zum anderen bot das den Renaissancisten zur Verfügung stehende Schema der möglichen Aufrißgliederungen, das letztlich auf den tektonischen Vorstellungen der klassischen Säulenordnungen fußte, kaum die Möglichkeit, vielgeschossige Bauten kunstgerecht zu gliedern. Die Übertragung des Gliederungssystems aus dem Villenbau und der Monumentalarchitektur auf das frei stehende Wohnhaus – Bautzner Straße 133, (119) und auf das Reihenhaus – Bischofsweg 60, (120) zeigt deutlich Möglichkeiten und Grenzen dieser mehr und mehr als unzeitgemäß empfundenen Gliederungsweise.

Spätklassizismus und Rundbogenstil

Es war bereits davon die Rede, daß einige recht aufwendige Fassaden formal so eigenständig durchgestaltet waren, daß von Historisieren kaum die Rede sein kann. Die Nieritzstraße ist bereits erwähnt worden; das Hotel zum Kronprinzen in der Hauptstraße 1 (Straße der Befreiung) von 1853 (121) war das schönste Haus dieses Typus. Von einer absichtsvollen Demonstration historischer Motive – wodurch Bauten wie das Palais Oppenheim oder das Venezianische Haus charakterisiert sind – kann hier nicht im entferntesten gesprochen werden. Ausgesprochen romantisch – wie auf Bildern des Kreises um Ludwig Richter – wirkt das Landhaus Leonhardistraße 3 in Loschwitz über einem früheren Weinberg. Eine kleinteilige Ornamentik gibt dem Hause etwas biedermeierlich Heiteres und Zartes (122).

121 Hotel „Zum Kronprinz“, Hauptstraße 1. 1853 von Erhard. Litho

122 Leonhardistraße 3. 1852. Hauptansicht zur Talseite

Der wichtigste klassizistische Bau Dresdens nach der Wache Schinkels ist das Schloß Albrechtsberg mit der benachbarten Villa Stockhausen am Loschwitzer Elbhang (Bautzner Straße 130 bzw. 132). Die ausgedehnte Anlage war 1850/1854 als ständiges Wohnschloß für den Prinzen Albrecht von Preußen vom preußischen Landbaumeister Lohse errichtet worden. Die stattliche Schloßanlage mit ihrem – allerdings größtenteils unausgeführt gebliebenen – Terrassensystem gehört zur preußischen Architekturgeschichte der Schinkel-Nachfolge (123, 124); sie stand fremd in einer Kulturlandschaft, die auf Grund ihrer politischen Vergangenheit und kulturellen Traditionen wenig Affinität zur preußischen Architektur zu entwickeln bereit gewesen war. Fremd blieb die Kühle des Schlosses, fremd der Aufwand der Nebenanlagen, fremd schließlich auch die distanzheischende Maßstäblichkeit der Gesamtanlagen, neigte doch die sächsische Architektur zur gemütbetonten Ausgewogenheit (125–133, 135; *290, 291*). Es verwundert daher wenig, daß es auch in der zweiten Hälfte des Jahrhunderts kaum zu hellenisierenden, klassizistischen Bau-

123 Schloß Albrechtsberg. 1850/1854 von A. Lohse. Ansicht über die Elbe

ten gekommen ist. 1851 wurde in der Katharinenstraße 12 ein Wohnhaus der Berliner oder Wiener Schule errichtet, ein stattliches ist in der Antonstraße 23 (136) erhalten geblieben. Der vielseitige Hugo Erhard baute 1858 eine Schloß Albrechtsberg ähnelnde Villa in der Wielandstraße/Ecke Hohe Straße. Damit erschöpft sich der Hellenismus für diese Zeit in Dresden.
Bauten des „Rundbogenstils", die in München, Wien, Karlsruhe oder Berlin als Wege, zu einer eigenständigen Architektur zu gelangen, eine gewisse Rolle gespielt hatten, wurden in Dresden nur selten errichtet; das Logenhaus von Hörnig wurde bereits erwähnt, das Superintendenturgebäude von Eberhard An der Kreuzkirche (139) stand eher Florentiner Bauten als dem Romantischen Historismus der Münchner Schule nahe. Prächtig muß sich das Kaufhaus „Au petit Bazar" (137) am Neumarkt ausgenommen haben, das erste Kaufhaus der Stadt, das 1851 von Bothen gebaut wurde. Die Feingliedrigkeit, das Leichte und Schwebende ist weit entfernt von der tektonischen Bestimmtheit der Semper-Schule. Eher als Renais-

125 Schloß Albrechtsberg. Mausoleum der Gemahlin des Prinzen Albrecht

124 Schloß Albrechtsberg. Planung. Litho von W. Loeillot nach Keller und Lohse

126 Schloß Albrechtsberg. Festsaal. Aufnahme 1930

127 Schloß Albrechtsberg. Gartensaal. Aufnahme um 1930

128 Schloß Albrechtsberg. Salon. Aufnahme um 1930

129 Schloß Albrechtsberg. Bade- und Heizhaus. Aufnahme um 1930

sancebau ist die Fassade des Reihenhauses Rothenburger Straße 15 von 1866 (134; *350*) anzusprechen. Als Bau des Rundbogenstils ließe sich auch die katholische Pfarrkirche St. Franziskus-Xaverius (138; *396*) in der Dresdner Neustadt, 1852/1853 von Bothen, interpretieren. Die Absicht, inmitten des protestantischen Dresden eine als solche erkennbare katholische Kirche zu bauen, erklärt den Bezug

130 Schloß Albrechtsberg. Maurisches Bad

132 Schloß Albrechtsberg. Tempelfront in der mittleren Terrasse

131 Schloß Albrechtsberg. Torhäuser an der Bautzner Straße

133 Villa Stockhausen. 1850/1853 von A. Lohse

134 Rothenburger Straße 15. 1866

135 Villa Stockhausen. Ansicht der Gartenseite

136 Antonstraße 23. 1853. Vorbau um 1920

auf die Vorbilder – auf kurial-römische Kirchen, vor allem aber auf die Ludwigskirche in München im katholischen Bayern. Bei diesem Ausgangspunkt entfiel, was etwa bei Schinkel oder Hübsch hinter deren Engagement für den Rundbogenstil als zeitgemäßer technisch-architektonischer Form gestanden hatte, war doch Sempers Überzeugung von der Fortbildungsmöglichkeit der italienischen Hochrenaissance in Dresden geradezu Doktrin.

137 Warenhaus „Au petit Bazar" am Neumarkt. 1851 von Bothen. Stich

139 Superintendentur für die evangelische Landeskirche. An der Kreuzkirche 4–5, 1857/1858 von Eberhard. 1907 wegen des Rathausneubaues abgerissen. Links im Bild die Kreuzkirche

138 St.-Franziskus-Xaverius in Dresden-Neustadt. 1852/1853 von Bothen und Choulant. Litho von Hahn

1841 wurde in Blasewitz der Grundstein für eine Gemeindeschule gelegt, die – wie erwähnt – nach einem Plan Gottfried Sempers in gotischer Form errichtet werden sollte. Der Bau wurde jedoch nicht ausgeführt, und nach einer zweiten Grundsteinlegung wurde die kleine Schule durch den Jagdmaurermeister Klug(e) errichtet. Aus stilkritischen Gründen kann der Plan zur Gemeindeschule Blasewitz, Naumannstraße 5 (56), Semper zugeschrieben werden. Im benachbarten Loschwitz wurde etwa zur gleichen Zeit die Gaststätte „Burgberg" in gotisierenden Formen errichtet (140), ganz in der Nähe der Villa Orlando, Schillerstraße 4 (52).
1852 ließ sich der Steinbruchbesitzer Beger eine Villa bauen, die heute noch Begerburg heißt. Die Planung von Th. Lehnert sah eine aufwendige Anlage (141) vor, der es an nichts fehlte, was eine mittelalterliche Burg ausmacht: Zinnenkränze, Brücken, Türme, Schießscharten. Der Bau wurde etwas bescheidener verwirklicht; von Tudorbögen abgesehen, verwendete Lehnert Motive der deutschen Gotik. Auch das damals weit vor der Stadt am Rande des Blasewitzer Tännicht gelegene „Weiße Schloß" (142), Königsheimplatz, benutzte Formen heimischer Herkunft.
Dagegen sind die schloßartigen Villen Bautzner Straße 125 (143) und Bautzner Straße 82 (144) ganz im Sinne einer über Preußen oder Böhmen vermittelten Tudorgotik stilisiert. Einige kleinere Bauten dieser Art, die alle erst in den siebziger Jahren errichtet wurden, stehen in der Bautzner Straße 80 (145), dem heutigen Platz der Thälmann-Pioniere 2 (146) und Blumenstraße 70. Diese Bauten wurden – verglichen mit Preußen und Böhmen – mit zeitlicher Verspätung errichtet, was angesichts der Tatsache überrascht, daß die deutsche Renaissance als Stilvorbild früh in Dresden Eingang gefunden hatte.
Der größte neogotische Profanbau Dresdens ist das 1859/1861 nach dem Entwurf von Arnold gebaute Schloß Eckberg (147, 149). Es liegt östlich des Schlosses Albrechtsberg und der Villa Stockhausen hoch über der Elbe. In seiner Formensprache folgt der romantisch-malerische Bau der englischen und französischen Gotik. Die weitläufige Parkanlage steht ganz in der Tradition der romantischen englischen Gartenanlagen.
Erschien zeitgenössischen Kritikern die Wahl des Baustils für diese Bauaufgabe durchaus angemessen, so wurde die durch den gleichen Architekten 1864/1868 errichtete Kreuzschule (148) ihres unpassenden Stils – nicht etwa ihrer künstlerischen Qualität wegen – heftig angegriffen. Der altehrwürdigen Kreuzschule als Hort humanistischer Studien empfehle sich der gotische Stil zur Charakterisierung ihres Zweckes keineswegs, außerdem verstoße dieser Stil gegen die architektonische Einheit der Stadt, die durch den Renaissancestil geprägt sei[70]. Auch als 1861 dem Haus in der Schloßgasse 1 am Altmarkt eine neogotische Deko-

140 Die Gaststätte „Burgberg" und der heutige Ratskeller in Loschwitz. Erbaut 1853 bzw. 1859, aufgenommen um 1870 von Kotzsch

141 Der Entwurf zur „Begerburg" von Th. Lehnert, 1852, sparsamer ausgeführt. Litho.

142 Königsheimplatz, „Weißes Schloß", 1860 oder 1862 von Spiegelthal

143 Bautzner Straße 125. 1856

144 Bautzner Straße 82. 1860. Ansicht der Straßenseite

145 Bautzner Straße 80. 1872. Ansicht der Gartenseite, rechts im Hintergrund Bautzner Straße 82

146 Platz der Thälmann-Pioniere (Alaunplatz) 2. 1874 oder 1877. Hauptansicht

147 Schloß Eckberg. Villa Souchay. 1859/1861 von Arnold

148 Die Kreuzschule. 1864/1866 von Arnold. Vor der Schule das Denkmal Theodor Körners

149 Schloß Eckberg. Villa Souchay. 1859/1861 von Arnold

150 Altmarkt/Schloßstraße 1. In der Bildmitte das 1861 durch Schäfer umgebaute „Gotische Haus“. Aufnahme um 1900

152 Sophienkirche vor dem Umbau. Ansicht von Südosten

151 Sophienkirche. 1864/1866 umgebaut von Arnold. Ansicht von Nordwesten. Litho

ration vorgelegt wurde, erregte dies allgemeines Mißfallen (150).

Gegen den völligen Umbau der Sophienkirche, einer schlichten, zweischiffigen und turmlosen, 1351 erbauten Hallenkirche, die in den Augen der Zeit durch zahllose Um- und Anbauten entstellt schien, zu einer hochgotisch stilisierten basilikalen Anlage mit repräsentativer Doppelturmfassade mit durchbrochenen Helmen (151, 152; *398*) erhob sich kein Protest. Der Einfluß der von der Vollendung des Kölner Domes ausgehenden Bewegung zu „stilechten" Restaurierungen, mag den Wunsch zur Beseitigung der stilistischen Heterogenität ausgelöst haben. Die Arbeiten erfolgten 1864/1868 ebenfalls nach dem Plan von Arnold. Mit diesem Umbau begann in Dresden die Reihe der neogotischen Kirchenneubauten bzw. -umbauten.

Der Bau gotisierender Kirchen setzte in Dresden relativ spät ein. Für die zahlreichen in Dresden weilenden Anglikaner entwarf der Londoner Architekt Aubyn 1868 im Schweizerviertel eine bescheidene Kirche in hochgotischen Formen (153).

Der erste bedeutende gotisierende Kirchenbau Sachsens entstand mit der Johanneskirche (154, 155; *402*) erst 1874/1878 nach dem Plan des Hase-Schülers Möckel in der Pirnaischen Vorstadt. Frühgotische Formen zeigten eine enge Anlehnung an Laon und Naumburg, die 1878/1880

154 Johanneskirche. 1874/1878 von Möckel. Inneres nach Osten

153 Englische Kirche. All Saints Church. 1868/1869 von St. Aubyn. Eine Stiftung „der Witwe des aus Sachsen stammenden Mr. Göschen in London." Aufnahme um 1875

155 Johanneskirche. 1874/1878 von Möckel. Außenansicht

156 Erlöserkirche. 1868/1880 von Möckel. Außenansicht, links das Pfarrhaus. Aufnahme um 1880

157 Russische Kirche. 1872/1874 von Bosse mit Weißbach. Ansicht von Norden

159 Künstliche Ruine Hohe Straße. Erbaut etwa 1875, abgerissen 1975

160 Leubnitzer Straße 28. 1877/1878 von Möckel

vom gleichen Architekten errichtete Erlöserkirche in Striesen (156) wies ebenfalls gotische Formen auf, doch von lockerer Vorbildbindung.
Als Sonderfall muß die Stilisierung der russisch-orthodoxen Kirche (157; *399–401*) gelten, die 1872/1874 nach den Plänen des Architekten von Bosse streng nach russischen Vorbildern errichtet wurde; allerdings mischen sich hier höchst verschiedene Kirchentypen, von der Fünfkuppelkirche mit dem typologischen Vorbild in der Sophienkathedrale in Nowgorod über die Durchbildung der Details, wie bei der Mariä-Verkündigungs-Kathedrale im Moskauer Kreml, bis hin zu den Zeltdachkirchen vom Typus der Christ-Himmelfahrtskirche in Kolomenskoje. Ganz im Sinne der Auffassung von der Wirksamkeit eines Erinnerungsbildes, das der Gebildete besitze, wird verdeutlicht, daß es sich um den Kultbau einer orthodoxen Gemeinde handelt.
1868/1870 wurde in der Albertstadt die Schützenkaserne gebaut. Zinnenkränze und steile Zeltdächer (158) assoziierten in sehr freier Weise das Motiv gotisches Mittelalter, das Vorbild der von Semper 1838 entworfenen gotisierenden Kaserne in Bautzen ist kaum zu übersehen.
Allein das Wohnhaus des Hase-Schülers Möckel aus Zwickau, Leubnitzer Straße 28 von 1877/1878 (160), wies Formen der klassischen Hochgotik und eine in jener Zeit in Dresden unübliche Backsteinfassade mit Sandsteingliederungen auf. Auch in Teilen seiner Innenausstattung ist dieser Bau heute noch gut erhalten.
Die künstliche Ruine in der Hohen Straße (159) enthielt einen einzigen größeren Raum, Kamine gestatteten eine kurzzeitige Benutzung, über einen runden Treppenturm war eine Dachterrasse zu betreten. Die Bebauung des Schweizerviertels ab 1851 markiert den frühestmöglichen Baubeginn. Die Detailbildung des 1975 abgerissenen Bauwerks ähnelte der 1785/1790 errichteten künstlichen Ruine oberhalb von Schloß Pillnitz.
Es verwundert, daß bis in die siebziger Jahre hinein die obersächsische Spätgotik als Stilvorbild unbeachtet blieb.

Landhausstil, deutsche und französische Renaissance

Konnten die bei der Begerburg verwendeten gotischen Formen nur als sehr allgemein gehaltener Bezug auf die heimatliche Geschichte interpretiert werden, so wurde die Hinwendung auf Traditionen des Landes bei der Villa Löschke, Tolkewitzer Straße 73, um so deutlicher. Der Architekt und Akademieprofessor Arnold entwarf 1860 die herrenhausartige Villa, die weit vor der Stadt am linken Elbufer zwischen den Dörfern Blasewitz und Tolkewitz lag (161). Symmetrisch angeordnete Dreiecksgiebel mit Obeliskenaufsätzen und einem Sitznischenportal wiesen dieses Haus als einen der Herrensitze des frühen 16. Jahrhunderts aus, wie sie in Sachsen häufig zu finden sind. Zum ersten Male wird damit in Dresden die deutsche Renaissance zitiert. Zur gleichen Zeit etwa entstanden in Blasewitz, z. B. Justinenstraße 7 (162) und im benachbarten Loschwitz einige wenige, doch kleinere Villen der gleichen Art.
Für die Wertschätzung der deutschen Renaissance zu jener Zeit spricht, daß Giese und Schreiber 1862/1870 das Schloß Gauernitz, auf halbem Wege nach Meißen gelegen, sehr reich im Stile der deutschen Renaissance umbauten[71]. Auch Karl Moritz Haenel, als Oberlandbaumeister und Ehrenmitglied der Dresdner Akademie immerhin kein Geringer, tat sich durch Umbauten in diesem Stil und durch verstandvolle Restaurierungen hervor. In seinem Nachruf heißt es: „So wußte er schon lange, ehe Lübke auf die Schönheit der deutschen Renaissance hinwies, die Reize dieses in Sachsen zu so hoher Blüthe weiterentwickelten

161 Tolkewitzer Straße 71 und 73. Links die Kutscherwohnung, 1868, im Hintergrund die Villa, 1860, entworfen von Arnold

162 Justinenstraße 7. Um 1860/1865

Stils zu erfassen und in seinen Ergänzungsbauten geschickt weiterzubilden."[72]

In der Tat wurde die deutsche Renaissance in Dresden bzw. Sachsen sehr früh gepflegt, lange bevor im übrigen Deutschland die breite Würdigung dieses Stils einsetzte. Gottfried Semper kommt das Verdienst zu, den Boden für die Pflege der deutschen Renaissance bereitet zu haben. Die Rücksicht Sempers gegenüber historischen Werten ist bekannt[73]; er setzte sich auch dann für die Erhaltung des Überlieferten ein, wenn es seinem Stil nicht entsprach,

163 Laubegaster Ufer 33. 1874 von Hübner & Baron für den Commerzienrat R. Hartmann. Ansicht der Elbseite

165 Das ehemalige Arsenal, das heutige Armeemuseum. Nach 1873. Südlicher Kopfbau der Wagenschuppen

164 Forststraße 18. 1864

166 Regerstraße 2. 1878/1874 von Hartmann und Weidner für den Ersteren. Ansicht der Gartenseite

ihm aber für die Wahrung künstlerischer oder historischer Zusammenhänge wichtig schien. Das rücksichtsvolle Eingehen auf die Architektur des Zwingers zeigt dies ebenso wie der Umbau des alten Schlosses von Muskau oder die Wiederherstellung des abgebrannten Rathauses in Oschatz, 1843/1845, bei der er nicht nur die Renaissanceformen des Rathauses erhielt, sondern einem erhöhten Turm typisch sächsische Renaissancemotive gab. Auch die 1843 erfolgten Planungen zum Umbau des Schweriner Schlosses im Stil der deutschen Renaissance belegen Sempers historischen Sinn, wie es in dem Begleitschreiben zum Schloßumbau zum Ausdruck kommt: „Es scheint überhaupt wichtig zu sagen, bei Restaurationen und Erweiterungen von alten Bauwerken die allverständliche und so mächtige Sprache der Geschichte (...) nicht zu stören oder ganz zu verlöschen, so daß man die Spuren der Jahrhunderte nicht mehr zu erkennen im Stande ist (...). Dies wird aber die unvermeidliche Folge, wo man aus mißverstandenem Eifer die ältesten Style, in seiner ganzen Reinheit wiederherstellen will und alles fremdartige (...) beseitigt."[74]
Es ist denkbar, daß diese Betrachtungsweise die Bereitschaft zur Restaurierung zahlreicher sächsischer Renaissanceschlösser und die Wiederherstellung des Zwingers durch K. M. Haenel nach den Zerstörungen 1849 wesentlich gefördert haben mag[75].
Einige Villen und seit etwa 1870 auch die Reihenhäuser verwendeten die als französisch empfundenen steilen Mansarddächer. In diese Gruppe gehören die Villen Lothringer Weg 1, Forststraße 18 (164), Laubegaster Ufer 33 (163) und die bereits erwähnten Villen Lennéstraße 1 und 2 (95, 98). Bei den meisten Landhäusern wurde das Motiv „Renaissance" nur sehr allgemein angeschlagen. Eine Gruppe sehr ähnlicher Bauten nahm sich niederländische Bürgerhäuser des 17. Jahrhunderts zum Vorbild. Gemeinsames Merkmal dieser Gruppe ist vor allem das malerische Erscheinungsbild, das auf einem asymmetrischen Grund- und Aufriß, auf steilen Walm- oder Mansarddächern, auf Fassaden aus roten oder gelben Klinkern, auf Eckquadern und Gliederungen aus Sandstein beruht. Das Treppenhaus liegt seitlich in turmartigen Anbauten; beliebt waren Fachwerkimitationen im Obergeschoß. In den Vororten sind Landhäuser dieses Typus erhalten – Händelallee 16 *(314)* und Regerstraße 2 (166). Das stattlichste und originellste Landhaus dieser Jahre, Schweizerstraße 9 (117; *357*) von E. Lehnert, ist zerstört.
Ausgeprägt französisches Formengut charakterisierte den riesigen Kasernenkomplex (59, 165; *382, 384*) der Albertstadt. Vor allem in ihrer Dachform und Pilastergliederung weisen diese Bauten – abgesehen vom Arsenalgebäude – Motive auf, die an Schloß Fontainebleau *(383)* denken lassen. Auch andere öffentliche Bauten benutzten nach 1870/1871[76] die gleichen Vorlagen, etwa die Saloppe (167), das Wasserwerk am Loschwitzer Elbufer, dessen zweifache Doppelturmfronten kaum mehr vom Geiste der Semper-Schule berührt anmuten, oder das von Canzler entworfene Landgericht (168) in der Pillnitzer Straße 20, denn „dem Prunkbedürfnis der Sieger kamen diese französischen Formen gewissermaßen als Trophäen sehr gelegen"[77].

167 Wasserwerk Saloppe, das ehemalige Hauptwasserwerk der Stadt. Die Architektur der stark beschädigten Anlage 1871/1875 von Friedrich

168 Das Landgericht. 1876/1878 von Canzler. Portikus zur Pillnitzer Straße

Residenz- und Industriestadt

Die Bevölkerung Dresdens wuchs zwischen 1875 und 1895 von ca. 200 000 auf 350 000 Einwohner[78]. Die Weltwirtschaftskrise von 1878 begünstigte die Entwicklung von Großbetrieben, die sich aus Mangel an Bauland in den stadtnahen Vororten niederließen. Dort beschränkten zahlreiche ortsbauliche Vorschriften Art und Größe der gewerblichen Niederlassungen. Stärker als in anderen sächsischen Großstädten stand seitens der Regierung und auch des Magistrats die Wahrung des Residenzstadtcharakters als bedenkenswerter Gesichtspunkt bei der Gewährung der Zulassung von Industrieansiedlungen im Blickpunkt ihrer Aufmerksamkeit. Es war für das Stadtbild ein glücklicher Umstand, daß es die topographisch günstige Lage und Stadt- und Industriestruktur erlaubten, das engere Stadtgebiet von der Beeinträchtigung durch Industrieanlagen weitgehend freizuhalten[79].

Stadterweiterung und Massenwohnungsbau

Der Gesetzgeber sah in der baulichen Durchbildung des Stadtorganismus eine Aufgabe, die er mit Energie und Weitblick verfolgte. Die Bauzonenplanung (169, 170) erwies sich durchaus geeignet, sowohl die gewünschte Bauweise als auch die soziale Differenzierung der Bewohner unterschiedlicher städtischer Bereiche herbeizuführen, die sich aus den unterschiedlichen Bodenwerten ergab.
Die Stadterweiterungen verlangten nach verbesserten Verbindungen zum Stadtzentrum. Auch noch im 19. Jahrhundert war die Stadt auf ihr Zentrum orientiert. Die längst überfälligen Straßendurchbrüche, den der König-Johann-Straße zwischen Altmarkt und Pirnaischem Platz 1885/1888 (172), der Grunaer Straße 1878 und den der Wettiner Straße zwischen Postplatz und Wettiner Platz ab 1877 (171) geschahen, als die Vorstädte bereits ein starkes Eigenleben entwickelt hatten. Da die Stadterweiterungen in erster Linie vom Bedarf an Arbeiterwohnungen diktiert waren und die Fabriken zu Fuß erreichbar sein mußten, drängten Spekulanten über ihre Interessenvertreter im Rat

169 Luftaufnahme der Stadt von Süden. W. Hahn, um 1940. In der Bildmitte das Stadtzentrum, im Süden die Altstadt, jenseits der Elbe die Neustadt. Streng voneinander geschiedene Gebiete offener und geschlossener Bebauung wechseln einander ab

der Stadt auf intensivste Bodennutzung. Die Bebauungspläne für die Stadterweiterungsgebiete wiesen unter diesem Druck in den achtziger Jahren stärker als zuvor und danach geschlossene Bebauung auf[80], die sich bis heute beispielsweise zwischen Alaunstraße und Prießnitzstraße, Bautzner Straße und Bischofsweg in der Antonstadt erhalten hat[81].
Zu Boden- und Häuserspekulationen ist es auch in Dresden gekommen. Durch hohe Bodenpreise sollte die Stadtverwaltung zur Gestattung intensiver baulicher Ausnutzung erpresserisch genötigt werden. Die Hauseigentümer versuchten den Wohnungsmangel aufrechtzuerhalten, um mit knappem Wohnraum Gewinn zu erzielen. Regierung und Stadtverwaltung gelang es jedoch, die schlimmsten Auswüchse der Spekulation zu beschneiden. Überbauungen, wie sie von Berliner Mietskasernen bekannt sind, hat es in Dresden nicht gegeben.
Die bauliche Erweiterung der Stadt geschah in jenen Jahren vor allem nach Osten, nachdem große Gebiete zwischen Großem Garten und Elbe zur Bebauung in offener und geschlossener Bauweise freigegeben worden waren und Straßendurchbrüche Verbesserungen für die Verbindung mit dem Stadtzentrum erbracht hatten. Johannstadt (173) wurde bis 1900 die bevölkerungsreichste Vorstadt[82]. Bedingt durch die Ausweisung neuer Industriestandorte westlich der Eisenbahnlinie entwickelte sich in den Vororten Löbtau und Cotta eine lebhafte Bautätigkeit, während die Wilsdruffer Vorstadt wegen der damals noch ungeklärten Frage der Lage des künftigen Hauptbahnhofes zurückblieb. Im Süden kam die Bautätigkeit aus gleichem Grunde nicht recht voran, im Norden waren durch die Kasernen der Albertstadt die Grenzen der Bebauungsmöglichkeiten bald erreicht.
Der Städtebau dieser Jahre war ein Kompromiß zwischen dem Bestreben nach spekulativer Ausnutzung des Bodens mit dichter Wohnbebauung einerseits und dem Willen und der Möglichkeit von Regierung und Magistrat andererseits die Spekulation zu beschränken und durch bauliche Ordnung einen klar gegliederten Stadtorganismus zu schaffen, der der obrigkeitlichen und großbürgerlichen Selbstdarstellung genügend Raum ließ.
Hiervon soll im folgenden die Rede sein.

170 Luftaufnahme der Stadt von Westen. W. Hahn, um 1940. In der Bildmitte das Stadtzentrum, links der Elbe die Neustadt, rechts die Altstadt. In der oberen linken Bildhälfte die ausgedehnte offene Bebauung der Johannstadt, von Striesen und Blasewitz

171 Die Wilsdruffer Vorstadt von Süden. Luftaufnahme um 1930. Rechts in der Bildmitte der Postplatz. Darüber die Sophienkirche, das Taschenbergpalais und das Residenzschloß. Links – westlich – der Theaterplatz mit dem Hoftheater, dem späteren Opernhaus, und der Zwinger mit dem Museum. Unterhalb des Zwingerteiches das Logenhaus. Vom Postplatz nach Westen führt die Wettiner (Schweriner) Straße

172 Der Pirnaische Platz um 1940, in der Mitte der Kaiserpalast. Vom Pirnaischen Platz nach links oben abgehend die Moritzallee, ein Teil des Ringstraßensystems, nach rechts oben die Grunaer Straße

173 Blick vom Turm der Johanneskirche nach Norden über die Lothringer Straße zum Amtsgericht. Rechts davon der Sachsenplatz. Auf der Neustädter Seite der Turm der Martin-Luther-Kirche, dahinter die Kasernen der Albertstadt. Aufnahme 1903

174 Jägerkaserne, 1881 von Haenel und Adam, und die östliche Seite des Sachsenplatzes, angelegt nach 1880. Luftaufnahme von W. Hahn um 1940

Repräsentations- und Prachtbauten

Die Gründerzeit hatte desillusionierend mit dem „Gründerkrach" geendet, die Weltwirtschaftskrise von 1878 erschütterte Europa. Der Liberalismus der Frühzeit des Kapitalismus wurde nach der Reichseinigung von oben durch eine Verstärkung monopolkapitalistischer Strukturen verbunden mit konservativem Gedankengut abgelöst. Die Klassengegensätze nahmen scharfe Formen an. Das Selbstbewußtsein der Besitzenden war erschüttert worden und verlangte nach Bestärkung, die in einer gesteigerten, veräußerlichten Repräsentation gesucht wurde, der auch die Prachtentfaltung an öffentlichen und privaten Bauten diente. Der mit dem harten Konkurrenzkampf verbundene Egoismus und Individualismus des Bourgeois verlangt immer von neuem, die eigene Persönlichkeit gegen alles andere abzuheben. Entsprechend dieser neuen Machtkonstellationen und dem geistigen Klima veränderte sich auch die Architekturauffassung.

Es ist bezeichnend, daß nach dem Tode von Hermann Nicolai als sein Nachfolger mit Constantin Lipsius ein überzeugter Historist[83] berufen wurde, dessen akademischer Manierismus dem Repräsentationsverlangen des Obrigkeitsstaates am besten zu entsprechen schien. Der Neubau des Akademie- und Ausstellungsgebäudes (175, 176, 178) für den sächsischen Kunstverein ab 1886 wurde schon während der Planung von bürgerlicher Seite mit Kritik bedacht. Er schien zu groß, zu fremd, zu prächtig und zu maßstabslos. Schwere neobarocke Formen mit französisch-manieristischem Einschlag, Motivzitate von Dresdner Bauten Sempers und der ornamentale Reichtum zeitgenössischer französischer Architektur – Lipsius schätzte Garnier – hatten einen höchst pathetischen Bau entstehen lassen, mit dem sich die Dresdner bis heute nicht recht anfreunden konnten. Die Architekturformen sind gegenüber ihren Vorbildern hypertrophiert. Vielgestaltigkeit, die sich als Vieldeutigkeit erweist, ist weit von der gleichförmigen Noblesse und Klarheit entfernt, die die Dresdner Architektur bis dahin charakterisiert hatte. Die Motivzitate und die Ikonographie des Figurenprogramms verlangten nach intellektueller Auseinandersetzung. Kompositorische Ausgewogenheit und die Wahrung des edlen

175 Akademie und Ausstellungsgebäude. 1886/1893 von Lipsius

Maßes, erklärte Prinzipien der Dresdner Schule, wurden zugunsten eines Erscheinungsbildes aufgegeben, in dem der Ausdruck von Kraft, Üppigkeit und Pracht mit dem Preis einer ästhetisch unausgewogenen Verselbständigung von Bauteilen, Ornamentformen und Sinnzusammenhängen bezahlt worden war. An der Dresdner Akademie wurde auch in den achtziger Jahren in der Malerei und in der Plastik noch immer zäh am Akademismus festgehalten. Vielleicht ist die Errichtung des durch und durch akademischen und intellektuellen Gebäudes ein Versuch der sich bedrängt fühlenden offiziellen Künstlerschaft, sich selbst und aller Welt die Lebenskraft und die Daseinsberechtigung ihrer Ideale vor Augen zu führen. Indessen zeugt dieses Bauwerk nicht von historischem Geist, auch wenn historische Formen gehäuft Verwendung fanden. Der Abriß zweier künstlerisch bedeutender Barockbauten, die zudem eine wichtige Rolle in der Geschichte der Dresdner Akademie gespielt hatte, wirft ein bezeichnendes Licht auf die gering entwickelte künstlerische Sensibilität und das ahistorische Denken der Akademikerschaft.
Die Villa eines Lipsius-Schülers in der Leipziger Straße 33 (177) aus dem Jahre 1888 ist erhalten geblieben.

176 Fassade des Ausstellungsgebäudes am Georg-Treu-Platz

178 Front des Ausstellungsgebäudes an der Brühlschen Terrasse

177 Leipziger Straße 33. Die 1888 erbaute Villa des Holzgroßhändlers Grumbt

179 Kleiner Gasometer des Gaswerks Reick. 1878 von Friedrich

Waren noch der Gasometer in Reick (179) oder das Gebäude der Oberpostdirektion (109), beide von 1878, beide zurückhaltend im Formenkanon der Renaissance gehalten, wenn auch mit Zutaten von Barockmotiven, so hatte sich die Tendenz zur malerischen Bereicherung beim Umbau des Stallhofes zum Johanneum (180) und des Zeughauses zum Albertinum (181–183, 185) als neues Leitbild bereits angekündigt. Auch der Neubau des Finanzministeriums (184), begonnen 1889, und der Umbau der Neustädter Wache (186, 187) bereicherten das übliche Renaissanceschema durch barocke Formen.

War der Akademieneubau auf Kritik gestoßen, so fand das Amtsgerichtsgebäude am Sachsenplatz (173; 188) allgemeinen Beifall. Der blockhafte, streng symmetrische große Vierflügelbau lehnte sich eng Florentiner Stadtpalästen an. Der mit dieser Stilwahl vorgetragene Bezug auf die Republik Florenz wollte als Hinweis auf demokratische Justizverhältnisse verstanden werden. Andererseits ist diesem Bau eine Monumentalität eigen, die sich ebensogut als Manifestation der Staatsautorität begreifen läßt.

Ebenfalls in herkömmlicher Weise war das städtische Ausstellungsgebäude (189) an der Stübelallee stilisiert, das 1893/1898 ausgeführt wurde. Die Kuppel war eine Kopie französischer Vorbilder. Leider ließ dieser Bau künstlerische Geschlossenheit vermissen. Das mochte daran liegen, daß der aufwendige Entwurf wiederholt reduziert und von fremder Hand überarbeitet worden war.

Überwiegend Renaissanceformen zeigte auch der wichtigste technische Großbau, das Empfangsgebäude des Hauptbahnhofes (190), das 1893/1898 nach dem Entwurf von Giese und Weidner und am Vorbild des Frankfurter Hauptbahnhofes orientiert gebaut wurde. Der Königspavillon auf der Nordseite der Halle zeigt reinste Formen der Semper-Schule (191).

Auch die höheren Schulen wurden in dieser Zeit noch mit den klassischen Mitteln akademischer Architektur gegliedert, die Mittelrisalite des Wettiner Gymnasiums (192) von 1884 und des Lehrerseminars in Dresden-Plauen von 1894/1895 sind von Palastfassaden der italienischen Hochrenaissance hergeleitet.

Nur einer kleinen Zahl öffentlicher Bauten wurden andere Stilvorbilder aufgelegt, etwa der Jägerkaserne am Sachsen-

180 Das Johanneum nach seinem Umbau 1872/1876 durch K. M. Haenel

platz (174) und den Rathäusern von Pieschen (193) und Plauen (194), die in sehr freier Weise auf die deutsche und französische Renaissance bezogen wurden.
1890 kam es zwischen dem Rat der Stadt und der Stadtverordnetenversammlung zum Streit um den in gemäßigt barocken Formen gehaltenen Entwurf für die Dreikönigsschule von Rettig. Die Dresdner Architektenschaft opponierte heftig, da der Entwurf vom Formenkanon der Dresdner Schule abwich. Die Beschränkung auf das Renaissancistische in der offiziellen Dresdner Architektur

181 Das Zeughaus vor einem Umbau. Aufnahme 1884 von Krone

183 Nach seinem Umbau 1884/1887 durch Canzler trug das Zeughaus den Namen Albertinum. Ansicht der Ostseite

182 Rechts die Südseite des Albertinums, in der Mitte das Ausstellungsgebäude, links der Kopfbau der Rampischen Gasse

184 Finanzministerium. 1889/1896 von Wanckel und Reichelt. Ansicht vom Altstädter Ufer aus

185 Albertinum. Fassade der Nordseite

186 Das Blockhaus am Neustädter Markt vor dem Umbau

noch um 1890 gibt Aufschluß über die konservative Haltung der politisch Verantwortlichen in Kunstdingen, wie sie andererseits von der Intensität des Einflusses Sempers und Nicolais Zeugnis ablegt. Der erste neobarocke Bau, der sich auch auf lokale Traditionen des 18. Jahrhunderts bezog, war die Markthalle von Rettig auf dem Antonsplatz 1891/1893. Die sandsteinverkleidete Halle (195) war durch Pilasterordnungen gegliedert; Stichbogenfenster und Portale, naturalistische Skulpturen und Reliefs zitierten barocke Vorbilder. Auch dieser Bau erschien der Dresdner Architektenschaft unpassend. Kein Einwand erhob sich aber, als das klargegliederte, klassizistische Postamt (196) am Postplatz durch Aufstockung und schmückende Zutaten recht ungünstig verändert wurde.
Kirchen wurden entsprechend dem Eisenacher Regulativ, das bis 1898 für das evangelische Deutschland verbindlich blieb, im „Anschluß an eine der geschichtlich entwickelten christlichen Baustyle" entworfen. Die bereits erwähnte Johanneskirche folgte noch streng historischen Vorbildern; dieser enge Bezug lockerte sich bei der 1878 vom gleichen Architekten entworfenen Erlöserkirche. Die Backsteinbauten von Schramm zeigten eine sehr allgemein

189 Ausstellungsgebäude in der Stübelallee. 1894/1896 durch das Städtische Hochbauamt

188 Amtsgericht. 1890/1892 von Roßbach. Hauptansicht

190 Hauptbahnhof. 1893/1898 von Giese & Weidner. Kopfbau des Empfangsgebäudes

191 Hauptbahnhof. Der Königspavillon ist zu einem Kino umgebaut

gehaltene Hochgotik. Wichtig war Schramm ein hoher Turm mit spitzem Helm, wie ihn die Paulikirche *(403)* besaß. Die 1886/1888 errichtete Markuskirche im Vorort Pieschen war der aufwendigste seiner Kirchenbauten. Als Mittelpunkt einer nicht realisierten Bebauung steht die Petrikirche von Zeißig von 1888 (197), verloren an einem weiten Platz. Die Mittel der armen Vorstadtgemeinde hatten nur einen karg dekorierten Backsteinbau zugelassen.

192 Das ehemalige Gymnasium am Fritz-Heckert-Platz. 1884 von Friedrich. Detail der Hauptfassade

194 Rathaus Plauen. 1893/1894 von Lossow & Viehweger

193 Rathaus Pieschen. 1890/1891 von Schilling & Gräbner

Im Sinne der Hoch- und Spätgotik wurde die gotische Briesnitzer Kirche (198, 199) 1882 durch Möckel umgebaut. Bei dieser Restaurierung wurden die unpassend erscheinenden Bauteile der Renaissance beseitigt, womit eine stilistische Bereinigung besorgt werden sollte.
Auch die Friedenskirche (230) von Arnold (1889/1891), die Paulikirche, 1891 *(403)* und die Thomaskirche, 1891/1893, beide von Schramm sowie die Heilig-Geist-Kirche in Blasewitz (200), 1894 von Scherz errichtet, wichen im stilistischen Gestus wenig von einem Erscheinungsbild ab, das mittelalterlich wirken sollte. Eine Ausnahme bildete die Trinitatiskirche, 1891/1894 von Barth in der Johannstadt erbaut, die Formen der italienischen Renaissance zeigte. Der Turm (201), wirkungsvoll im Blickpunkt von Straßenachsen, griff auf Traditionen barocker Dresdner Kirchtürme zurück. Denkmalhaft steht die Martin-Luther-Kirche auf dem von geschlossener Bebauung umgebenen Platz inmitten einer parkähnlichen Anlage (203). In der 1887 errichteten Kirche mischen sich romanisierende und gotisierende Formen. Von ihren Architekten Giese und Weidner wurde die Kirche als romanisch bezeichnet, ihr Grundriß und die starke Vertikaltendenz lassen sie indessen gotisch wirken. Turmlos war die Reformierte Kirche *(404)* an der Ringstraße, 1892 nach einem Entwurf von Bosse errichtet. Der Backsteinbau war frei romanisierend-oberitalienisch stilisiert.
Auch bei den für die Stadterweiterung wichtigen Straßendurchbrüchen, bei der Neuanlage von Brückenköpfen, Straßen und Plätzen wurde gesteigerter Wert auf bauliche Repräsentation gelegt. Die Kreuzung der neu angelegten Hoyerswerdaer Straße mit der Bautzner Straße wurde um 1878 mit repräsentativen Wohn- und Geschäftshäusern bebaut, die zurückhaltend-konventioneller entworfen wurde als die mit höheren gestalterischem Anspruch be-

195 Markthalle auf dem Antonsplatz. 1891/1893 von Rettig

196 Postgebäude am Postplatz. 1830/1832 von Geutebrück und Thürmer, aufgestockt und erweitert 1893 und 1912

197 Petrikirche. 1888/1890 von Zeißig

198 Briesnitzer Kirche. Umbau der gotischen Kirche 1882 durch Möckel

200 Heilig-Geist-Kirche. 1893 von Scherz

199 Briesnitzer Kirche. Inneres nach Osten

201 Turm der Trinitatiskirche. 1891/1894 von Barth

203 Martin-Luther-Kirche. 1887 von Giese & Weidner

202 Bautzner Straße 23 und 25. 1877

dachten Bauten am gegenüberliegenden Ufer (202, 205). Dort war in den siebziger Jahren in der Johannstadt ein Wohnviertel entstanden, das nach dem Bau der Albertbrücke 1875/1877 am Sachsenplatz ein Zentrum erhalten hatte. Auf dessen repräsentative Ausbildung war seitens des Staates großer Wert gelegt worden, denn der Stadt war fiskalisches Gelände überlassen worden. Haenel & Adam, die Sieger einer Konkurrenz, führten ab 1880 die geschlossene Bebauung aus (204), die durch barocke Motive bereichert, überreich im Stile der deutschen Renaissance gehalten war. Auch die Straßen der Umgebung zeigten eine bislang unbekannte, kunstreiche Ausführung; als Beispiel sei das Wohnhaus An der Elbe/Rietschelstraße abgebildet (206).

Die aufstrebende Vorstadt bedurfte dringend einer besseren Verbindung zur Innenstadt, die mit dem Durchbruch der Grunaer Straße 1879 zwar erleichtert worden war, der aber die Fortführung vom Pirnaischen Platz zum Altmarkt fehlte. Diese Verbindung wurde 1885/1888 mit der König-Johann-Straße hergestellt. Die Fassaden der viergeschossigen geschlossenen Bebauung (172, 208; *333, 334*) waren sandsteinverblendet. Eine Unzahl von Gliederungsmotiven im Stile der deutschen Renaissance und von einer

205 Bautzner Straße 27/Rothenburger Straße. 1879

204 Sachsenallee/Sachsenplatz 4. Nach 1880 von Haenel & Adam

206 Terrassenufer/Rietschelstraße. 1879 von Kraft

malerischen Kleinteiligkeit vermochten nur kurze Zeit zu befriedigen. Die 1877 durchgeführte Wettiner Straße, die vom Postplatz zu den Fabrikvierteln im Dresdner Westen führte (171), war übrigens dieses Aufwandes nicht für Wert erachtet worden.
Mit dem Bau der vierten Dresdner Brücke, dem „Blauen Wunder“ (209), zwischen den damals noch selbständigen Gemeinden Blasewitz und Loschwitz 1891/1893 stellte sich wiederum die Aufgabe, die Architektur an Brückenköpfen zu lösen. In Erwartung einer städtebaulichen Entwicklung, die sich bis heute nicht im damals vermuteten Umfang eingestellt hat, wurden die Zufahrtsrampen und -plätze mit vielgeschossigen Reihenhäusern bebaut (207, 210, 212). Die Fassaden zeigen nicht nur Motive der deut-

207 Körnerplatz. Bebaut ab 1892

209 Das „Blaue Wunder“, die Blasewitz-Loschwitzer Elbbrücke. 1891/1893 von Köpcke und Krüger. Blick auf das Loschwitzer Ufer

208 Pirnaischer Platz. Links die Mohrenapotheke, um 1830 von Thormeyer, in der Mitte die 1885/1888 angelegte König-Johann-Straße. Aufnahme um 1904

schen Renaissance, sondern auch der Spätgotik, sie weisen mit Fachwerkimitationen, Giebeln und Erkern malerische Motive auf.
Repräsentationsbauten im höchsten Maße waren auch die Geschäftshäuser. Dort, wo die wichtigste Dresdner Geschäftsstraße, vom Böhmischen Bahnhof kommend, auf die Altstadt traf, ließ der Juwelier Mau das Victoriahotel *(405)* abreißen und durch Lossow & Viehweger 1891/1892 ein Kaufhaus errichten, das das Gewandhaus zu Braunschweig zum Muster haben sollte. Der dekorative Reichtum der drei Fassaden des Victoriahauses übertraf alles in den letzten 100 Jahren in Dresden gebaute (211).
Bauten mit hohem Repräsentationsanspruch waren nicht zuletzt auch die Villen. Waren sie in den siebziger und zu

210 Schillerplatz. Die viergeschossige Bebauung angelegt zwischen 1892 und 1898. Blick in die Tolkewitzer Straße

212 Schillerplatz. Blick auf die Loschwitzer Brücke

211 Victoriahaus. Erbaut 1891/1892 von Lossow & Viehweger

213 Schloß Prohlis, Altprohlis 9. 1887 durch Kirsten und Kreißig für den Bankier Baron von Kap-herr umgebaut. Hauptgebäude von der Hofseite

215 August-Bebel-Straße 10. 1886/1888 von Gebler für den Maler Wilhelm Claudius

214 Residenzschloß. Die Westseite nach dem Umbau durch Dunger und Frölich

216 Residenzschloß. Ostseite von Süden nach dem Umbau

217 Residenzschloß. Ostseite von Norden vor dem Umbau

Beginn der achtziger Jahre, wie etwa die Villa Wolf von Giese & Weidner von 1883/1884 in der Altenzellaer Straße 50 *(281)*, oder wie Reihenhäuser, etwa Bischofsweg 60 von 1883 (120), noch in der engen Konvention der Dresdner Schule gebaut worden, so wurde in den folgenden Jahren die deutsche Renaissance zum Stilvorbild. Gebler entwarf 1887 am Striesener Platz einen aufwendigen Bau von den Dimensionen eines Schlößchens; aus dem gleichen Jahr stammt der Umbau des Herrenhauses des Gutes Prohlis (213), und an sächsische Herrensitze erinnerte die Villa des Malers Wilhelm Claudius in der August-Bebel-Straße 10 (215) von 1886/1888, die um 1978 abgerissen wurde.

Der zwischen 1889 und 1901 erfolgte Umbau des Residenzschlosses durch Dunger und Fröhlich ist höchst aufschlußreich für die Wandlungen des stilistisches Ideals. Das Alter des Schlosses wie auch das Geschichtsbild der königlichen Auftraggeberschaft ließen den Architekten keine andere Wahl, als auf die Formenwelt der deutschen Renaissance zurückzugreifen. Die Arbeiten hatten zum Ziel, dem Schloß einen stilistisch einheitlichen Gestus zu verleihen, den es nach Bränden, Erweiterungen und Umbauten nicht

218 Residenzschloß. Großer Schloßhof vor dem Umbau

mehr besaß. Die teilweise recht schmucklosen Fassaden erhielten große Giebelaufsätze, Erker, Türmchen, Balkone und reichere Fenstereinfassungen. Die trockene Ornamentik des Westflügels, wo die Umbauten begonnen hatten, wandelte sich im Laufe der Jahre, wurde lebhafter und malerischer und erhielt gegen Ende der Arbeiten einen barocken Duktus, der sogar Jugendstilanklänge erkennen ließ (214, 216–221). Die reinen Barockformen des Überganges zur Hofkirche (222) und auch die Englische Treppe (224) markierten den Endpunkt dieser Entwicklung.
Vom Umbau des Schlosses gingen Impulse auf das Baugeschehen in Dresden aus. Die wichtigsten Villen der neunziger Jahre sind sämtlich im Stile der deutschen Renaissance gehalten. Es sind aber nicht mehr sächsische Vorbilder, die zum Muster genommen wurden, sondern viel allgemeiner gehaltene südwestdeutsche. Zu nennen wären die Villen Goetheallee 24 und 55 (223), 1891/1894 bzw. 1893 von Schilling & Gräbner, und Vogesenweg 4, 1894 von Poscharski *(363)*. Ein kleines Landhaus dieser Art, Goetheallee 43 (225), 1894 von Schilling & Gräbner, vertritt exemplarisch die Tendenz zum Malerischen als Architekturideal dieser Jahre. Das Spannungsvolle wird durch die

220 Georgenbau des Residenzschlosses nach dem Umbau 1833/1834

219 Residenzschloß. Großer Schloßhof nach dem Umbau, Aufnahme kurz vor der Zerstörung

221 Georgenbau nach dem Umbau 1901 durch Dunger und Frölich

222 Übergang vom Schloß zur Hofkirche. 1901 von Dunger und Frölich, die plastischen Arbeiten von C. Roch

223 Goetheallee 55. 1893 von Schilling & Gräbner

224 Residenzschloß, „Englische Treppe“, 1895 von Frölich, Bildhauerarbeiten von C. Roch

225 Goetheallee 43. 1894 von Schilling & Gräbner

226 Königliche Villa in Wachwitz. 1893 von Teichgräber. Hauptansicht nach der Parkseite

227 Striesen und Blasewitz. Luftaufnahme um 1930. Von links nach rechts die Wittenberger, Augsburger, Eisenacher und Niederwaldstraße. Am unteren Bildrand die Altenberger Straße

Verschiedenheit der Baugruppen und den Wechsel der Materialien bewirkt; bezeichnend ist das Nebeneinander des festen Steinbaues mit dem durchscheinenden Gewächshaus.

Aber die deutsche Renaissance war auch in den neunziger Jahren keineswegs der allgemeinverbindliche Stil, nicht einmal für das sächsische Königshaus, wie die 1893 erbaute Villa im königlichen Weinberg in Wachwitz (226) lehrt. Sie gleicht eher einem der stilistisch beinahe indifferenten frei stehenden Mietshäuser der Nicolai-Nachfolge, wie sie zu tausenden in den Arbeitervororten Löbtau (229, 230, 255) oder Striesen (227, 253) entstanden waren.

Höchste Exklusivität schien jedoch der Bezug auf die Antike zu bieten. Der reiche Apotheker Illgen ließ sich 1891 in der Loschwitzer Straße 37 (228) eine eingeschossige Villa bauen, deren Ansichten durch Tempelfronten mit einem allegorischen Figurenprogramm aus der Masse der Villen und Landhäuser herausgehoben sind. Wie die Innenräume des Schlosses wurden die Wohnräume im Stile des 18. Jahrhunderts ausgestaltet.

229 Döhlener Straße in Löbtau. Charakteristisch für die offene Bebauung um 1900

228 Loschwitzer Straße 37 (Villa Illgen). 1891

Nach 1894
Konvention und neue Leitbilder

In den letzten Jahren des Jahrhunderts vollzog sich eine lebhafte wirtschaftliche Expansion, die sich im Anwachsen der Bevölkerungszahlen widerspiegelte und mit einer lebhaften Bautätigkeit in den Stadterweiterungsgebieten (227, 230) verbunden war. Die städtebauliche Entwicklung im Westen der Stadt kam nach der Verlegung der Weißeritz 1891/1893 aus der Friedrichstadt weit nach Westen weiter voran, hierzu trug die Hochlegung aller Eisenbahngleise zwischen 1888 und 1901 wesentlich bei. Nach langen Jahren der Unsicherheit war der Standort des Hauptbahnhofes im Dresdner Süden festgelegt worden. Der Bau der fünften Elbbrücke, der Carolabrücke, im Jahre 1895 förderte das Baugeschehen auch im Stadtinnern. Der Gesamtbebauungsplan von 1897/1900 schuf mit der Festlegung der Fluchtlinien und der Art der baulichen Auslastung die rechtlichen Sicherheiten.

Auf künstlerischem Gebiet kam es auch in Dresden zu Umbrüchen, 1896 propagierte die Münchner Zeitschrift „Jugend" den neuen Dekorationsstil, bald darauf wurden in Dresden einige wenige Bauten in dieser Weise gestaltet. Während sich die Staatsbauten allein der Konvention der vergangenen Jahrzehnte verpflichtet glaubten, fanden kommunale Bauten eher den Zugang zu zeitgemäßerer Formensprache. Aufgeschlossener noch zeigten sich oft Privatbauten, aber als sicherster Indikator der Wünsche der Zeit, der Überdrüsse und des geistigen Mangels erwies sich die Ausstellungsarchitektur. 1896 wurde eine Gewerbeausstellung veranstaltet, die sich „Die Alte Stadt" nannte (231, 233). Die Ausstellung erfreute sich eines außerordentlichen Zulaufs. Aufwendige historisierende Bauten hatten die Gewerbeschau anziehender gemacht. Die Dresdner Architektenschaft benutzte diese Ausstellung, um für ihre künstlerischen Ziele zu werben, die sich erheblich vom konservativen Renaissancismus der Nicolai-Schule unterschieden. Geboten wurden romantische Stimmungswerte und Geborgenheit in der zeitlichen Ferne. „Viele Tausende fühlten sich wohl und befreit von den Sorgen der Gegenwart in den Räumen der Vergangenheit."[84] In den folgenden Jahren wurde „diese Bauweise namentlich bei der Anlage von Erkern, Giebeln, Türmen in freier schöpferischer Behandlung verwendet"[85].

Die begeisterte Zustimmung zu den stimmungsträchtigen Architekturbildern ist damals aus dem Widerwillen gegen die „Ödigkeit" des „fein und vornehmen" Bauens erklärt worden. Der normativen Typisierung, die in der Dresdner Schule zwar zu noblen, doch höchst verwechselbaren Architekturen geführt hatte, wurde der Versuch einer

230 Löbtau. Luftaufnahme vor 1945. In der linken unteren Bildecke das Rathaus, oberhalb der Bildmitte die Friedenskirche. Charakteristisch für diesen Arbeitervorort ist seine offene Bebauung

individualisierenden, emotionalen Architektur entgegengesetzt, die auch eine heimattümelnde Komponente einschloß. Zwar waren die Bauaufgaben auf gewisse, besonders geeignet erscheinende Stile festgelegt, doch das „regellose“ Mittelalter und die Willkür der nordischen Renaissance boten die Möglichkeit zum spielerischen Zusammenstellen des von der Architekturforschung zusam-

231 Die Ausstellung „Alte Stadt“ 1896

233 Die Ausstellung „Alte Stadt“ 1896

232 Rathaus Niedersedlitz. Um 1900 von Hänichen

234 Rathaus Cotta. 1900 von Seitz, Voretzsch mit Otto

235 Freimaurerinstitut. 1897/1899 von Kickelhayn d. J. Ansicht des Seitenflügels

237 Lukaskirche. Innenraum mit der Ausmalung von Otto Gußmann

236 Lukaskirche. 1898/1903 von Weidenbach. Hauptportal

238 Lukaskirche. Kapitell

239 Garnisonskirche (Martinskirche). 1896/1900 von Lossow & Viehweger. Ansicht des katholischen Teils von Osten

240 Garnisonskirche. Eingang im katholischen Teil auf der Ostseite

244 Garnisonskirche. Das ausgemalte Gewölbe im katholischen Teil

241–243 Die Garnisonskirche. Collage

mengetragenen Materials. Das muß nach Jahrzehnten engster Bindung an den Formenkanon der italienischen Hochrenaissance wie eine Befreiung gewirkt haben! Wie oft in der Ausstellungsarchitektur wurde hier neues Gedankengut erprobt und in radikalerer Weise als in der auf Dauer gebauten Architektur wenigstens temporär verwirklicht. Auf das Dresdner Baugeschehen ist diese „Generalprobe“ von nachhaltigem Einfluß gewesen.
Aber nicht nur die Architektur der Einzelbauten pflegte malerische Motive, auch im Städtebau kam unter dem Einfluß von Camillo Sitte eine ähnliche Bewegung auf. Bebauungspläne dieser Zeit versuchten die rechtwinklige Blockbebauung durch einen gekrümmten Verlauf der Straßen aus der Monotonie zu lösen. Diese Bemühungen scheiterten jedoch an den Einsprüchen der Grundstücksbesitzer, die auf einer profitablen Ausnutzung ihres Eigentums bestanden. Erst die Planungen der Gartenstadt Hellerau im ersten Jahrzehnt des 20. Jahrhunderts ließen diese Ideen zur Ausführung gelangen.

Die Rathäuser der Gemeinden, die bald darauf ihre Selbständigkeit aufgeben sollten, Cotta (234), Löbtau und Niedersedlitz (232), alle 1900 erbaut, zeigten einen formalen Habitus, der mit dem Architekturideal der erwähnten Ausstellung vergleichbar ist. Selbst Neubauten höherer Schulen gebrauchten Motive der sächsischen Spätgotik; die Baugewerkeschule und die Internatsschule des ehemaligen Freimaurerinstituts in Striesen (235) wurden im bisher dem Kirchenbau vorgeschriebenen Stil erbaut. Gotisierend, doch in den Übergangsformen der Reformationszeit, wurde 1898/1903 lediglich die Lukaskirche (236–238) ausgeführt. Die simultane Martinskirche, die Kirche der Garnison Dresden, entfaltet einen vieltürmigen, räumlich bewegten Reichtum. Sie wurde 1896/1900 als neoromanischer Bau in der Albertstadt auf einer Anhöhe in der Achse der Alaunstraße gebaut (239–244). Der Zentralbau der Jakobikirche (245) des Berliner Architekten Kröger folgte dem Vorbild der rheinischen Kaiserdome. 1897 brannte die Kreuzkirche aus. Die neue Innendekoration

245 Jakobikirche. 1898/1901 von Kröger. Blick durch die Stärkengasse

246 Kreuzkirche. Das Innere mit der 1897 von Schilling & Gräbner entworfenen Jugendstilausstattung

247 Kaiserpalast am Pirnaischen Platz. 1897 von Schilling & Gräbner. Aufnahme 1898

248 Zentraltheater, Waisenhausstraße. 1900 von Lossow & Viehweger unter Mitarbeit von Otto

(246) besorgten Schilling & Gräbner, die dem Barockbau nicht wieder die erst 1894 durch Scherz entworfene gotisierende Innenausstattung zurückgaben, sondern eine qualitätvolle Jugendstilausstattung schufen, von welcher der Brand 1945 leider nur Spuren gelassen hat.
Es fällt auf, daß eine Reihe bedeutender Aufträge an Architekten vergeben wurden, die ihre Ausbildung nicht an der Dresdner Akademie genossen hatten und nicht in den nunmehr seit etwa von 1834 an gepflegten Konventionen der Dresdner Schule standen. Die Arbeiten des führenden Architekturateliers Schilling & Gräbner standen unter Berliner Einfluß, die Bauten der kaum weniger bedeutenden Firma Lossow & Viehweger lassen die gleichen Einflüsse erkennen. Der Kaiserpalast, ein Geschäftshaus des erstgenannten Ateliers am Pirnaischen Platz, 1897 für den Apotheker Illgen errichtet, übertraf auch das Victoriahaus an Prachtentfaltung (247). Der Neobarock, in den sich Jugendstilelemente mischten, war zum Durchbruch gelangt, die üppige Barockornamentik wetteiferte mit der ausschweifenden Fassade des Zentraltheaters (248), entworfen von der Konkurrenzfirma, begonnen im gleichen Jahr.

250 Ständehaus. 1899/1903 von Wallot. Ansicht der Westseite vom Schloßplatz aus. Links die Treppe der Brühlschen Terrasse

249 Ständehaus, Georgenschloß, Schloßturm und Hofkirche

251 Gesamtministerium. 1899/1904 von Waldow und Tscharmann

252 Polizeipräsidium. 1895/1900 von Temper. Links das Kurländer Palais, rechts eine Ecke der Albertinums

Paul Wallot, als Erbauer des Reichstagsgebäudes seinerzeit bekanntester deutscher Architekt und seit 1894 Leiter der Bauschule der Akademie, stand ebenfalls nicht in der Dresdner Tradition. Sein Ständehaus (250), das Landtagsgebäude, an dem seit 1901 gebaut wurde, fügte sich der Dresdner Stadtsilhouette (249) und dem stilistischen Gestus der Monumentalbauten des 19. Jahrhunderts bemerkenswert gut ein. Die Baugesinnung wies in das 19. Jahrhundert. Letzteres gilt auch für das in den herkömmlichen Repräsentationsformen errichtete Polizeipräsidium in der Schießgasse von Temper, das in der Tradition wilhelminischer Staatsbauten steht (252).

Für das kulturelle Selbstverständnis dieser Zeit ist erhellend, daß beim Bau des Ständehauses anerkannt qualitätvolle Barockbauten abgerissen und statt ihrer ein Repräsentationsbau errichtet wurde, der seine Wirkung zu einem großen Teil der Verwendung historischer Formen verdankt. Die Frage muß hypothetisch bleiben, ob bei diesem Verhalten die Überzeugung von der eigenen kulturellen Überlegenheit oder das Verlangen nach Selbstbestätigung einer in ihrem Eigenverständnis unsicher gewordenen Gruppe, Schicht oder Klasse den Ausschlag zu derartigem Vandalismus gegeben hat. Ähnliches war ein Jahrzehnt zuvor beim Bau des Akademiegebäudes geschehen. Unerheblich ist in diesem Zusammenhang, daß ein durchaus qualitätvoller Neubau entstanden war, in dem einige Teile des Brühlschen Palais eingebaut wurden.

Gab es beim Ständehaus wenig an den Proportionen des Gebäudes und seiner Lage im Stadtbild zu tadeln, so bot das Ministerialgebäude (251) am rechten Elbufer manchen Anlaß zur Klage. Der riesige Baukörper übertrifft das Volumen des elbabwärts gelegenen Japanischen Palais um ein Vielfaches, lassen auch Umrißlinien und Massenaufbau das Vorbild und die Bereitschaft erkennen, auf das barocke Stadtbild einzugehen.

Der Privatbau zeigte ein ähnlich vielschichtiges Bild. Im Massenwohnungsbau, bei dem gegen Ende des Jahrhun-

253 Altenberger Straße 14. Um 1895

254 Schaufußstraße 8. Um 1895. Die Verandenarchitektur zeigt ein klassisches Triumphbogenmotiv

255 Reisewitzer Straße in Löbtau. Offene Bebauung Ende des 19. Jahrhunderts

derts das frei stehende Mietshaus überwog, z. B. Altenberger Straße (253) in Striesen (227) oder Reisewitzer Straße (255) in Löbtau (230). Hier blieb es beim Grundriß- und Aufrißschema und bei der sparsamen Verwendung trivialisierter Reduktionsformen der Dresdner Schule (254). Bei anspruchsvolleren Bauten waren synkretistische Bildungen häufiger; als Beispiele seien Dorotheenstraße 12 *(300)*, Eisenstuckstraße 25 (257), Voglerstraße 12 (256) oder das Geschäftshaus Bautzner Straße 27 b (259) genannt.

256 Voglerstraße 12. 1899

258 Otto-Buchwitz-Straße (Königsbrücker Straße) 19. 1900

257 Eisenstuckstraße 25. 1897 von Seifert

259 Bautzner Straße 27 b/Rothenburger Straße. 1897

Es erwies sich, daß das Kompositionsschema klassisch geordneter Fassaden, das auf der Lehre von den Säulenordnungen fußte, wenig geeignet war, mehr als drei Geschosse umfassende Gebäude zu gliedern, ohne ihre Geschossigkeit zu verunklären, besonders dann, wenn Aufrisse des Villenbaues übertragen wurden, wie das bei der Fassade Otto-Buchwitz-Straße 19 (258) geschehen ist.

Neue künstlerische Formen waren vor 1897 selten anzutreffen. Die Bauämter standen Neuerungen abwartend und manchmal auch mit Widerstand gegenüber. Aus den wenigen erhaltenen Bauakten ist zu entnehmen, daß Jugendstilentwürfe noch um 1896 verworfen und statt dessen traditionelle Lösungen gefordert wurden.

Als die Zeit reif war, ließen sich die Formen des neuen Stils allerdings nicht mehr aufhalten. Ein Bau des Umbruchs ist das Künstlerhaus in Loschwitz, Pillnitzer Straße 59, errichtet 1897/1898 (260). Kielbogenfenster nach Art der Markuskirche in Venedig, Zinnenkränze von Burgen, eine spröde gotisierende Ornamentik und eine komplizierte Verschachtelung des Baukörpers charakterisieren das Atelierhaus.

Das Landhaus Malerstraße 18, 1895, ist von einer archaisierenden Stillosigkeit (262), die auf der Suche nach einem Neubeginn einen anderen Weg zeigt, als es die Künstler des Jugendstils taten. In diesem Zusammenhang kann die Neoromanik als Versuch einer Rückkehr zum Ursprünglichen angesehen werden. Die Villa Semperstraße 4 (261) vertrat die im Wohnbau seltenere Stilisierung.

Das Motiv der Rückkehr schlugen auch die Architekten an, die sich in der engen lokalen Bindung Sicherheit erhofften. Die Vorhangbogenfenster und Zellengewölbe, geläufige Motive der spätgotischen Kunst Obersachsens, beim Rathaus Niedersedlitz (232) und der Baugewerkeschule *(381)* stehen für diese Tendenz.

Die Zeit des Historismus schien vorüber, die Internationale Kunstausstellung 1897 in Dresden kündigte es sensiblen Zeitgenossen an. Ob die Historie Wege zur Lösung der

261 Semperstraße 4. 1896. Abgebrochen 1973

260 Künstlerhaus, Pillnitzer Landstraße 59. 1897/1898 von Pietzsch. Wohnflügel des Atelierhauses

262 Malerstraße 18. 1895 von Schreyer. Ansicht der Gartenseite

dringenden Probleme des kommenden Jahrhunderts aufzeigen könnte, schien fraglicher denn je. Es lag daher nahe, vom Gebrauch historischer Formen als Ausdrucksträger abzulassen, wie es jetzt Schilling & Gräbner oder Lossow & Viehweger taten. Eine weitere Möglichkeit bestand darin, Historisierung noch intensiver zu betreiben, Motive der Kunst aus aller Welt oder aus allen Zeiten in drängender Fülle zu häufen, so als ob in der müden Befolgung der Kompositionsgesetze der historischen Kunst oder im zu sparsamen Gebrauch historischer Motive die Ursache des Übels zu suchen sei. Der überladene Triumphbogen für König Albert, errichtet 1898 in der Prager Straße (266), kann so gedeutet werden. Auch in exzessiver Stilreinheit ist die Lösung gesehen worden. Frölich ahmte 1897 in akademisch tadelsfreier Manier mit dem Neubau der Sekundogenitur auf der Brühlschen Terrasse (264) ein Barock-

263 Tiergartenstraße 28. 1898 von Fleischer. Hauptansicht

265 Lukasstraße 6. 1897 von Lippold

264 Sekundogenitur auf der Brühlschen Terrasse. 1896/1897 von Frölich

schlößchen nach; die ehemalige kaiserlich-russische Botschaft Lukasstraße 6 (265) gleicht einem Barockpalais; die Villa Tiergartenstraße 28 (263; *360*) zeigt in kopistisch getreuer Weise Motive des Hochbarock. Als konservativer Renaissancebau präsentierte sich auch die Dresdner Bank von 1895 in der König-Johann-Straße (268). Der weitgehende Umbau des Georgenschlosses (220, 221) bis 1901 demonstrierte noch einmal der andrängenden antihistorisch gestimmten Zeit, welches gestaltgebende Vermögen der konservativen Architekturauffassung, der „Stilarchitektur“, eigen sein konnte. Doch es ist anzunehmen, daß der Neubau der Filiale der Deutschen Bank (267) in der Johannisallee von 1901 durch Schilling & Gräbner zumindest die gleiche Anerkennung erfuhr und eine Zäsur markierte, die den Zeitgenossen sehr tief zu gehen schien.

266 Triumphbogen zu Ehren König Alberts 1898 in der Prager Straße

268 Dresdner Bank, König-Johann-Straße. 1895/1897 von Sommerschuh & Rumpel

267 Deutsche Bank. Ringstraße 10. 1901 von Schilling & Gräbner

Ausblick

Auch wenn die Jahrhundertwende allerorts als Beginn eines neuen Zeitalters lebhaft gefeiert worden ist, so ist eine Zäsur, die aus der Willkür eines Kalendersystems stammt, für die innere Beziehung der Dinge unerheblich. Ein Wandel – blickt man auf die Kunstformen – ist jedoch festzustellen, doch sollte dieser als relativer Wandel betrachtet werden. Ein radikaler Bruch mit den Traditionen der Vergangenheit fand um die Jahrhundertwende nicht statt. Nach wie vor wurden mehr oder weniger deutlich historisierende Bauten errichtet; Jugendstilbauten, die ohne historisierende Anklänge auskamen, sind kaum zu nennen. Der Innenraum des Alberttheaters, der dem Hoftheater II sehr geähnelt hatte, erhielt um 1900 eine Jugendstildekoration, die nichts an der architektonischen Konzeption des Vorbildes änderte (269). Das in Glas und Beton aufgelöste und mit einer üppigen Jugendstilornamentik versehene Kaufhaus Herzfeld, 1901 von Lossow & Viehweger am Altmarkt (270), zeigte ebenso wie das Gebäude des Landwirtschaftlichen Kreditvereins (271) aus dem gleichen Jahr geringe Anklänge an historische Stile, doch bereits die Kunstgewerbeakademie in der Güntzstraße (273), 1903 durch Lossow & Viehweger begonnen, zeigt wohl erkennbar eine Anlehnung an barocke Gestaltungsprinzipien. Derartige historisierende Bauten wie die Herz-Jesu-Kirche, 1903 von Henker, oder die Himmelfahrtskirche, 1901 von Scherz, beides streng hochgotische Bauwerke, waren ebenso möglich wie die Villa Hohe Straße 22 (272), die 1903 Poppe erbaut und in direkter Anlehnung an die Architektur des Zwingers dekoriert hatte. Zu Beginn des 20. Jahrhunderts gab es neben innovativen Bestrebungen mit dem Neoklassizismus auch ein ungestörtes Fortleben des Historismus. Die Entwürfe zum Neuen Rathaus zeigten eine mehr oder weniger enge Bindung zu Bautraditionen des Historismus (274). Das Gebäude der Landwirtschaftlichen Feuerversicherungsgesellschaft 1901/1902 von Diestel (275) Wiener Platz 1 Ecke Prager Straße verzichtete auf eine tektonische Gliederung, die Mauerflächen wurden durch reiche Dekorationen belebt. „Die Formen des Empire sind hier vom neuzeitlichen Kunstgeiste durchdrungen und zu einem völlig Neuen umgeschaffen.“[86] In diesem Zusammenhang ist auch nach der historisierenden Komponente der Architektur der Gartenstadt Hellerau zu fragen; nicht nur der Giebel des Festspielhauses von Heinrich Tessenow von 1911 zitiert historisierend klassische Würdeformen. Es ist daher auch zu prüfen, ob die 1909 von Hammitzsch im Stile einer orientalischen Moschee erbaute Zigarettenfabrik Yenidze (276, 277) tatsächlich das Ende einer Epoche markiert, die es wie keine andere zuvor

269 Alberttheater. Umgestaltung des Innenraumes in Jugendstilform

unternommen hatte, mittels historischer Kunstformen dem Gebildeten ein sprechendes „Erinnerungsbild" vor Augen zu führen, traten doch nur Motive der räumlichen an die Stelle der zeitlichen Ferne. Denn weder die Staatsbauten der dreißiger noch der fünfziger Jahre glaubten auf den Rückhalt verzichten zu können, den die Geschichte in der Gestalt ihrer Zeichen bot.

Damit soll angedeutet werden, daß der Historismus als Art und Weise einer Beziehung der Gegenwart zur Vergangenheit, die im 19. Jahrhundert einen Höhepunkt erreicht hatte, nicht auf dieses Jahrhundert beschränkt geblieben ist. In der Residenzstadt des Königreichs Sachsen hatte die historistische Architektur in jener Zeit jedoch einen Stand erlangt, der mitteilenswert erscheint und dessen künstlerischen Rang auch heute noch einige erhaltene Bauten bezeugen.

271 Landwirtschaftlicher Kreditverein. 1901

270 Altmarkt, Ostseite mit der Einmündung der König-Johann-Straße mit der Dresdner Bank. Links das Kaufhaus Herzfeld, 1901 von Lossow & Viehweger, rechts das Germaniadenkmal von R. Henze, 1880

274 Das Neue Rathaus. 1905/1912 von Roth und Bräter. Ansicht der Ostseite

272 Hohe Straße 22. 1903 von Poppe. Eckerker

273 Kunstgewerbeakademie, Güntzstraße. Ab 1903 von Lossow & Viehweger. Im Vordergrund der Eliasfriedhof

275 Landwirtschaftliche Feuerversicherungsgenossenschaft. Wiener Platz/Prager Straße. 1901/1902 Diestel. Der Blick führt vom Hauptbahnhof in die Prager Straße, an deren Ende das Victoriahaus

277 Die Portalanlage der Zigarettenfabrik Yenidze, Weißeritzstraße 3. 1909 von Hammitzsch

276 Die Zigarettenfabrik Yenidze

Chronologie zur Dresdner Architektur im 19. Jahrhundert

1804	Chinesischer Pavillon im Schloßpark Pillnitz
1809–1829	Abtragung der Festungswerke
1811	Plan zu Umgestaltung der Stadt durch Hauptmann
1813	Aufhebung aller Baubeschränkungen für die Vorstädte
1814	Treppe zur Brühlschen Terrasse
1816	Anlage des Bautzner Platzes
1818–1830	Neues Palais in Pillnitz
1822–1823	Turm der Annenkirche
1824–1828	Anlage des Packhofes westlich der Calberlaschen Zuckersiederei, die städtebauliche Entwicklung in diesem Bereich stark beschränkend
1825	Gründung der Technischen Bildungsanstalt, der späteren Technischen Hochschule; Gründung des Sächsischen Altertumsvereins
1826	Anlage des Antonsplatzes
1827–1905	Geltungsdauer der „Allgemeinen Bauordnung für die Haupt- und Residenzstadt Dresden"
1828	Gründung des Sächsischen Kunstvereins
1830	Palais Lüttichau
1830–1832	Altstädter Wache
1831	Bauverwaltung der Stadt durch städtische Baupolizei
1834	Berufung Sempers zum Vorstand der Bauschule der Kunstakademie
1835	Forumsplan Sempers
1837–1839	Leipziger Bahnhof
1838–1841	Hoftheater I
1839	Villa Rosa
1845	Regulativ für die Bebauung vor dem Ziegelschlage
1845–1848	Palais Oppenheim
Um 1845	Gutschmidsches (Venezianisches) Haus
1846–1852	Marienbrücke
1847	Aufgabe des Forumprojektes mit Baubeginn des Museums
1849	Dresdner Mai-Revolution. Flucht Sempers
1850	Berufung Nicolais zum Leiter der Bauschule der Akademie
1850–1854	Schloß Albrechtsberg und Villa Stockhausen
1851	Anlegung der Prager Straße
1851–1852	Villa Struve
1858–1862	Generalbebauungsplan. Konzipierung von Gebieten einheitlicher Bebauung
1860	Tolkewitzer Straße 73
1861	Gewerbefreiheit
1861–1878	Rückgang des Einflusses der Stadtverwaltung auf die Standortwahl der Industrie. Vorübergehende Aufgabe der bisher gegebenen Trennung von Fabriken und Wohngebieten
1864–1868	Umbau der Sophienkirche
1865	Durchbruch der Rothenburger Straße zwischen Bautzner Straße und Böhmischer Straße
1867–1869	Beuststraße 1
1869	Brand des Hoftheaters I
1871–1878	Hoftheater II
1872–1875	Hauptbau der Technischen Hochschule
1873–1875	Durchbruch der Wettiner (Schweriner) Straße zum Postplatz
1873–1878	Anlage der Albertstadt
1874–1878	Johanneskirche
1878–1905	Eindeutige Abgrenzung der Fabrik- von den Wohnbezirken. Sperrung der ganzen Stadt für die Industrie
1880	Regulativ für die Bebauung des Sachsenplatzes in geschlossener Bauweise
1880	Durchbruch der Grunaer Straße zum Pirnaischen Platz
1881	Lipsius Vorstand der Bauschule der Kunstakademie
1885–1887	Durchbruch der König-Johann-Straße vom Altmarkt zum Pirnaischen Platz
1886–1893	Kunstakademie und Ausstellungsgebäude des Sächsischen Kunstvereins
1889–1901	Umbau des Residenzschlosses
1890–1892	Amtsgericht
1891	Victoriahaus
1894	Wallot Vorstand der Bauschule der Kunstakademie
1894	Verordnung über die Errichtung einer Kommission zur Erhaltung der Kunstdenkmäler
1896	Ausstellung „Alte Stadt"
1897	Kaiserpalast, Sekundogenitur
1897–1900	Zentraltheater
1899–1903	Ständehaus

Anmerkungen

Die Literaturangaben beziehen sich jeweils auf die im Anhang befindlichen Nachweise

1 „Ein jeder muß eingestehen, daß dasjenige Urteil über Schönheit, worin sich das mindeste Interesse mengt, sehr parteilich und kein reines Geschmacksurteil sei. Man muß nicht im mindesten für die Existenz der Sache eingenommen, sondern in diesem Betracht ganz gleichgültig sein, um in Sachen des Geschmacks den Richter zu spielen." (Kant, Bd. 5, S. 273) „Geschmack ist das Beurteilungsvermögen eines Gegenstandes oder einer Vorstellungsart durch ein Wohlgefallen, oder Mißfallen, *ohne alles Interesse.* Der Gegenstand eines solchen Wohlgefallens heißt *schön.*" (A.a.O., S. 279)

2 „Allein die Schönheit eines Menschen (. . .), eines Gebäudes (als Kirche, Palast, Arsenal oder Gartenhaus) setzt einen Begriff vom Zweck voraus, welcher bestimmt ist, was das Ding sein soll, mithin einen Begriff seiner Vollkommenheit (. . .)". (A.a.O., S. 299)

3 „Daß die Kunst als schöne Kunst keinem Zweck untergeordnet sein könne, ist ein Axiom der richtigen Ansicht, und inwiefern sie wirklich untergeordnet, insofern ist sie auch nicht wirklich schöne Kunst. Die Architektur z. B., sofern sie *bloß* das Bedürfnis und die Nützlichkeit bezweckt, wäre nicht schöne Kunst." (Schelling, S. 226) „Wenn die Architektur *unmittelbar* durch Ausdruck eines Zweckbegriffs schöne Kunst werden könnte, so sieht man nicht ein, warum dieß nicht auch andern Künsten freistünde, warum es nicht wie es Baukünstler gibt auch z. B. Kleiderkünstler geben sollte. Es muß also eine innigere scheinbar aus dem Objekt selbst kommende Identität, eine wahre Verschmelzung mit dem Begriff seyn, was die Architektur zur schönen Kunst macht." (A.a.O., S. 229)

4 „Solange Architektur dem bloßen Bedürfnis fröhnt und nur nützlich ist, ist sie auch nur dieses und kann nicht zugleich schön seyn. Dieß wird sie nur, wenn sie davon unabhängig wird, und weil sie dieß doch nicht absolut seyn kann, indem sie durch ihre letzte Beziehung immer wieder an das Bedürfnis grenzt (. . .)". (A.a.O., S. 229)

5 A.a.O., S. 231

6 Ebd.

7 „Wir gehen zu der höheren Nachbildung der Pflanzenform in der edleren Architektur fort. – Die gotische Baukunst ist ganz naturalistisch, roh, bloße unmittelbare Nachahmung der Natur, in der nichts an absichtliche und freie Kunst erinnert. Die erste noch rohe dorische Säule, welche einen behauenen Stamm vorstellt, erhebt mich schon auf das Gebiet der Kunst, indem sie mir die mechanische Bearbeitung durch freie Kunst nachahmt, diese also über das Bedürfnis und die Nothwendigkeit erhaben, auf das Schöne und Bedeutende an sich gerichtet zeigt." (A.a.O., S. 237)

8 A.a.O., S. 240

9 „Die *erste* der besonderen Künste (. . .) ist die *schöne Architektur.* Ihre Aufgabe besteht darin, die äußere unorganische Natur so zurecht zu arbeiten, daß dieselbe dem Geist als kunstgemäße Außenwelt verwandt wird. Ihr Material ist selbst das Materielle in seiner unmittelbaren Äußerlichkeit als mechanische schwere Masse, und ihre Formen bleiben die Formen der unorganischen Natur, nach den abstrakten Verstandesverhältnissen des Symmetrischen geordnet. Da in diesem Material und Form das Ideal als konkrete Geistigkeit sich nicht realisieren läßt, und die dargestellte Realität somit der Idee als Äußeres undurchdrungen oder nur zu abstrakter Beziehung gegenüber bleibt, so ist der Grundtypus der Baukunst die *symbolische* Kunstform." (Hegel, Bd. 12, S. 124)

10 „Ihrem eigentlichen Begriff aber entspricht die Architektur auf dieser Stufe (der klassischen antiken Architektur; V.H.), weil sie an und für sich das Geistige zu seinem gemäßen Daseyn zu bringen nicht im Stande ist, und deshalb nur das Äußerliche und Geistlose zum Widerschein des Geistigen umzubilden vermag." (Hegel, Bd. 13, S. 303)

11 „Indem wir einen Gegenstand *schön* nennen, sprechen wir dadurch aus, daß er Objekt unserer ästhetischen Betrachtung sei, welches zweierlei in sich schließt, einerseits nämlich, daß sein Anblick uns *objektiv* macht, d. h., daß wir in der Betrachtung desselben nicht mehr unserer als Individuen, sondern als reinen willenlosen Subjekts des Erkennens und bewußt sind; und andererseits, daß wir im Gegenstande nicht das einzelne Ding, sondern eine Idee erkennen (. . .)". (Schopenhauer, Bd. 3, 3. Buch, S. 52)

12 „Wenn wir nun die *Baukunst,* bloß als schöne Kunst, abgesehen von ihrer Bestimmung zu nützlichen Zwecken, in welchen sie dem Willen, nicht der reinen Erkenntnis dient und also nicht mehr Kunst in unserem Sinn ist, betrachten; so können wir ihr keine andere Absicht unterlegen, als die, einige von jenen Ideen, welche die niedrigsten Stufen der Objektivität des Willens sind, zu deutlicher Anschaulichkeit zu bringen: nämlich Schwere, Kohäsion, Starrheit, Härte, diese allgemeinen Eigenschaften des Steins, diese ersten, einfachsten, dumpfesten Sichtbarkeiten des Willens, Grundbaßtöne der Natur und dann neben ihnen das Licht, welches in vielen Stücken ein Gegensatz jener ist. Selbst auf dieser tiefen Stufe der Objektivität des Willens sehen wir schon sein Wesen sich in Zwietracht offenbaren: denn eigentlich ist der Kampf zwischen Schwere und Starrheit der alleinige ästhetische Stoff der schönen Architektur: ihn auf mannigfache Weise deutlich hervortreten zu lassen, ist ihre Aufgabe." (Ebd.)

13 „Ein Mensch, der durch und durch nur historisch empfinden wollte, wäre dem ähnlich, der sich des Schlafens zu enthalten gezwungen würde, oder dem Thiere, das nur vom Wiederkäuen und immer wiederholten Wiederkäuen fortleben sollte. Also: es ist möglich, fast ohne Erinnerung zu leben, wie das Thier zeigt, es ist aber ganz und gar unmöglich, ohne Vergessen überhaupt zu *leben.* Oder, um mich einfacher über mein Thema zu erklären: *es gibt einen Grad von Schlaflosigkeit, von Wiederkäuen, von historischem Sinne, bei dem das Lebendige zu Schaden kommt, sei es nun ein Mensch oder ein Volk* oder eine Cultur." (Nietzsche, Bd. 1, S. 286)

14 Vgl. Hamann/Hermand, Gründerzeit, S. 216

15 Der Stil in den technischen und tektonischen Künsten, Frankfurt/M. 1860, München 1863

16 „Warum sollen wir immer nur nach dem Stil einer anderen Zeit bauen? Ist es ein Verdienst, die Reinheit eines Stils aufzufassen, so ist es ein noch größeres, einen reinen Stil zu erdenken." (Schinkel, zitiert nach Grothe, S. 21)

17 „die jetzige Kunstperiode müsse als ein Durchgangsstadium angesehen werden, aus welchem die Architektur der Zukunft sich noch entwickeln werde, daß mithin der neue Messias noch zu erwarten sei. (...) Wir möchten aber annehmen, (...)daß aber keine Aufgabe erdacht werden kann, zu deren Lösung aus dem Prinzip der gotischen Construktion die Mittel sich nicht entwickeln ließen." (Ungewitter, S. IV)

18 Hugo Licht, 1889, Vorwort

19 „Seit Palladio glaubten die Klassizisten von Holland, Frankreich, England und Deutschland echt antik zu bauen. Ihr Werk war aber jedesmal ein solches, daß sich in ihm der Stil der eigenen Zeit stärker ausdrückte, als der der nachgeahmten Römer. Sollte es nun Schinkel besser geglückt sein, griechisch zu bauen; sollte Semper genauer Renaissance gebaut haben als jene alten Meister ihre Vorbilder erreichten? Sollte nicht überall eine zeitliche und volkstümliche Sonderheit zu finden sein, die den Nachahmungen trotz den verschiedenen Vorbildern eigen ist? Und sollte diese Sonderheit nicht auch für die Mitlebenden erkennbar sein, obgleich er die fremden Stile mit gleichgefärbter Brille betrachtet wie der Schaffende? Hinsichtlich der Baukunst suchte ich schon 1883 in einem Vortrag den Stil des 19. Jahrhunderts aus der Vergleichung des Alten mit dem Neuen festzustellen, trotz eifrigen Bestrebens, das damals noch auf Echtheit hinging (...). Wohl waren tüchtige Männer wie Fälscher damit beschäftigt, sich ganz dem Geist, in der Form, in der Arbeitsweise der Alten zu versenken. Schon dem Fälscher gelang es außerordentlich selten, besonders so wie er über die handwerkliche Nachbildung hinausging, den Kenner zu täuschen ... Namentlich waren die zahlreichen Wiederherstellungen alter Kunstwerke, bei denen alle Kraft auf Neugebären des Alten gerichtet war, doch dem Aufmerksamen als solche immer wieder erkenntlich. Es war etwas anderes als bloßes Unvermögen, das den Unterschied schuf; nämlich *verschleiertes Vermögen* (Hervorhebung durch mich; V.H.) (...). Hier war es nicht die Absicht, sondern das verschiedene Wesen, was sie trennte (...). Die Nachbildung einer antiken Bildsäule, die im 16., 18. und 19. Jahrhundert gefertigt wurde – so sorgfältig sie auch nachahmten –, ist stets eine andere geworden." (Gurlitt, Befreiung, S. 120)

20 „Damals, 1883, nannte ich als das Wesentliche unseres Baustils die tief in unser Schaffen eingedrungene Regelmäßigkeit und Gleichförmigkeit, das strenge Einhalten der einmal als schön empfundenen Verhältnisse, das Übertreiben in der Richtung des Malerischen, weil dies nicht aus freier Empfindung, sondern aus einer nur mit Entschiedenheit durchgeführten Absicht geschehe, weil ein Gefühl für wohlgeregelte Anständigkeit dem Begabten ebenso ein Hemmnis wie dem Schwachen eine Stütze sei. Der Mangel an Unbefangenheit gegenüber dem Gesetz hemme und hindere uns allerwegen. Aber ich erkannte sehr wohl, daß das treffende Wort nicht gefunden sei (...). Der Stil unseres Jahrhunderts sei eben der Streit um die geschichtlichen Kunstformen, der Kampf der verschiedenen Stile untereinander (...). Auch dies ist eine berechtigte Schaffensform (...)". (A.a.O., S. 120 ff.)

21 „Sollte die Vorstellung zutreffend sein, daß die historische Auffassung das gesamte künstlerische Schaffen prägt, müßten sich auch formale Eigentümlichkeiten eines Stils nachweisen lassen.
Charakteristisch ist das Streben nach technischer Perfektion. Fugen, Profile und Ornamente pflegen von mathematischer Exaktheit zu sein. Werkzeugspuren werden oft vermieden. Diese „kalte" Glätte ist erwünscht, weil sie die Beherrschung der Technik demonstriert.
Das Prinzip der Reihung ergibt sich aus der Notwendigkeit der Massenproduktion. Diesem Prinzip steht der bürgerliche Individualismus entgegen. Die Fassaden sollen sich gegeneinander abheben und sich durch Originalität auszeichnen.
Der Gleichförmigkeit der Reihung wird mit abwechslungsreichem Dekor begegnet. Dies begünstigt die ornamentale Willkür, die sich auch aus der Unsicherheit über die zweckmäßigste künstlerische Form ableiten läßt.
In enger Beziehung dazu steht das Prinzip des Malerischen, das dem auf das Originelle und Einmalige gerichteten Individualismus entgegenkommt. Dieses Prinzip findet sich auch in der Gestaltung der Baukörper.
Mit dem Geniekult, dem Individualismus und der Neigung zum Heroischen ist die Megalomanie als eine Erscheinungsform der Formhypertrophie verbunden.
Hypertrophien lassen sich vor allem in der Endphase des Historismus, im letzten Viertel des 19. Jahrhunderts finden. Sie treten vor allem als Vergrößerungen, Vergröberungen und Übertreibungen formaler Elemente der historischen Stile auf." (Helas, S. 23 f.)

22 Białostocki, S. 9–25

23 „Fast alle Bauten dieser Zeit (um 1800; V.H.) atmen einen Geist, der unseren heutigen Anschauungen und Ansprüchen mit unwesentlichen Einschränkungen noch vollauf entspricht. Sind nicht die großen Fronten der in jenem Jahrhundert erbauten Bürgerhäuser treffliche Typen für unsere großstädtischen Mietshäuser! Haben wir nicht in (...) der damaligen Zeit vollwertige Vorbilder für unsere modernen Bauwerke?" (Mebes, S. 10)

24 Krubsacius, Betrachtungen

25 Vgl. Hartmann, S. 123–129

26 Vgl. Neidhardt, S. 7–12

27 Zitiert nach Neidhardt, S. 280

28 Die folgende Darstellung fußt vor allem auf Geyer, S. 98 ff.

29 A.a.O., S. 72

30 Ein königliches Rescript stellte zu einem Präzedenzfall verneinend fest, „daß jeder Besitzer eines der Stadt angrenzenden Feldes nach eigener Willkür Gärten und Mauern einfriedigen und Häuser erbauen (dürfe) und daß hierdurch in kurzer Zeit die schöne Residenz durch ein ungeregeltes Chaos von Häusern und Vermachungen umgeben und verunstaltet werde. Die freundliche Seite sollte erhalten und die unfreundliche (...) verziert und verdeckt werden (...)". (zit. nach a.a.O., S. 101)

31 A.a.O., S. 111 f.

32 Hartmann, S. 121

33 Die Baugeschichte ist bei Hartmann, S. 139–152 dargestellt.

34 Löffler, S. 326

35 Die Mai-Revolution in Dresden wird im Katalog der Semper-Ausstellung 1979 an verschiedenen Stellen behandelt

36 Vgl. Neidhardt, S. 280

37 Die Ausmalung des Kuppelsaales und der Kapelle des Neuen Palais von Schloß Pillnitz durch Carl Vogel von Vogelstein belegt dies.

38 „Den aus der Rolle der Opposition in die Rolle des Favoriten

aufgestiegenen Nazarenern wurden ihre Mäzene zum Verhängnis. Die Ansätze demokratischen Geistes erstickten in der Umarmung von Thron und Altar." (Neidhardt, S. 279)

39 „Im Dresdner Kunstleben hat dieses Nazarenertum (...) eine geradezu verhängnisvolle Rolle gespielt, da seine späten Anhänger hier auf Jahrzehnte hinaus die Akademie beherrscht und die Entwicklung aufgehalten haben." (Haenel, Kunstverein, S. 12)

40 Der nachmalige König Johann war über längere Zeit Vorsitzender des von ihm 1825 gestifteten Sächsischen Altertumsvereins. 1826 wurde innerhalb des Altertumsvereins eine Abteilung für Erhaltung und Bekanntmachung vaterländischer Kunstdenkmäler gebildet. Das Ergebnis dieser Entschließung sind die „Hinweisungen auf Kunstwerke der Vorzeit" von Gottlob Quandt, Dresden 1831

41 Vgl. die Arbeiten von Geyer und Pampel

42

1755	63209	*1871*	177040
1772	44760	*1880*	220808
1834	73614	*1890*	276522
1852	104199	*1900*	396146

(Aus Paul Wolf: Dresden als städtebaulicher Organismus, in: Das Buch der Stadt Dresden, Dresden 1924, S. 15)

43 Pampel, S. 68 ff.

44 A.a.O., S. 137; vgl. Antonstraße 27

45 Die Berufung Sempers nach Dresden wird ausführlich beschrieben und belegt durch Manfred Kobuch, Sempers Berufung nach Dresden, in: Schriftenreihe der Sektion Architektur, TU Dresden 1979, H. 13, S. 97–115.
Kobuch legt dar, daß der Generaldirektor der Akademie, Heinrich Graf Vitzthum von Eckstädt, bestrebt gewesen war, einen der besten deutschen Architekten auf den freigewordenen Lehrstuhl für Architektur zu berufen. Schinkel, Moller und Gau, an die der Ruf erging, lehnten ab. Gau empfahl statt seiner Semper. Schinkels Vorschlag – er hatte seinen Schüler Soller benannt – fand keine Beachtung. Nach gewissenhaften Erkundigungen in Hamburg, die überaus günstig ausfielen, erschien Semper als der geeignetste Kandidat. Vor allem sein wissenschaftlicher Bildungsgang und seine Ausbildung in Frankreich ließen ihn für dieses Amt hervorragend geeignet erscheinen.

46 Semper, 1849, S. 1

47 Semper, H., Gottfried Semper. Ein Bild seines Lebens und Wirkens, S. 5

48 A.a.O., S. 11

49 Das ist bezeichnend für Sempers rationalen Sinn; von Semper gibt es keine architektonischen Phantasiezeichnungen, beinahe jedes Skizzenblatt läßt sich mit einem realen Auftrag in Verbindung bringen.

50 Die planungsgeschichtliche und formgeschichtliche Ableitung beschreibt Walter May, Gottfried Sempers Entwürfe für das Dresdner Museum, in: Schriftenreihe der Sektion Architektur, TU Dresden, H. 13, S. 127–138

51 Zur Typologie der Bahnhöfe vgl. Krings

52 Richter, Geschichte, S. 1–24

53 A.a.O., S. 5

54 Vgl. Anm. 42

55 „Gewerbe und Handel arbeiteten fast nur für den Bedarf der Einwohner und der die Stadt zahlreich besuchenden Fremden. Zwar fehlte es nicht an Ansätzen zu einer Gewerbetätigkeit im großen (...). Die Haupterwerbszweige waren immer noch das Handwerk, der Kleinhandel und der Gastwirtschaftsbetrieb – sie alle erwarteten ihr Heil von einem lebhaften Fremdenverkehr (...). Noch zu Anfang des Jahres 1866 konnte Heinrich von Treitschke, selbst ein Sohn Dresdens, die Stadt als großen Badeort bezeichnen, als eine Ruhestätte für Pensionäre und reiche Fremde (...)." (Richter, S. 3)

56 Das Eisenbahnnetz und die Lage der Bahnhöfe wurden zwischen 1834 und 1859 festgelegt.

57 Hochverlegung der Trassen erst ab 1888

58 Pampel, S. 96

59 Vgl. a.a.O., S. 48

60 A.a.O., S. 131

61 Der innere Envirionweg hatte folgenden Verlauf: Bautzner Platz, Glacisstraße, Albertbrücke, Sachsenplatz, Elias-, Lenné-, Gellert-, Wiener-, Ammon-, Könneritzstraße, Marienbrücke und Antonstraße

62 Der äußere Envirionweg verlief nur auf linkselbischem Gebiet: Fürstenstraße, Querallee, Franz-Liszt-Straße, Zellescher Weg, Nürnberger- und Waltherstraße

63 Pampel, S. 112

64 Sächsische Gewerbeordnung von 1861 § 3

65 Das „Dresdner Architekturalbum", das Prachtwerk des Dresdner Architektenvereins, zeigt fast ausschließlich Bauwerke dieser Stadtviertel.

66 In feinen Abstufungen ihrer Formulierungen verdeutlichen die Bauregulative die sozialen Schichtungen der Wohngebiete. Das Regulativ der vollständig zerstörten „Bebauung des innerhalb des Stadtbezirks gelegenen Terrains zwischen der äußeren Bürgerwiese und der sächsisch-böhmischen Eisenbahn" vom 4. September 1863 soll exemplarisch für ähnliche Regulative stehen; allerdings galt diese Gegend seinerzeit als die vornehmste.
Aus § 1: Fabriken und Betriebe dürfen nicht errichtet werden.

Aus § 3: Die Bauparzellen sollen mindestens 60 Ellen lang sein (ca. 34 m, die Grundstücksgröße garantierte bereits die Abwesenheit nichtprivilegierter Schichten).
Aus § 4: Geschlossene Bebauung ist unzulässig.
Aus § 5: Alle Hauptwohngebäude müssen entweder den Charakter von im edlen Stil gehaltenen Villen oder doch von eleganten und geschmackvollen Gartenhäusern an sich tragen. Dabei ist (...) auf thunliche Mannichfaltigkeit und Abwechslung der Formen und Façaden der Gebäude Bedacht zu nehmen (...)".
Über die Dachformen heißt es: „Die Dächer sind in der Regel allseitig abzuwalmen und möglichst flach herzustellen."
Aus § 8: „Auch hinsichtlich der Hinterfronten der Gebäude ist auf eine dem Baustyl der Vorderfront entsprechende und überhaupt wohlgefällige Anordnung Rücksicht zu nehmen (...)".

67 In Dresden gab es im Unterschied zu anderen deutschen Großstädten wie Hannover, München, Stuttgart, Frankfurt am Main oder Köln keine Doppelvillen; ganz unüblich für den Villenbau war die geschlossene Bebauung, wie sie etwa in Hamburg oder Bremen zu finden ist.

68 Heinrich Magirius, Sempers zweites Dresdner Hoftheater, in: Katalog der Semper-Ausstellung 1979, S. 194

69 Gurlitt, Befreiung, S. 81

70 Dabei rechnete man die Architektur des 16.–18. Jahrhunderts und die der Semper-Schule dem Renaissancestil zu.

71 Beschreibende Darstellung der älteren Bau- und Kunstdenkmäler in Sachsen, Einundvierzigstes Heft: Amtshauptmannschaft Meißen-Land, bearbeitet von Cornelius Gurlitt, Dresden 1923, S. 146

72 Deutsche Bauzeitung. 1880, S. 10

73 Heinrich Magirius, Denkmalpflegerische Tätigkeit Sempers 1834–1849, in: Katalog der Semper-Ausstellung Dresden 1979, S. 295–304

74 Zitiert nach: Katalog der Semper-Ausstellung, S. 300 f.

75 In Försters „Allgemeiner Bauzeitung" wurden die ersten Beispiele deutscher Renaissance erst 1870 vorgestellt – auf Tafel 38 das herzogliche Lusthaus in Stuttgart. Der erste Band der „Deutschen Renaissance" von Ortwein erschien 1871, desgleichen Lübkes „Geschichte der deutschen Renaissance". Schnaase schrieb in der Rezension über Lübkes Werk in der „Zeitschrift für Bildende Kunst" 1874, S. 212: „Wollte man die Bauwerke der deutschen Renaissance von einem rein künstlerischen Standpunkt aus betrachten, so werden sie geringes Interesse erwecken. Um Vorbilder für andere Völker und Zeiten, um Muster architektonischen Schaffens zu sein, fehlt ihnen die innere Einheit und Konsequenz." – Das erste Mal treten meines Wissens im Berliner Raum 1869 Motive der deutschen Renaissance auf, und zwar ein Volutengiebel bei der Villa v.d. Heydt in Wannsee von Kyllmann & Heiden

76 „Wie unsere Erfolge im französischen Feldzug 1870/71 eine Umwälzung unseres gesamten (...) Lebens hervorrief, so geschah dies auch auf dem Gebiet des baulichen Lebens. Die während des Feldzuges unterhaltenen lebhaften Beziehungen der deutschen Nation zu Frankreich hatten den Blick auch auf seine Baukunst gelenkt, und so war es erklärlich, daß die in Deutschland geübte, sogenannte ‚Italienische Renaissance' eine sehr lebhafte Färbung ins Französische erhielt." (Diestel, S. 10)

77 Ebd.

78 Pampel, S. 182, Anm. 75–79; dort detaillierte Angaben zur Bevölkerungsentwicklung einzelner Stadtteile

79 A.a.O., S. 54 ff.

80 A.a.O., S. 80 ff.

81 Eine Aufstellung der Bauregulative, geordnet nach der Art der Bebauung, findet sich a.a.O., S. 207–211

82 A.a.O., S. 142

83 Lipsius schrieb: „Wir sind Erben des von der Vergangenheit aufgehäuften Monumentenschatzes und die Arbeit des 19. Jahrhunderts war es, diesen Besitz reproduzierend zu studieren; denn nur so konnten wir zu einem Verständnis desselben durchdringen. Aus den Ergebnissen dieses Studiums wird unsere Kunst, die nur an das Gewesene anknüpfend sich fortentwickeln kann, Nutzen ziehen." (Lipsius, Gottfried Semper ..., S. 100)

84 Irrgang, Vorwort

85 Statistisches Jahrbuch der Stadt Dresden von 1900, S. 110

86 Statistisches Jahrbuch für 1902, Dresden 1903, S. 222

Anhang

Katalog ausgewählter Bauten

Die Wohnbauten sind alphabetisch nach den jetzigen Straßennamen geordnet. Sie sind unter dem alten Straßennamen aufgeführt, wenn sie nicht mehr existieren. Auf alte Straßennamen wird (in Klammern) verwiesen. Die übrigen Bauten sind innerhalb der jeweiligen Bauaufgabe chronologisch geordnet aufgeführt.

Wenn in den Baubeschreibungen nicht anders vermerkt, handelt es sich bei den Fenstern um rechteckige.

Die Zahlen in Klammern verweisen auf Abbildungen, die Buchstaben-Zahlenkombinationen auf die Koordinaten der Karte von 1898, auf der allerdings die Außenbezirke der Stadt nicht vollständig dargestellt sind.

WOHNBAUTEN

Alaunplatz, → Platz der Thälmann-Pioniere

Albrechtschlösser → Bautzner Straße 130, 132

Altenberger Straße 14. Um 1895
Dreigeschossiges, frei stehendes Mietshaus, vierachsige Front, Mansarddach. Zweiachsiger Mittelrisalit. Putzbau. Sparsame Gesimsgliederung. Fenster z.T. mit Flachgiebelverdachung. Zurückhaltende Stuckornamentik mit Anklängen an die deutsche Renaissance. – Erdgeschoß ehemals gequadert S 12

Altenberger Straße 16. Um 1895
Dreigeschossiges, frei stehendes Mietshaus, vierachsige Front, Mansarddach. Einachsiger Seitenrisalit. Eckquaderung im Erdgeschoß und am Seitenrisalit. Erdgeschoß gefugt. Sparsame Gliederung durch Gesimse und Spiegel. Stichbogige Fenster im Erdgeschoß. Gerade und flachgiebelige Fensterverdachungen im 1. Obergeschoß. – Keine wesentlichen Veränderungen
(278) S 12

278 Altenberger Straße 16

Altenberger Straße 18. Um 1895
Seitenverkehrtes Pendant zu 16 S 12

Altenberger Straße 20. Um 1895
Dreigeschossiges, frei stehendes Mietshaus, vier Achsen, Mansarddach. Zweiachsiger Mittelrisalit. Sparsame Gesimsgliederung, gerade oder Flachgiebelverdachung im ersten Obergeschoß. – Erdgeschoß ehemals gefugt S 12

Bei diesen vier letztgenannten Bauten, die als Beispiele für die offene Bebaung der Dresdner Vororte um die Jahrhundertwende stehen, ist von einer programmatischen Verwendung historischer Stilelemente fast nichts mehr zu spüren. Mit ständig wiederkehrenden, jedoch unterschiedlich angeordneten Gliederungselementen wird den in ihrer Konzeption gleichen Bauten Abwechslung gegeben. Die künstlerische Durchbildung ist schlicht, die handwerkliche Qualität solide. Putz und Sandsteinglieder sind nach neunzig Jahren größtenteils noch gut erhalten. Die Fassadengliederung steht in der Konvention der Nicolaischule (→ *Parkstraße 3*).

Altenzellaer Straße 11 (Zellesche Straße). 1863 von E. Hanefeldt
Zweigeschossige, landhausartige Villa von fünf Achsen, Satteldach. Dreiachsiger Mittelrisalit mit Halbgeschoß und Walmdach. Vor der Mittelachse Balkone. Gliederung durch Gesimse, Bänder, Spiegel und Eckpilaster. Sparsame Ornamentik der italienischen Frührenaissance. Rundbogenfenster. – Abgebrochen 1975
(279, 280) FG 13

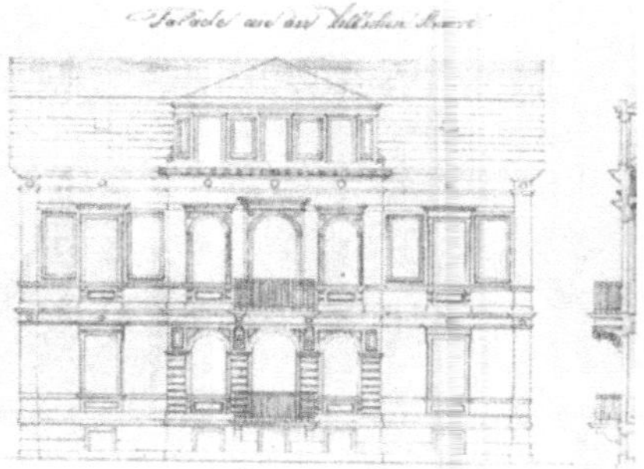

279 Altenzellaer Straße 11. Entwurfszeichnung aus der Bauakte

280 Altenzellaer Straße 11 während des Abbruchs 1975

Altenzellaer Straße 29. 1880 von Heyn für L. Lewicki
Zweigeschossige Villa von 3/2 unregelmäßigen Achsen. Ungleichmäßige Seitenrisalite mit Erker bzw. Balkon. In den Dachfenstern Formen deutscher Renaissance. – Zerstört F 13

Altenzellaer Straße 39. 1885 von A. Seifert
Zweigeschossige Villa mit fünfachsiger Front, drei Achsen in einer 3/8-Exedra über beide Geschosse. Flach abgewalmtes Dach mit Aussichtsplattform. Im Erdgeschoß des Mittelrisalits rundbogige Fenster mit Scheitelsteinen. Kräftige Fenstereinfassung, Verdachung auf Konsolen. Nicolai-Schule mit Tendenz zur Barokkisierung. – Ohne wesentliche Veränderungen F 13

Altenzellaer Straße 50 (Villa Wolf). 1883/1884 von Giese & Weidner
Stattlicher zweigeschossiger Bau von 5/5 Achsen über nahezu quadratischem Grundriß. Flaches Walmdach mit Plattform. Dreiachsige Mittelrisalite, kräftiges Sockelgeschoß. Sandsteinverblendete Fassade. Eckquaderung, kräftiges Kranzgesims. Erdgeschoßfenster rundbogig, von Säulen eingefaßt, z.T. mit Flachgiebel. Seitliche Treppenanlage, im Erdgeschoß zentrales Vestibül. – der Bau erinnert stark an die Villa → *Parkstraße 2* von Grahl, die sich ihrerseits auf Sempersche Vorbilder bezog. – Unversehrt, auch im Inneren einige Räume original erhalten
(281) G 12

281 Altenzellaer Straße 50. Seitenansicht

Schloß Altfranken. 1850 Baubeginn, Disposition v. Joh. Heinrich Wilhelm Graf Luckner, „der berühmte Gotiker Karl Alexander von Heideloff soll im gewissen Sinn den Entwurf beeinflußt haben.“ *(Herrensitze, S. 17).* 1871 Umbau durch B. Krüger
Große, zwei- bis viergeschossige Zweiflügelanlage, stilisiert als gotisches Kastell mit Türmen, Zinnenkranz und flachen Dächern. Der Hof durch eine Mauer und Toranlage und Ecktürme abgeschlossen. Rundbogen- und Rechteckfenster, sparsamste Baudekoration mit fortifikatorischen Motiven. „Bei strengem Blick zeigt sich klar, daß der Grundgedanke des Baues ein nicht zu vertheidigender ist. Die oft wiederholten Versuche, dem modernen Schloßbau die Formenwelt der alten Burg (. . .) zu unterlegen, haben (. . .) nie befriedigend ausfallen können. Stets erkennt man das Äußerliche, die Nutzlosigkeit jener Zinnen, Wachtthürme, man merkt den einzelnen Baugliedern die Absicht an, romantisch zu wirken, und jedes feiner fühlende Gemüth wird der Verstimmung nicht entgehen.“ (ebenda S. 18) – 1945 demoliert und abgerissen
Lit.: Herrensitze.
(54)

Altprohlis 9 (Schloß). Umbau des Gutes zu einem Schlößchen 1887 durch K. Kirsten und O. Kreyßig für den Bankier Kap-herr
Dreigeschossiger Bau mit Turm. Das Hauptgebäude des alten Gutshofes erhielt ein weiteres Geschoß, eine neue Disposition im Inneren (mit Festsaal), einen Turm mit welscher Haube und hoher Spitze sowie Erker und Balkone. Die Giebelseiten mit dreistufigen Staffelgiebeln der deutschen Renaissance. – Abgerissen
(213)

Antonstraße 8. Um 1825 von Thormeyer (?)
Schlichter zweigeschossiger Bau von fünf Achsen mit flachem Walmdach. Betonung der Mittelachse durch vorgelegte Treppe. Putzquaderung bis zum Sohlbankgesims des Obergeschosses. Mäanderfries im Kranzgesims. „Charakteristischer Würfelbau des Klassizismus“ (Löffler 1981, S. 360). – Erhalten
Lit.: Löffler, S. 360.
(12) K 7

Antonstraße 14/16. 1864
Stattliches dreigeschossiges Doppelhaus von 16/4 Achsen und mit flachem Walmdach. Symmetrische Fassadengliederung durch Risalite. Geschoßgliederung durch Gesimse, genutet, in den Spiegeln Festons, Akanthuswerk und Kränze. Dieser Bau tradierte Mittel der Dresdner Architektur um 1725/1730. Nutung, Spiegel, variierte Fensterformen und -einfassungen. Bei den Erdgeschoßfenstern (an den in rechteckigen Einfassungen eingelassenen Flachbogenfenstern) sind barocke Motive aufgegriffen, die durch das nahe gelegene Japanische Palais (1727 ff.) oder das Palais Wackerbarth (1723/1728) oder das Kurländische Palais in Erinnerung gebracht worden sein dürften. Die Seitenflügel des Coselpalais (1762 ff.) können in den Risaliten wiedererkannt werden. – Mit einigen unwesentlichen Veränderungen erhalten
(282) J 7

282 Antonstraße 14/16. Übereckansicht

Antonstraße 19/21. 1863
Stattliches dreigeschossiges Doppelhaus mit Mezzanin, 10/6 Achsen und flachem Walmdach. Symmetrisch aufgebaute Fassade zwischen einachsigen Seitenrisaliten. Rustiziertes Erdgeschoß, in den Risaliten eine Quaderung, die Rücklagen glatt verputzt. Gesims über dem Erdgeschoß. Das Mezzanin deutlich vom übrigen Bau abgesetzt. – Renaissanceformen der Dresdner Schule. – Erhalten J 7

Antonstraße 23. 1853
Dreigeschossiges, frei stehendes herrschaftliches Mietshaus mit Mezzanin, quadratischer Grundriß. Fünfachsige Ansicht. Seitenansichten ungegliedert. Sehr flaches Walmdach. Über dem Erdgeschoß ein bandartiges Gesims mit Laufendem Hund, ein ähnliches über dem 2. Obergeschoß. Pilasterarchitektur. Das Halbgeschoß abgesetzt: zwischen dichter Pilasterreihung Spiegel bzw. Fenster. In der Gebälkzone kleine Rundbogenfenster und Festondekoration. Diese Dekoration war in der Dresdner Architektur unüblich. Ähnlichkeiten bestehen zum Haus → *Bürgerwiese 14.* Der Hellenismus weist eher auf Berliner oder Wiener Vorbilder hin. – Das Erdgeschoß ist entstellend mit einem tiefen dreiachsigen Vorbau (ca. 1920) versehen. Die Substanz ist gut erhalten
(136) J 7

Antonstraße 29–37
Anlage der Antonstraße ab 1818 nach Demolation der Festungswerke. Im wesentlichen offene Bebauung oder Gruppenbauten. Nordöstlich der Antonstraße, etwa vor dem ehemaligen Leipziger Schlag, seit 1837/1839 der Leipziger Bahnhof, seit 1844/1847 der Schlesische Bahnhof. Diesen gegenüber die Gruppe der fünf symmetrisch angelegten Häuser Antonstraße 29–37. Am viergeschossigen Haus Nr. 33 schließen dreigeschossige Häuser von annähernd gleichem Fassadenaufriß direkt an. Zu beiden Seiten in geringer Entfernung die beiden dreigeschossigen frei stehenden Häuser
(19) J 7

Antonstraße 29. 1840
Wohnhaus. Der Mitteltrakt von zwei transversalen Bautrakten eingespannt. Gesims über dem Erdgeschoß, kräftiges Hauptgesims. Rundbogige Fenster bis auf die rechteckigen im zweiten Obergeschoß. Treppenhaus mit Oberlicht, einläufige Treppe mit schmalem Auge, einhüftige Bogen auf Pfeilern. Pendant zu → *Antonstraße 37.* – Schlechter Zustand, vereinfachte Gliederung J 7

Antonstraße 31. Um 1840
Reihenhaus (links frei stehend) von neunachsiger Front. Satteldach. Gesimse über dem Erdgeschoß, kräftiges Hauptgesims. Der Haupteingang in der Mittelachse durch große Rundbogentür mit radialer Quadereinfassung. Rundbogige Fenster. Offenes Treppenhaus mit schmalem Auge, einhüftige Bogen auf Pfeilern. – Balkon entfernt, schlechter Zustand J 7

Antonstraße 33. Um 1840
Reihenhaus von elf Achsen, Satteldach. Als Mittelbau größtes Haus der Gruppe. Gesims über dem Erdgeschoß und dem 2. Obergeschoß. Fenster im Erdgeschoß rundbogig. Ein Balkon vor den drei Mittelachsen im 1. Obergeschoß. Eingang in der Mittelachse (→ *Antonstraße 37*) – Im wesentlichen erhalten J 7

Antonstraße 35. Um 1841
Reihenhaus (rechts frei stehend) von neunachsiger Front mit Satteldach. Pendant zu → *Antonstraße 31* J 7

Antonstraße 37. 1839
Wohnhaus, Pendant zu → *Antonstraße 29.* Repräsentative sechsachsige Seitenansicht, auf der linken Seite durch Balkone und gemeinsame Gliederung zusammengefaßt. Balkon im 1. Obergeschoß auf Rundbogenarkaden, Gesims über dem Erdgeschoß, kräftiges Hauptgesims. Eckquaderung, feinteilige Quaderung im Erdgeschoß, übrige Wände bis auf die Spiegel in den Fensterachsen glatt verputzt. Die Fenster mit Ausnahme derjenigen im Halbgeschoß rundbogig. In den Spiegeln z.T. Akanthuswerk. Treppenhaus wie → *Antonstraße 31.* – Im wesentlichen erhalten J 7

Die Urheberschaft dieser Häusergruppe ist nicht nachweisbar. Ihre Errichtung gehörte zu den größten Bauaufgaben, die zu jener Zeit vergeben wurden. Die städtebauliche Bedeutung der Gruppe gegenüber dem damals einzigen Bahnhof Dresdens (einer der ersten Bahnhöfe Europas überhaupt!) war erkannt worden; die repräsentative Gestaltung der Anlage spricht dafür. Es liegt nahe, den Architekten unter den führenden Kräften zu suchen. Beim Vergleich der Hauptseitenansicht Antonstraße 37 mit der Fassade der Villa Bürgerwiese 16, 1839 von Nicolai, fällt eine Ähnlichkeit auf. Beide Ansichten stimmen in ihrer Gliederung und ihrem Ornament weitgehend überein. Beim Haus Antonstraße 37 sind die Details vergrößert, es ist daher wenig wahrscheinlich, diese Fassade (und damit die ganze Häusergruppe) Nicolai selbst zuzuschreiben, dem eine wesentlich subtilere Handschrift eigen war. Daß Nicolai die Gestaltung der Häusergruppe selbst angeregt haben könnte, ist nicht von der Hand zu weisen. Die Ausführung kann nicht bei ihm gelegen haben, weil er 1839/1840 in Italien weilte. Dies würde andererseits die weniger qualitätvolle Detailbildung erklären, wenn man von einer Planurheberschaft Nicolais ausgehen wollte. Als gesichert darf gelten, daß der Planverfasser die Bauten der Münchner Ludwigstraße gekannt hat

August-Bebel-Straße (Residenzstraße)
Diese Straße verbindet den Südosten des Zentrums von Dresden etwa von der Bürgerwiese her mit der Gemeinde Strehlen. KLM 14, 15

August-Bebel-Straße 10 (Residenzstraße in Strehlen). Wohnhaus und Atelier des Malers Wilhelm Claudius. 1886/1888 von Gebler
Ein- bis zweigeschossiger Bau über unregelmäßigem Grundriß, malerische Bildung mit Türmchen mit geschweifter Haube. Das eingeschossige Atelierhaus schräg zum Hauptbau angesetzt. Im Stil eines einfachen sächsischen Renaissanceschlößchens. – 1900 ein Erkeranbau an die Gartenfront des Wohnhauses von Kraft. 1910 zweigeschossiger Atelieranbau. Ruinös
(215) L 14

August-Bebel-Straße 27. 1892 von Uebe
Zweigeschossige Villa von 5/3 Achsen, flaches Walmdach. Klinkerbau mit Putz- oder Sandsteingesimsen. Regelmäßiger Grund- und Aufriß. Klare Formen der italienischen Renaissance und des Barock. – Unversehrt
(283) L 15

283 August-Bebel-Straße 27

August-Bebel-Straße 30. 1853 von F.R. Tharandt für sich selbst gebaut
Zweigeschossige Villa von 7/2 Achsen und Walmdach, dreiachsiger Mittelrisalit mit Flachgiebel, Rundbogenfenster im Mittelrisalit. – Ein völlig klassizistisch aufgefaßter Bau. – Stark verändert Anfang des 20. Jahrhunderts L 15

August-Bebel-Straße 34
→ *Hildebrandtstraße 1*

Bachstraße 7. 1860
Bescheidene zweigeschossige Villa von 4/3 Achsen mit flachem Zeltdach. Schwacher zweiachsiger Mittelrisalit mit ausgebautem Dachgeschoß. Geschoßgliederung durch Gesimse. Eckpilaster. Ähnlich beide Nachbargebäude. – Erhalten
(72) M 6

Bästleinstraße 13 (Querallee). 1866
Stattliches freistehendes dreigeschossiges Wohnhaus mit flachem Walmdach. Siebenachsige Front mit dreiachsigem Mittelrisalit, links zurückspringend eine breite Verandenachse. Gliederung durch Gurt- und Fensterbandgesimse, Ecklisenen, Pilaster und Spiegel. Fenster im Mittelrisalit rundbogig. – Stilistisch in enger Beziehung zur Villenarchitektur der Nicolai-Schule, ein Beispiel des Versuchs der Übertragung des Villenaufrisses in die Dreigeschossigkeit des herrschaftlichen städtischen Wohnhauses. – Im wesentlichen unverändert
(82) J 7

Bartheldesplatz 2. 1893 von Schilling & Gräbner
Zweigeschossige malerisch-unregelmäßige landhausartige Villa mit Fachwerkerkern, verschiedenen Dachformen, Erkern etc. im „altdeutschen" Fachwerkstil, sehr frei mit neubarocken Formen gemischt. – Im wesentlichen erhalten S 9

Bautzner Straße 17. Um 1835, verändert 1887. (Haus Nr. 21 im Originalzustand erhalten)
Zweigeschossige Villa von siebenachsiger Front mit hohem Walmdach. Drei Mittelachsen durch schwachen Risalit zusammengefaßt und durch Eckquaderung sowie einen Balkon über drei Achsen betont. Polygonaler Erkerausbau, Eckquaderung, Akanthusfries unter dem Hauptgesims. Im offenen Treppenhaus und im Vestibül barockisierende Gliederung durch kannelierte Pilaster, Kassettenfüllungen an der Decke, Spiegel mit Arabesken (Reliefs), im Vestibül ein Wandbrunnen. – Im wesentlichen erhalten, im Inneren schadhaft
(284) K 7

284 Bautzner Straße 17. Um 1835, verändert 1887. Rechts das Portal zu einer ehemaligen Freimaurerloge

Bautzner Straße 23 und 25. 1877
Miets- und Geschäftshaus. Stattliches fünfgeschossiges Reihenhaus von siebzehn Achsen mit flachgeneigtem Traufdach. Zwei Seitenrisalite, ein Mittelrisalit in symmetrischer Anordnung. Die Risalite leicht überhöht. Gliederung der Risalite durch Pilaster und Gesimse. In den Rücklagen Balkone. Putzbau. – 1974 wiederhergestellt
(202) K 7

Bautzner Straße 27/Rothenburger Straße. 1879
Miets- und Geschäftshaus. Stattliches fünfgeschossiges Eckhaus einer geschlossenen Bebauung, 7 1/5 Achsen, flaches Walmdach. Gefugter Eckrisalit mit Erker. Flächen glatt. Gesimsgliederung. Putzbau. – Im Vergleich zu dem zwei Jahre älteren Haus → *Bautzner Str. 23* ist die Ornamentik reicher und schwerer geworden, jedoch der Strenge der Nicolai-Schule verhaftet. – Im wesentlichen erhalten
(205) L 7

Bautzner Straße 27 b/Rothenburger Straße. 1895
Fünfgeschossiges Eckhaus einer geschlossenen Bebauung (die Häuser zu beiden Seiten sind zerstört) von 6/1/6 Achsen und Mansarddach. Kuppeln über dem Eckrisalit. Vierzoniger Aufriß. Das Erdgeschoß in Schaufensterflächen bzw. Haus- und Ladeneingänge aufgelöst, durch ein Gesims vom 1. Obergeschoß getrennt. Eine Quaderung kennzeichnet das 1. Obergeschoß als Sockel. Auf dessen Gesims eine Kolossalordnung. Über dem 3. Obergeschoß ein Gesims, das niedrige 4. Obergeschoß unterscheidet sich durch Rundbogenfenster. Außenachsen jeder Ansicht als Risalite gebildet, hervorgehoben durch Erker und Balkone. – Substanz unverändert
(259) L 7

Bautzner Straße 74 (bis zur Eingemeindung von Loschwitz 1921 Schillerstraße). 1856
Zweigeschossige Villa von 5/3 Achsen und Walmdach. Gliederung durch zarte Gesimse, große einfache Spiegel. Gequaderte Ecken. Schwaches Hauptgesims auf Konsolen. Rundbogenfenster. – Um 1880 den Außenachsen der Schmalseiten Altane vorgelegt. – In schlechtem Zustand erhalten N 7

Bautzner Straße 80 (Schillerstraße). 1872
Kleineres zweigeschossiges Landhaus von etwa quadratischem Grundriß bei je drei Achsen und mit einigen eingeschossigen Seitenbauten. Flachdach. Die Mittelachsen nach Hof und Garten als um ein Halbgeschoß überhöhte Risalite ausgebildet, Abschluß durch Zinnenkranz, die Ecken durch schlanke, stumpfe Türmchen betont. Das Treppenhaus im Mittelrisalit nach der Hofseite durch drei Fensterbahnen aufgelöst. Fenster z. T. mit Tudorbögen im Obergeschoß, in den Fensterachsen gotisierende Ornamentik. – Gut erhalten.
Bei diesem Bau aus der kleinen Gruppe der neugotischen Villen bzw. Landhäuser kann von einer Übertragung gotisierender Dekorationsformen auf die sonst übliche Dresdner Villa nicht gesprochen werden. Aufschlußreich die andersartige Bildung des Treppenhauses auf der Hofseite als repräsentative Anlage, die den ganzen Mittelrisalit einnimmt (→ *Bautzner Straße 82, Blumenstraße 70, Platz der Thälmannpioniere 2* und *Schillerstraße 4*). Eine Beziehung zur preußischen Architektur ist denkbar
(145) N 7

Bautzner Straße 82 (Schillerstraße). 1860
Großes dreigeschossiges kastellartiges Landhaus von asymmetrischer Massengruppierung. Putzbau mit Sandstein. Rechts vorgelegt starker viergeschossiger Turm mit quadratischem Grundriß, links zweigeschossiger Seitenflügel. Trockene Formen der Tudorgotik. Auf der Hofseite das vortretende Treppenhaus. Auf der Gartenseite am Turm polygonaler Erker über drei Geschosse. Abschluß des Hauses durch Zinnenkranz. – Im wesentlichen erhalten. → *Bautzner Straße 80*
(144) N 7

Bautzner Straße 86 (Schillerstraße). 1864/1865 von Hempel
Zweigeschossige Villa von 5/3 Achsen und flachem Walmdach. Putzbau mit Sandstein. Nach Hof- und Gartenseite dreiachsige Mittelrisalite, dreiviertelrunde Eckerker mit Kuppelbekrönung auf der Gartenseite. Gliederung durch Gesimse und Eckquaderung. Im Mittelrisalit Rundbogenfenster. Reich entwickelt die Gartenfront: Vor dem Mittelrisalit tiefe Veranda mit Balkon, ein Altan im Obergeschoß. Im gesprengten Giebel Reliefs mit mythologischen Figuren. Reicher plastischer Schmuck an Verdachungen und Erkern. Im Inneren zweigeschossige Vorhalle von drei Jochen auf Säulen mit Kompositkapitellen, Flachdecke mit eingezogenen Bögen. – Keine wesentlichen Veränderungen
(285) N 7

285 Bautzner Straße 86. Gartenansicht

Bautzner Straße 88 (Schillerstraße). 1863

Zweigeschossige Villa von 5/3 Achsen, dreiachsige Mittelrisalite auf Hof- und Gartenseite, rechteckige Eckerker auf der Gartenseite, flaches Walmdach. Zur Gartenseite Terrasse mit geschwungener Freitreppe. Die Fenster im Erdgeschoß, in den Mittelrisaliten und in den Eckerkern rundbogig. Reiner Putzbau. Im Inneren der Vorhalle kassettierte Flachdecken und halbrunde Unterzüge. Die ursprünglichen Bemalungen in schlechtem Zustand erhalten. Halbrundes Treppenhaus.

Der Villentypus der Dresdner Schule ist zum Landhausartigen modifiziert, vor allem die Gartenfassade gibt das strenge italienisch-renaissancistische Aufrißschema auf. Obelisken, barockisierende Dachausbauten, Rollwerkkartuschen als Scheitelsteine. Zur Hoffassade enge Bezüge zu Sempers Villa Rosa, die sich in nächster Nachbarschaft befunden hatte. Flankierende Seitenbauten um den Hof, eingeschossige schlichte Zweckbauten mit Anklängen an die französische Renaissance, um 1880. – Erhalten

(68–70; *286*) N 7

286 Bautzner Straße 88. Kutscherwohnung

287 Bautzner Straße 99. Straßenansicht

288 Bautzner Straße 104. Seitenansicht

Bautzner Straße 94 (Schillerstraße). 1863

Zweigeschossige Villa von 5/2 Achsen, dreiachsiger Mittelrisalit auf der Gartenseite, flaches Walmdach, hohes Sockelgeschoß (Hanglage). Der kräftige Mittelrisalit im Obergeschoß mit Säulenhalle. Putzbau mit Eckquaderung. – Erhalten

(76) N 7

Bautzner Straße 95 (Schillerstraße). 1862

Zweigeschossige Villa von 5/5/5 Achsen, ein Bau mit drei Fassaden auf einer spitzwinklig zulaufenden Parzelle. Einer der Kopfbauten des ab 1861 für den Villenbau erschlossenen Gebietes. Hauptansicht die Gartenseite mit dreiachsigem Mittelrisalit mit Flachgiebelschluß. Vor dem Risalit Balkon. Terrasse vor dem Erdgeschoß. Die Fenster rundbogig, eingefaßt von Pilastern, in der Mitte von Halbsäulen. Etwas schlichter die Seitenfronten. – Erhalten L 7

Bautzner Straße 96. 1857

Zweigeschossige Villa von ursprünglich siebenachsiger Front (eine Achse links angebaut). Dreiachsiger Mittelrisalit, flaches Walmdach. Gefugtes Erdgeschoß, Eckführung durch Quaderung und Pilaster betont, das Obergeschoß durch Bänder, Gesimse und Spiegel gegliedert. Im Mittelrisalit Rundbogenfenster und -tür. Attika über dem Mittelrisalit. Putzbau mit Sandstein. Wohlerhaltenes Beispiel der Nicolai-Schule. – Im wesentlichen unversehrt

(75) N 7

Bautzner Straße 99 (Schillerstraße). 1857

Zweigeschossiges Wohnhaus von 5/2 Achsen. Dreiachsiger schwacher Mittelrisalit, um ein Halbgeschoß erhöht. Davor Terrasse mit Freitreppe, Balkon. Gliederung durch Gesimse, Bänder und gefugte Ecklisenen und Nutung. In Erdgeschoß und Mittelrisalit Rundbogenfenster. Die Rundbogenfenster an den Seitenansichten des Erdgeschosses in rechteckigen Einfassungen, in den Zwickeln Medaillonscheiben. Die Rundbogenarchivolten der als Drillingsfenster aufgefaßten Fenster im Mittelrisalit auf Kämpfern. Zwischen den Fenstern des Halbgeschosses Lisenen. Putzbau mit Sandsteingliedern. – Erhalten.

Am Beispiel dieses bescheidenen Villenbaus ist der Einfluß der Villa Rosa Sempers deutlich abzulesen. Aber nicht die Bauidee, sondern nur einzelne Motive sind übernommen: Das Drillingsbogenmotiv von der Hofseite der Villa Rosa ist verdoppelt, die durch Lisenen gegliederte Fenstergruppe des Obergeschosses der Villa Rosa ist samt dem Fensterbandgesims übertragen, die ausladende Terrasse der Villa Rosa und der Altan sind zu einem kleinen Austritt und zu einem Balkon reduziert. Auch die Seitenachsen folgen den Seitenachsen der Villa Rosa: Rundbogenfenster rechteckig eingefaßt, in den Zwickeln Kreismedaillons. Von den Türbalkonen der Villa Rosa ist nur die Akzentuierung durch leere Spiegel übriggeblieben

(*287*) N 7

Bautzner Straße 102 (Schillerstraße). 1858

Zweigeschossige Villa von 5/3 Achsen und flachem Walmdach. Schwachausgebildeter einachsiger Risalit in der Mittelachse auf der Hauptansicht nach der Straßenseite. Dort rundbogiger Eingang, im Obergeschoß ein Balkon. Abschluß durch Flachgiebel. Geschoßgliederung durch Gesims und Bänder. Schlichter Bau der Dresdner Schule. – Erhalten. N 7

Bautzner Straße 104 (Schillerstraße). 1863

Stattliche zweigeschossige Villa von nahezu quadratischem Grundriß. Regelmäßiger Aufriß, seitlich ein viergeschossiger Turm. 4/5 Achsen, flaches Walmdach. Wegen starker Hanglage aufwendige Subkonstruktionen. Die Hauptansicht nach der Elbe. Zweigeschossiger Mittelrisalit mit Mezzaningeschoß. Gesimse zwischen den Geschossen (Gliederung durch Bänder entfernt). Fenster in den Hauptgeschossen gerahmt mit Sohlbänken, Pilastern und Verdachungen. Im Obergeschoß des Mittelrisalits auf Konsolen kannelierte Säulen mit verkröpften Gesimsen. Erdgeschoßfenster rundbogig. Die Seitenansichten schlichter, die Rückfront zur Straße schmucklos. – Starke Beeinträchtigung durch die Reduktion der Gliederung.

Dieser Bau vertritt einen in Dresden seltenen Landhaustypus, der in der Berlin-Potsdamer Architektur häufiger zu finden ist und meist ein Belvedere besaß. Dieser Bautypus lehnt sich Vorbildern der italienischen Frührenaissance an, während sich die Semperschen Bauten nach Vorbildern der italienischen Hochrenaissance richteten

(288) N 7

Bautzner Straße 120 (Bautzner Chaussee). Um 1895

Zweigeschossige Villa, dreiachsige, leicht asymmetrische Front zur Gartenseite. Der kräftige einachsige Mittelrisalit um ein Vollgeschoß überhöht und überkuppelt. Vor dem Mittelrisalit Terrasse mit Freitreppe, im Obergeschoß Balkon. Über die Wandfläche ohne Unterteilung durch ein Gesims eine Nutung. Gequaderte Eckführung. Die verschieden gebildeten Fenster aufwendig eingefaßt (Sandstein). Unter dem Hauptgesims Malerei eines Fruchtgehänges. Weniger repräsentativ die Straßenseite: Mittelrisalit mit abgefasten Ecken und hohem Flachgiebel, darunter ein Bogenfeld mit Malerei. Im Inneren zentrale Halle. – Substanz reduziert

(289) P 6

289 Bautzner Straße 120. Gartenansicht

Bautzner Straße 125 (Schillerstraße). 1856

Dreigeschossige, schloßähnliche Villa, 8/5 Achsen, seitlich achteckiger Turm, Abschluß durch Flachdach und Zinnenkranz. Regelmäßiger Aufriß, der dreiachsige Mittelrisalit um 1/2 Geschoß überhöht. Vor dem Erdgeschoß Vorhalle. Freitreppe in den weitläufigen Garten. Kielbogenfenster der Tudorgotik im Mittelrisalit, achteckige Lisenen am Mittelrisalit und am Oberteil der Gebäudeecken, Zinnenkranz. Um die Fenster gezogene gerade Verdachungen. – Im wesentlichen erhalten, der Turmabschluß reduziert.

Die Vorbilder für diese Villa können im Berlin-Potsdamer Raum oder im nahen Böhmen gesucht werden. Sie stellen Landsitze nach dem Muster der englischen vor

(143) N 6

Bautzner Straße 130 (Schloß Albrechtsberg, Bautzner Chaussee). Umbau des Gebäudes auf dem Weinberg des Lord Findlater. 1850/1854 als ständiges Wohnschloß für den Prinzen Albrecht von Preußen von A. Lohse errichtet, Bauausführung durch Borstell. Entwurf des Parks durch N. Neidle und S. Neumann.

Zweigeschossiger Bau von 13 Achsen mit fünfachsigen Mittelrisalit mit Walmdach, ein schlichter klassizistischer Bau um 1815. 1848 kaufte Graf Luckner Villa und Weinberg und ließ durch Heideloff Pläne für einen Bau entwerfen. Luckner wollte die Villa zu einer Burg im byzantinischen Stil umgestalten. Die Bauarbeiten dazu begannen in Februar 1849. *(Carl Heideloff, Architektonische Entwürfe und ausgeführte Bauten im byzantinischen und altdeutschen Stil. II. Heft Nürnberg 1851, S. 61)* Nach den Maiereignissen 1849 verkaufte jedoch die Gräfin Luckner das Grundstück. Der Bau kam an Prinz Albrecht, der durch Lohse den Umbau bzw. die Erweiterung der Villa zum Schloß vornehmen ließ. Erhalten wurde dabei von der alten Villa das aufgehende Mauerwerk.

Großartige Schloßanlage am Elbhang (ehemals außerhalb der Stadt) über aufwendigen Terrassenanlagen. Über gestrecktem rechteckigen Grundriß dreigeschossige Anlage mit schlanken flankierenden Türmen. Grundriß und Aufriß streng symmetrisch. Der Hauptbau sandsteinverkleidet. Die Eingangsseite (nach Norden, dem Elbhang abgekehrt) dreigeschossig über Souterraingeschoß, 13 Achsen, Abschluß durch eine Attika. Drei Mittelachsen. Über den Außenachsen die schlanken Türme über quadratischem Grundriß. Zufahrt um die in zwei Terrassen angelegten Wasserbecken und -spiele. Vor den drei Hauptachsen über einen Flachgiebel ionische Säulen. Die über beide Obergeschosse reichenden Fenster (des Festsaals) und die Türen rundbogig. Nach links bis auf die Höhe des Hauptgeschosses heranreichend zweigeschossige Wirtschaftsräume, deren oberer Abschluß als Terrasse. Dreiachsige Seitenfronten als Nebenansichten behandelt, in den Obergeschossen zurücktretend. Hauptfront ist die weithin sichtbare Elbansicht. Elf Achsen zwischen schlanken Türmen. Fünfachsiger Mittelrisalit mit dreiachsiger Exedra über zwei Geschosse. Abschluß durch mit Figuren besetzte Attika. In den Außenachsen des Mittelrisalits als Verdachungen aufwendige, von Säulen getragene Flachgiebel. Türme etwa ein Drittel über der Attikahöhe, weite, leere Mauerflächen vom Turmfuß bis zum obersten Geschoß. In dessen letztem Geschoß an den Außenkanten korinthische Pilaster, innen leere Spiegel, in einer rechteckigen Rahmung ein rundbogig geschlossenes Fenster mit kleinem Austritt. Flaches Zeltdach.

Dem Schloß vorgelegt ein aufwendiges Terrassensystem in drei Ebenen. (Die vierte Terrasse direkt unterhalb des Schlosses nicht ausgeführt.) Vor dem Schloß als Provisorien zu verstehende Wege zu konkav eingeschnittener Terrasse. Von dort einläufige Treppen quer zum Hang nach außen an den hohen, kahlen Stützmauern entlang zur Hauptterrasse. In deren Mitte ovales Wasserbecken, umzogen von einer Kolonnade von 16 korinthischen Säulen, die die obere Terrasse tragen. Die mittlere Terrasse weit vorgezogen und gerade geschlossen. An den äußeren Enden der Terrasse in der Stützmauer eine Tempelfront. Korinthische Säulen, glatter Architrav, im Tympanon Bänder und Eichenlaub. Zum Parterre auf jeder Seite eine Treppe quer zum Hang nach innen.

Mittelteil der Hauptterrasse von vier korinthischen Säulen getragen, in der Rückwand Rundbogennischen und Spiegel. Aus einer Muschelschale ein kleiner Wasserlauf über Felsen. In der abschließenden hohen, glatten Mauer unauffällige Nebenausgänge zum Elbufer. Östlich der Terrassenanlagen etwas unterhalb des Schloßniveaus ein Viadukt von fünf starken Rundbögen.

Nebenbauten:

Auf der Eingangsseite zwei zweigeschossige Torhäuser von winkelhakenförmigen Grundriß, einen Hof bildend. Vor den Giebelseiten auf vier Pfeilern ruhende Vorhallen, dazwischen das Eingangsgitter. Die geputzten Wände gequadert. Westlich des Schlosses schlichtes zweigeschossiges Wirtschaftsgebäude (Heizhaus). Satteldach mit etwas höherem Transversaldach. Putzfugung, große Rundbogenfenster und kleine Rechteckfenster. Ferner schlichtes Gärtnerhaus und Pergolaarchitekturen.

Im englischen Park an einem kleinen Teich als Tempelchen das Mausoleum der Gemahlin des Prinzen.

Inneres des Schlosses:

Um die Repräsentationsräume in den Mittelachsen im 1. und 2. Geschoß die herrschaftlichen Räume. Die Dienerschafts- und Wirtschaftsräume auf Souterrain, 2. Obergeschoß und z. T. auf das Erdgeschoß verwiesen.

Dreiachsiges Vestibül von nahezu quadratischem Grundriß, umstanden von Marmorsäulen, Kassettendecke. Türeinfassungen mit Verdachungen, Wandgliederung durch Pilaster- und Rundbogennischen. In der Mittelachse zur Elbseite der Gartensaal mit Exedra und Fußboden in zwei Ebenen. Raumgliederung durch Säulen und reiche Bemalung, neben ornamentalen Dekorationen Landschaftsgemälde von A. W. F. Schirmer, diese um 1974 beseitigt. Unterschiedliche Wandverkleidungen (von einfacher Tapete bis zur bemalten geprägten Ledertapete, intarsierte Vertäfelungen, z. T. auch Imitationen. Die Kehlen weisen entweder Stuck oder Bemalung auf, am besten erhalten die Dekorationen der Decken, oft Kassettierungen, auch Bemalungen mit Sonnensegelmotiven u. ä.) im 1. Obergeschoß fast durchgängig erhalten. – Vom Vestibül seitlich abgehend das repräsentative Treppenhaus. (Außerdem zwei Nebentreppen ohne künstlerischen Anspruch.) Kurze Wendeltreppe mit rundem Auge, Oberlicht. Im Tambour 15 kleine gleichgebildete weibliche Sitzfiguren, im unteren Teil der Kuppel 15 Bildnisse der Ahnen des Prinzen.

Der Festsaal in der Mittelachse des Schlosses über drei Achsen und zwei Geschosse. Rechteckiger Grundriß, der polygonale Vorbau heute von einer Bühne eingenommen. Wände gelblicher Stuckmarmor, Türen in reicher architektonischer Einfassung, Edelholz. Zwischen den Türen einander gegenüber große Wandspiegel in ähnlicher Rahmung. Über dem Gesims in Halbbogenblenden Gemälde, ländliche Genreszenen (von Ernst Hartmann). Zwischen den Blenden Plastiken (allegorische Figuren). Reich bemalte Kassettendecke. Von den Räumen des Obergeschosses sollen – um ein Beispiel von der Ausstattung der kleineren Räume zu geben – nur zwei vorgestellt werden; das Arbeitszimmer des Prinzen und sein Schlafzimmer. Arbeitszimmer: ein Kabinett von nahezu quadratischem Grundriß. Große Tür mit reicher Marmoreinfassung, eine kleinere mit Edelholzrahmung. Gegenüber der großen Tür das Fenster mit verspiegelter Leibung, an der vierten Wandseite ein großer Spiegel. Vor der unteren Wandhälfte Verkleidung durch eingebaute Schränke mit Edelholzvertäfelung, vor der oberen Wandhälfte Ledertapete mit eingeprägter vegetabilischer Ornamentik, bemalt mit Lüsterfarben. Die kassettierte Stuckdecke durch eine ganze Anzahl von verschieden gebildeten plastischen und bemalten Gesimsen von der Wandfläche getrennt. Schlafzimmer: kleiner Raum mit einem Fenster und leicht elliptischem Tonnengewölbe mit vierfachen Stichkappen. Wandbespannung blaue Seide. Auf der Fensterseite zwei Eckkamine. Reich bemalte Decke. Auf den Stichkappenrücklagen militärische Requisiten, in den Zwickeln Genien, um die Felder und um den Spiegel Blütenfriese, in diesen Sonnensegelmotiv mit illusionistisch-plastischem Effekt. – Türen verändert.

Bemerkenswert das Türkische Bad, ein durch v. Diebitsch entworfener äußerst prunkvoll ausgestalteter Raum. Vom 1. Obergeschoß führt in einer Seitenachse eine steile, geradläufige Treppe in einen kleinen Raum. Die Treppe teilt sich und führt um ein Becken. Auf dem erhöhten Beckenrand Marmorsäulen, die eine zweijochige baldachinartige Stalaktitenwölbung tragen. Der Raum ist bis auf die niedrigen Holzpaneele mit Intarsien einschließlich des Treppenaufganges mit bemalten Stuckfliesen verkleidet. Grundtöne rot, blau, rosa und golden. In den äußeren Ecken zwei Kandelaber, Spiegel an den drei Wänden. (Das Fenster wohl früher farbig verglast.) – Bis auf die Möblierung gut erhalten.

Schloß Albrechtsberg ist Bestandteil preußischer Architekturgeschichte in der Nachfolge Schinkels; mit seinem graecisierenden Spätklassizismus steht es fremd in einer Kulturlandschaft, die anderen Architekturtraditionen verpflichtet ist.

Der Schinkelschüler Lohse ist frühestens seit 1849 mit der Planung für Schloß Albrechtsberg befaßt. Zur gleichen Zeit wurde nach dem Entwurf von Persius durch Stüler und Hesse die Orangerie im Park von Potsdam errichtet. Die Planung zu diesem Bau war Lohse sicher bekannt, Prinz Albrecht dürfte den künstlerischen Rat seines musisch bedeutend höherstehenden Bruders eingeholt haben. Weitgehende Übereinstimmungen in der Konzeption der Gesamtanlage und in der Baugestaltung. Auch zum Belvedere auf dem Pfingstberg bei Potsdam, 1847/1852 nach Entwurf von Friedrich Wilhelm IV. errichtet, bestehen enge formale und ideelle Beziehungen. Schließlich müssen die großen italienischen Renaissancevillen, die den Typus der ländlichen Villa repräsentieren, etwa wie die Villa Medici oder die Villa d'Este mit ihren Treppen- und Terrassenanlagen, als Urvorbilder genannt werden. Es überrascht kaum, wenn Architekturglieder am Alten Museum von Schinkel in Berlin (z. B. die Eckpilaster der Fassade) mit Bauteilen von Schloß Albrechtsberg eine bis ins Einzelne gehende Ähnlichkeit aufweisen (z. B. mit den Eckpilastern der Hauptterrasse), da die Bauausführung Berliner Architekten und Handwerkern oblag.

290 Bautzner Straße 130, Schloß Albrechtsberg. Grundriß des 1. Geschosses

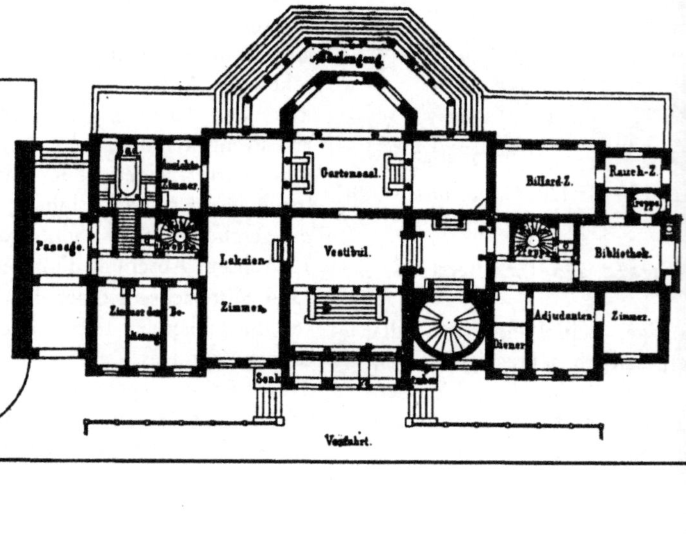

Nachfolge hat dieses Schloß (wie auch die Villa Stockhausen, → *Bautzner Straße 132*) in der Dresdner Architektur kaum gefunden. Kargheit und Kühle lag der sächsichen Architektur fern, die – im Vergleich zur preußischen – mehr zum Gemütvollen und Lieblichen neigte und stets mehr Bedacht auf menschliche Maßstäbe nahm und weniger auf Distanz bedacht war.
Monumentalität kann man dieser Architektur nicht absprechen, ein Zug, der wiederum der Dresdner Architektur fremd war. Auffällig bei dieser Schloßanlage ist der Aufwand, der getrieben wurde, um die schönen, doch „unnützen" Wasserspiele, Terrassen- und Treppenanlagen zu errichten. Alle Baulichkeiten sind auf Fernsicht berechnet. Mit Bedacht ist auch die exponierte Hanglage gewählt worden, obwohl der Baugrund Schwierigkeiten mit sich brachte. Der Aufwand mit den Terrassenanlagen, die deutlich im Gegensatz zu Größe und Bedeutung des Schlosses stehen, verrät, ebenso wie die inflatorisch verwendeten Würdeformen, das Bestreben nach Bedeutungssteigerung. Der Terrassenunterbau stellt gleichsam den Sockel eines Mals dar. Auch andere Motive, wie der verkehrstechnisch entbehrliche Viadukt, ein unzeitgemäßes Requisit des romantischen Gartens, dienen der Bedeutungssteigerung, das dem Gebildeten Erinnerungen an römische Anlagen wecken soll. Die Tempelfronten seitlich der Hauptterrasse und die Kolonnaden sind bloße Fassade, die ihre Daseinsberechtigung nur aus einer ideellen Funktion erhalten. Die Häufung der Würdeformen läßt darauf schließen, daß Selbstverständnis und -vertrauen des Bauherrn gestört waren, so daß es dieser ästhetischen Mittel bedurfte, um gesellschaftlicher Unsicherheit und geschwundener Bedeutung mit den Mitteln der Architektur aller Welt sichtbar zu begegnen.
Lit.: BvD, S. 369–371; Zeitschrift für praktische Architektur, Jg. 1855, S. 21 ff.; Großmann
(18, 123–132; *290, 291)* QR 7

Bautzner Straße 132 (Villa Stockhausen, auch „Lingner-Schloß", Bautzner Chaussee). 1850/1853 als Wohnsitz des Kammerherrn von Stockhausen von A. Lohse errichtet
Zweitürmiger sandsteinverkleideter Villenbau am Elbhang über einer Terrassenanlage, der mittelste der drei Schloßbauten des Loschwitzer Elbhanges.
Außenbau und Raumdisposition erhalten, die Innenausstattung nach 1950 größtenteils verloren. Symmetrisch angelegte zweigeschossige Villa über quadratischem Grundriß, 5/5 Achsen, zwei niedrige, achteckige Flankentürme. Haupteingang in der Mittelachse der Bergseite, überdeckt von Vorhalle mit ionischen Säulen. Gliederung durch Geschoßgesims, über dem Hauptgesims Attika mit Vasen. Dreigeschossige Türme mit Rundbogenfenstern. Abschluß durch flaches Zeltdach. Das Obergeschoß als Hauptgeschoß aufwendiger durchgebildet. Die Eckachsen mit reichen Fensterumrahmungen, auf Säulen bzw. Pilastern ruhende, stark vorkragende Flachgiebel mit Akroterienaufsatz. Nach der Elbseite schwach vortretender dreiachsiger Mittelrisalit mit Pilastergliederung. Vorgelegt eine zweigeschossige Veranda, das oberste Geschoß im dritten Viertel des 19. Jahrhunderts aufgesetzt. In den Brüstungsfeldern Blattwerk. Zu beiden Seiten der Villa neunachsige Kolonnaden, die mit einem Pavillon abschließen. Eine Kolonnade später verglast.
Gegenüber Schloß Albrechtsberg viel bescheidener. Geringerer Anspruch an aufwendige Repräsentation. Das Bauwerk kommt ohne distanzschaffende Kühle aus. Die Zweitürmigkeit gibt zwar der Eingangsseite gewisse Monumentalität, doch tritt diese längst nicht wie bei Schloß Albrechtsberg in den Vordergrund.
Im Garten einige schlichte z. T. mehrgeschossige Wirtschaftsgebäude mit flachen Satteldächern. Das Torhaus (leicht reduziert) ist 1892 von Baumeister Wunderlich entworfen worden. Putzbau, Wände gefugt, schlichte Pilasterarchitektur. Auf der östlichen Seite am Rande der Hauptterrasse ein barockisierender Pavillon, 1908 von Wilhelm Kreis errichtet.
Lit.: Atlas zur Zeitschrift für Bauwesen 1856, Blatt 4/5; BvD, S. 371–372
(133, 135) R 7

291 Bautzner Straße 130, Schloß Albrechtsberg. Grundriß des 2. Geschosses

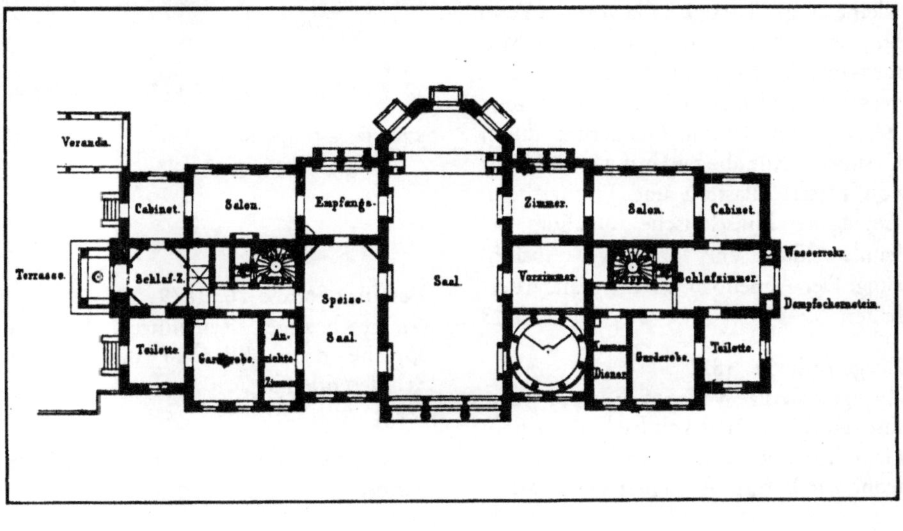

Bautzner Straße 133 (Schillerstraße). 1862
Dreigeschossiges Wohnhaus von etwa quadratischem Grundriß und regelmäßigem Aufriß von 5/5 Achsen. Eckhaus, die beiden Straßenansichten ähnlich gebildet. Flaches Walmdach. Dreiachsige Mittelrisalite. Geschoßweise gegliedert durch Gesimse und Bänder. Risalite genutet. Den Mittelrisaliten in den beiden Obergeschossen eine Pilaster-Halbsäulenarchitektur mit Flachgiebelabschluß in der Mittelachse vorgelegt. In den Risaliten Rundbogenfenster, die Fenster in den Achsen der Rücklagen vertikal durch Spiegel und Gebälke miteinander verbunden.
Dieser Bau ist auf das engste den durch Semper und Nicolai errichteten Vorbildern verpflichtet. Er nimmt in den Mittelrisaliten das Triumphbogenmotiv der Nordseite des Museums auf, während das Grund- und Aufrißschema ganz der Villa Struve *(→ Prager Straße 18)* von Nicolai gleicht. Neu und fruchtbar für den Dresdner Mietshausbau bis um 1900 ist der Versuch, das für zweigeschossige Bauten erprobte Aufrißschema auf freistehende dreigeschossige Bauten anzuwenden. Das Haus steht für die Gruppe der Bauten, die als Glied zwischen der typischen Villa der Dresdner Schule und dem typischen freistehenden Dresdner Mietshaus, wie es bis 1900 massenhaft gebaut wurde, betrachtet werden können. Ähnlich Bautzner Straße 141 von 1866. (→

Altenberger Straße 14 und 16, Eisenstuckstraße 25 und 27, Hospitalstraße 12, Königliche Villa in Wachwitz, Liebigstraße 8, Unterer Kreuzweg 1, Voglerstraße 12). – Keine wesentlichen Veränderungen
(119) N 6

Bautzner Straße 134 (Schloß Eckberg, Villa Souchay, Bautzner Chaussee). Entworfen 1859/1861 von Arnold
Malerischer Bau, auf einem Bergsporn über der Elbe in einem englischen Park gelegen, das östlichste der drei Schloßbauten am Loschwitzer Elbhang. Als mittelalterlich-englische Burg konzipierter asymmetrischer Baukörper von zwei bis drei Geschossen, mit drei schlanken Türmen. Grundriß und Aufriß unregelmäßig. Die Formen folgen in freier Weise der englischen Tudorgotik und der französischen Hochgotik. Gruppierung des Baukörpers durch geometrisch klare Erker, Balkone, Balustraden, ein Geschoß- und Kranzgesims. Die Ornamentik, beschränkt auf Fenstereinfassungen und Brüstungen, läßt kontrastierend die Wandflächen des sandsteinverkleideten Baues glatt.
Im Vorraum ein Kreuzgratgewölbe, die Türen mit Vorhangbogenmotiven. Im Erdgeschoß einige Räume mit gotisierender Holzvertäfelung erhalten, in der Decke spätgotische Schleifensterne. Das Treppenhaus nach barockem Schema angelegt: eine Halle mit doppelläufiger Treppe, jedoch gotisch stilisiert. Bemerkenswert ist, daß auch Ornamente der Spätgotik verwendet wurden. –
Außenbau fast unverändert, Innenausstattung meist verloren.
Nebengebäude: Unmittelbar an der Straße gelegen das gotisierende Pförtnerhaus. Eingeschossiges Gebäude mit ausgebautem Dachgeschoß im steilen Walmdach. Am Eingang und im Erdgeschoß Fenster mit Kielbogen. Die Mittelachse der Straßenseite durch Spitzbogenblenden zwischen den Fenstern der Geschosse markiert. Neben dem Pförtnerhaus Stall- und Remisengebäude. In der Hofseite des Mitteltraktes kreuzgangähnliche Bildung. Im Garten drei Gewächshäuser, das größte von T-förmigen Grundriß auf einem hohen Steinsockel. Auf der Giebelseite, im Inneren und auf dem First gotisierendes Maßwerk. – Ruinös
Lit.: BvD, S. 372, Abb. 176, 177
(147, 149) R 7

Bautzner Straße 147 (Schillerstraße). 1875
Zweigeschossige Villa von fünfachsiger Front mit abgeplatteten Walmdächern, ein höheres Walmdach über dreiachsigem Mittelrisalit. Gliederung durch Gesimse, gefugte Ecklisenen. Erdgeschoßfenster im Mittelrisalit rundbogig. Vor dem Mittelrisalit Terrasse und Balkon. Putzbau mit Sandsteingliederungen. – Im wesentlichen unversehrt O 6

Begerburg. 1852 von Th. Lehnert
Burgähnliche Villa am Steilabfall eines Steinbruches in der Nähe des ehemaligen Dorfes Dölzschen hoch über dem vor der Industrialisierung seiner romantischen Landschaft wegen berühmten Plauenschen Grundes. Als gotische Burg nach deutschen Vorbildern stilisiert. Rechteckiger Grundriß. Berg- und talseitig ein fünffach gestufter Staffelgiebel über hohem Erdgeschoß. Bergwärts in der Mittelachse eine Eingangsvorhalle, talwärts ein flacher, breiter Erker. Auf der rechten Bergseite der Bergfried, Abschluß durch einen Zinnenkranz. Zwischen Turm und Staffelgiebel romanisierende Bauteile. Nach der Talseite Untergeschoß über Subkonstruktionen. Fenster- und Türabschlüsse meist als Tudorbögen. Im Inneren des Erdgeschosses große Halle mit bemalter Kassettendecke. Über die Farbigkeit des Außenbaues heißt es, daß dieser mit einfachen bunten Linien in schwarz, braun und blau verziert gewesen sei. Die Grundfarbe im Saal, Buffet und in den Nebenräumen war purpurrot, die Täfelungen eichenholzfarben. Ornamente der Decke goldgelb, die Kassettendecke mit Intarsienimitationen. (Die Abbildungen in „Försters allgemeiner Bauzeitung" zeigen die nicht ausgeführte Planung, der talseitige Turm ist nicht ausgeführt worden.) – Erhalten
Lit.: Försters allgemeine Bauzeitung 1854, S. 388, Abb. 654, 655
(141) B 16

Bergstraße 23. 1871
Kleine eingeschossige Villa von 4/1 Achsen, zweiachsige 1 1/2-geschossiger Mittelrisalit, der das flache Satteldach transversal durchdringt. Auf der Gartenseite Veranda mit Balkon. Gliederung durch Gesimse. Rundbogenfenster, eingefaßt von zarten Pilastern und Flachgiebeln. Gediegene künstlerische Qualität bei handwerklich sehr sorgfältiger Ausführung. Der Außenbau fast unverändert erhalten G 13

Bergstraße 31. 1871
Zweigeschossige Villa im Stile der italienischen Renaissance von leicht bewegtem Grundriß und Aufriß. Eckhaus. Hauptfront zur Bergstraße, außer der Symmetrie rechts einachsiger fensterloser Seitenrisalit. Gliederung durch Gesimse. Die drei Mittelachsen von polygonalem Erker eingenommen, rundbogige Fenster und aufwendige Schmuckformen, toskanische Dreiviertelsäulen im Erdgeschoß, darüber ionische. Zweiläufige Freitreppe und runder Terrassenaustritt. Seitlich der Eingang durch kleine Vorhalle. – Im wesentlichen erhalten G 13

Bergstraße 34. 1872
Zweigeschossige Villa von etwa quadratischem Grundriß mit Mittelrisalit und flachem Walmdach, 3/4 Achsen. Abschluß des zweiachsigen Mittelrisalits der Hauptansicht durch einen hohen Flachgiebel. Vor dem Mittelrisalit eine Terrasse, jetzt entfernt. Am Mittelrisalit im Erdgeschoß eine zarte Putzquaderung, im Obergeschoß auf Postamente gestellte gekoppelte korinthische Pilaster. Hier Rundbogenfenster. – Erhalten G 13

Bergstraße 40. 1874
Zweigeschossige Villa über rechteckigem Grundriß mit flachem Walmdach. Auf der Längsseite 7 Achsen, die drei rechten zu einem Risalit zusammengefaßt, die Schmalseite mit zweiachsigem Risalit, rechts davon hölzerne Veranda. Eckquaderung, Gesimsgliederung, rechteckige Fenster mit Sohlbänken und Verdachungen. Eingang auf der Rückseite. Formen der Nicolai-Schule. – Gut erhalten, Inneres umgestaltet
(292) G 13

292 Bergstraße 40

Berliner Straße 26. 1879
Viergeschossiges Reihenhaus. Formensprache dem Villenbau der Nicolai-Schule entlehnt
(293) F 9

Bernhardstraße 6 → Ho-Chi-Minh-Straße

Beuststraße 1/Parkstraße. 1867/1869 von Nicolai

Hochherrschaftliche Villa, einer der aufwendigsten Villenbauten in Dresden. „Als hervorragendes Beispiel eines Patricierhauses, im Äußeren charakteristisch und wirksam, ohne anspruchsvoll zu dominieren, im Inneren liebevoll bis ins kleinste Detail stilgerecht durchgeführt, ist das (. . .) im Renaissancestil entworfene (. . .) Haus des Herrn Johann Meyer." (BvD, S. 376)

Das „Haus" auf einem Eckgrundstück, als Zweiflügelbau mit zwei Schauseiten ausgebildet. Der Grundrißdisposition soll die Skizze eines russischen Architekten zugrunde gelegen haben.

Zweigeschossiger Bau von 8/3/6 Achsen, eingeschossiger Bauteil mit dem repräsentativen Eingang. Darüber Pergola. In der linken Außenachse dreigeschossiger gedrungener Turm über quadratischem Grundriß mit Belvederegeschoß. Reiner Sandsteinbau. Das Sockelgeschoß gequadert, die anderen Wandflächen glatt, gegliedert durch Geschoßgesimse von sehr feinteiliger Bildung, ornamentierte Bänder und Spiegel, in deren Mitte Kränze, Pilaster und Halbsäulen. Gliederung der Baumassen durch drei zweigeschossige Exedren. Die Erdgeschoßfenster in den Vorbauten nach der Parkstraße und die Portalanlage rundbogig. Da die Innenausstattung nahezu aller Villen der Dresdner Schule verloren ist, soll eine zeitgenössische Beschreibung (BvD, S. 376, 377) wiedergegeben werden:

293 Berliner Straße 26. Hauseingang

294 Beuststraße 1. Seitenrisalit nach der Parkstraße

„Der Eingang in das Gebäude erfolgt durch das Vestibul, dessen Wände im Unterbau mit ächtem Marmor in brauner Farbe, im Oberbau mit gelbem Stuckmarmor verkleidet sind, während die Decke in Stuck cassettiert ist. Thüren und Fenster im Vorzimmer b sind in Eichenholz ausgeführt, die Wandflächen mit einer braunen Ledertapete bespannt; zwischen den beiden Thüren an der Innenwand hat ein feingegliederter Kamin aus grauem Marmor Aufstellung gefunden. Die Wandflächen des durch zwei Stockwerke reichenden Empfangszimmers sind in der Höhe des unteren Stockwerkes mit grauem Stuckmarmor (dunkelfarbige Einrahmung, hellfarbige Felder) bekleidet.

Die oberen Flächen (. . .) sind zwischen orangefarbenen Feldern mit vier Landschaften von Professor Preller sen. geschmückt. Der Plafond, im Mittel von einem großen Oberlicht durchbrochen, ist cassettiert und reich in bunten Farben und Vergoldung decorirt. Die Thüren sind mit feinen Gliederungen und Umrahmungen in Ebenholz ausgeführt. Von diesem Raume aus ist rechts die durch Oberlicht beleuchtete Bildergalerie (. . .) zugänglich, an welche sich das Zimmer des Herrn 1. anschließt, dessen Seite sich nach dem (. . .) großen Wintergarten öffnet. Nach links ist der große Salon e. ge-

295 Beuststraße 1. Grundriß des Erdgeschosses

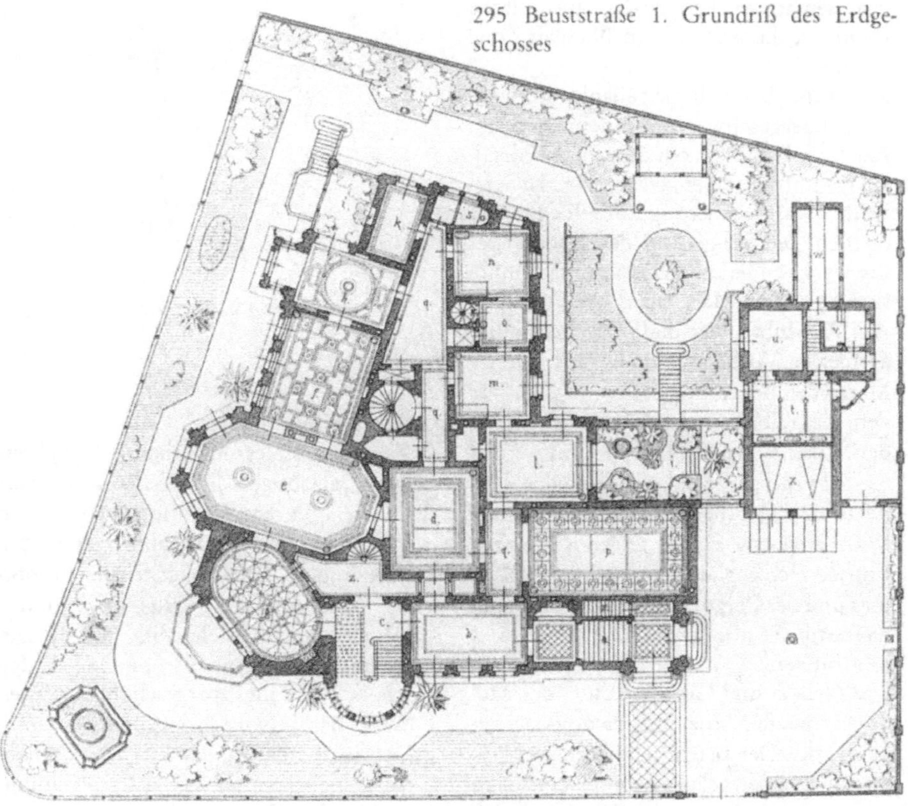

legen, dessen Wandflächen mit Alabasterstuck bekleidet und dessen Thüren in Nussbaum- und Rosenholz ausgeführt sind. An diesen reiht sich der kleine Salon f. mit einem weissen, reich in Stuck verzierten Plafond an; die Wände und Möbel sind mit rothem Seidenzeug bespannt, die Thüren in Nussbaum hergestellt. Den Schluß der Zimmerreihe auf dieser Seite bildet das Boudoir der Dame h. mit anstossendem kleinen Wintergarten i. Die Wände und Möbel dieses sehr eleganten Raumes sind mit Seidenstoffen von meergrüner Färbung bedeckt; die Thüren, Fensterverkleidungen und Lambris in feinem Ahornholz ausgeführt. Den reich decorirten, in Stuck gezogenen Plafond schmückt ein treffliches Rundgemälde von Galland. Neben dem großen Salon (. . .) befindet sich das an den Schmalseiten im Halbkreis abgeschlossene Speisezimmer, dessen Wandflächen unten mit hohem Holzlambris, oben mit Ledertapete in dunkelbraunem Ton bekleidet sind; mit gleichem Stoff ist der Plafond bedeckt. Zwischen diesem Raume und dem Vorzimmer b. ist endlich das nach Aussen im Halbkreise vortretende Treppenhaus gelegen, dessen Wandflächen mit dunkelgrauem Stucco lustro bekleidet und mit zwei Reliefs (Herkules und die Musen) von Professor Dr. Hähnel geschmückt sind." Der Wunsch des Bankier Meyer nach einem repräsentativen Bau erklärt die seltene Opulenz, die im Schaffen Nicolais ohne Beispiel ist.

Am Außenbau fällt die gehäufte Verwendung aussageschwerer Würdeformen auf. Exedren, Pergolen, ein Belvedere, Portalanlagen unter säulengetragenen Flachgiebeln, Wandgliederung durch Pilaster dienten der Steigerung des Ranges des Bauwerkes. Die Innenausstattung konnte sich kostbarer Materialien bedienen.

Am Außenbau war die Verwendung der apsidealen Vorbauten das bezeichnendste Motiv der Bedeutungssteigerung. Es war dem Sakralbau entlehnt und entsprang der Absicht nach Nobilitierung. Auch das aufwendige Portal mit Flachgiebel gehörte zu den zum Sakralen tendierenden Würdeformen. Einem anderen Assoziationsbereich gehören die Motive des Turmes und der Pergola an, die auf das Landhausartige – also auch auf Exklusives – hindeuteten.

Das Neben- und Gegeneinander der Motive erbrachte eine Mehrdeutigkeit des Bauwerks. Der Betrachter wurde im Unklaren darüber gelassen, ob er ein Palais oder eine landhausartige Villa vor sich hatte. Massengruppierung, Fassadenausbildung und Dekoration waren spannungsvoll ausgewogen; im Ausgleich dieser Spannungen ist ein barockes Gestaltungsprinzip aufgegriffen worden. – 1945 zerstört

Lit.: BvD, S. 376–378

(79; *294, 295*) J 13

Beuststraße 2. 1866/1867 von Eberhard

Zweigeschossige Villa von 5/3 Achsen mit dreiachsigem Mittelrisalit und flachem Walmdach. Putzbau mit Sandsteingliederungen. Gequadertes Sockelgeschoß, Geschoßgliederung durch Gesimse, Attika über dem Mittelrisalit. Im Obergeschoß des Mittelrisalits Pilasterarchitektur und Rundbogenfenster. – Streng renaissancistischer Bau der Dresdner Schule. – 1945 zerstört

Lit.: BvD, S. 382–383, 190–192

(84; *296*) J 12

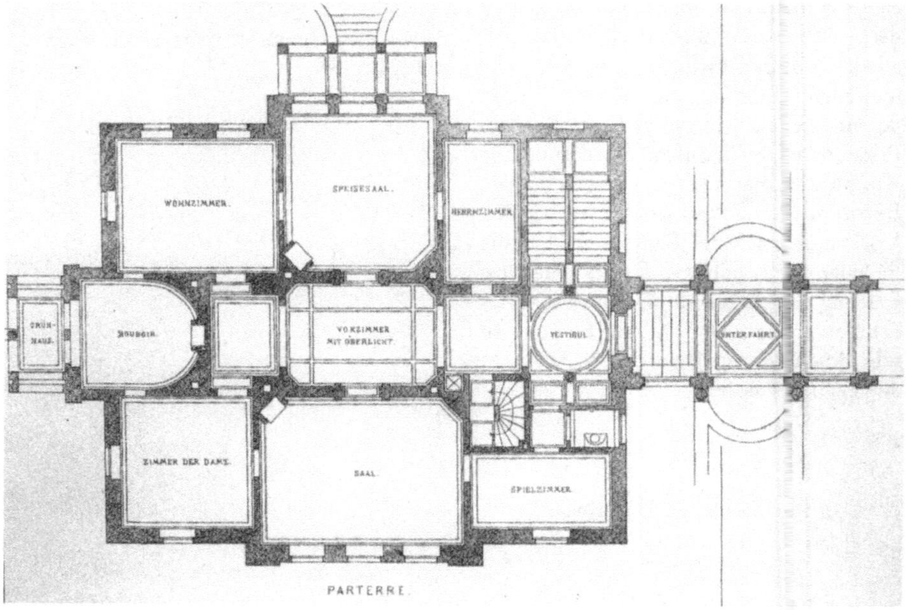

296 Beuststraße 2. Grundriß des Erdgeschosses

Bischofsweg 60. 1883

Viergeschossiges Mietshaus, 7 Achsen. Der dreiachsige Mittelrisalit von einem steilen Pyramidenstumpfdach abgeschlossen. In der Mittelachse die Haustür, diese und die Erdgeschoßfenster flachbogig, rundbogig die Fenster im 2. und 3. Geschoß des Mittelrisalits, die übrigen rechteckig. Putzquaderung im Erdgeschoß, glatte im Obergeschoß, gegliedert durch Band- und Gurtgesimse.

Dominierendes Motiv ist die Applizierung einer triumphbogenartigen Bildung, analog dem Mittelrisalit der Nordseite von Sempers Museum, vor die ersten beiden Obergeschosse des Mittelrisalits. (→ *Rothenburger Straße 40*) – Ohne wesentliche Veränderungen

(120) L 6

Bürgerwiese 5–7 (Oppenheimisches Palais, später Kaskel-Oppenheim). 1845/1848 von Semper für den Bankier Martin Wilhelm Oppenheim. Umbau der Gartenfront und des Inneren 1871/1874 von W. Hoffmann

Zweieinhalbgeschossiger Bau „in den feinen und reichen Formen italienischer Palastarchitektur (. . .) von edler, imposanter Wirkung, und wohl die hervorragendste (Fassade; V. H.)". (BvD, S. 366) Der Bau über dreieckigem Grundriß 1871/1874 zu einem Rechteck erweitert. „In einer Front von 35 m Länge haben acht Fenster (im Parterre sieben und das Hauptportal) Anordnung gefunden, von denen sechs in die mittlere, 25 m lange Rücklage, je 4 m von Mitte zu Mittel von einander entfernt eingetheilt sind, zwei aber in den rechts- und linksseitigen, 5 m breiten, wenig vortretenden Vorlagen sich befinden.

Auf kräftiger Rustika des bis zum Zwischengurt 2 m über die Fußbahn am Hause sich erhebenden Souterrainbaues entwickelt sich – gleichfalls in Rustika – der hohe Parterrebau, in welchem die Fenster, von glatten Gewänden umrahmt, tief zurückliegen. Die seitlichen Vorlagen werden durch rustizierte Dreiviertelsäulen hervorgehoben. Diesen Parterrebau schließt nach oben ein fein durchgebildetes dorisches Gebälk, aus Architrav, Triglyphenfries und Kranzgesims mit vortretenden Mutuli bestehend.

Die Metopenfelder an den Vorlagen sind mit gegliederten Scheiben geziert. Die (...) gerade überdeckten Fenster der Haupt-Etage werden von je zwei vor der, gegen den Parterregrund zurücktretenden Mauerfläche auf Postamenten stehenden jonischen Dreiviertelsäulen eingerahmt und nach oben durch ein auf den Säulen ruhendes Gebälk mit Spitzverdachung bekrönt. Die Flächen zwischen diesen Fenstern treten als glatte, mit einem Carniesgliede umrahmte Felder auf; die Fläche über demselben bis zum Brüstungsgesims der Halb-Etage (...) ist mit Rustik bekleidet; die Felder zwischen den (...) Fenstern der Halb-Etage sind mit ornamentalen und figürlichen Reliefs geschmückt. Das Ganze krönt ein mächtiger, mit Eierstäben, Consolen, Löwenköpfen reichgeschmückter Hauptgesims, dessen Oberkante 16 m über der Fussbahn gelegen." (ebenda S. 366) Das Innere gruppierte sich um einen oktogonalen Saal, der mit dem Treppenhaus, einem Flur und den Haupträumen direkt verbunden war. Die Entwürfe für die Ausmalung des Salons und des Speisesaals sind erhalten. Beim Umbau wurde die rechte Seitenansicht nach dem Muster der Fassade neu errichtet, der Umbau im Inneren soll vom Semperschen Bau allein die Rotunde unberührt gelassen haben.

„Der Innenbau und die Decoration ist im jetzigen französischen Modegeschmack, in Rococo-Formen unter fast ausschließlicher Verwendung von Pariser Clichés ausgeführt. Ausser reichlicher Verwendung ächter und immitierter Marmorarten haben reiche Stuckdekorationen, Decken- und Wandgemälde, kostbare Seidenstoffe und Holzarten, grosse, mit ornamentalen und figürlichen Zeichnungen eingeschliffene Glasscheiben, Broncen etc., kurz die vornehmsten Decorationsmittel Verwendung gefunden, hervorzuheben sind im Parterre: das Treppenhaus mit Marmortreppe, der Salon, dessen Wandflächen mit acht Gobelins bespannt sind, ferner in diesem und in dem Zimmer h zwei in Onyx ausgeführte Kamine, von welchem der im letzteren Zimmer mit Füllungen in Lapis lazuli, der Speisesaal mit kräftig gegliedertem Plafond, in braun und grünlichen Broncetönen gehöht, und reichgegliederter Wandtäfelung, der Billardsaal, das Rauchzimmer; in der ersten Etage: der Speisesaal e mit reichcassettiertem Plafon, Büffet etc., und einem vortrefflichen grossen Wandgemälde von Prof. Gonne." (ebenda, S. 366, 367)

Für den Wechsel der ästhetischen Ideale von 1845/1848 und 1871/1874 ist ein Ausspruch Cornelius Gurlitts erhellend: „Es ist kein Zufall, daß (...) Baron Kaskel, der Erbe Oppenheims, einen Franzosen (den Kölner W. Hoffmann; V. H.) berief, um sich im Palais trauliche künstlerische Winkel herrichten zu lassen, Künstler, die nicht auf das klassische Ideal eingeschworen waren, sondern auf die Lebensart ihrer Auftraggeber achteten, so sehr auch die Kunstgelehrten über die Zerstörung der idealen Werte tobten." (Gurlitt, Befreiung, S. 81)

Die Fassade des Oppenheimschen Palais vertrat die strenge Phase des Historismus: Vorbild war die italienische Hochrenaissance. An erster Stelle ist der Palazzo Pandolfini in Florenz zu nennen, an zweiter der Palazzo Vidoni in Rom. Im Sinne des Strengen Historismus wurde an diesem Bau kein Versuch zur Neuerfindung von Kunstformen unternommen, nur bekannte und historisch belegbare Kunstformen wurden verwandt, ohne daß eine Kopie entstand. Eine Umbildung ist in dem Sinn erfolgt, daß die historischen Formen neu zusammengestellt worden sind. Das Ziel war dabei, möglichst deutlich das Erinnerungsbild „Renaissancepalazzo" zu assoziieren, nach zeitgenössischem Urteil war dies treffend gelungen.

Unmittelbare Nachfolge fand dieser Bau in Dresden kaum. Der Ausbildung dieses Bautypus stand im Wege, daß Bauaufgaben dieser Größenordnung in Dresden selten zu vergeben waren und daß mit der Vergrößerung der Stadt vielgeschossige Mietshäuser gefragter wurden, auf die das Gliederungssystem des Oppenheimschen Palais nicht ohne mühevolle Abwandlungen anwendbar gewesen wäre.

Lit.: BvD, S. 364–367, Abb. 167–171; Katalog der Semperausstellung 1979, S. 246, 247; Manteuffel S. 166–170, MV 86

(33, 118) J 11

Bürgerwiese 14. 1838 von Hermann

Stattliches dreigeschossiges herrschaftliches Wohnhaus, Eckhaus mit Mezzanin, 3/3 Achsen, Außenrisalit. Gequadertes Erdgeschoß mit Rundbogenöffnungen, kräftige Eckrustizierung. In der Mittelachse der Hauptansicht Balkon und Fenster mit Palladio-Motiv, die übrigen Fenster – auch die der Seitenansicht – flachgiebelig verdacht mit Akroterienschmuck. Glatt verputzte Wände mit Spiegeln, zarte Eckquaderung. Über dem Hauptgeschoß ein breites Gebälk mit kräftigem Reliefschmuck. (Vor Kreisnischen vollplastische Büsten. Vasen und Kandelaber, von Greifen und knienden Gestalten flankiert.) Weit vorkragendes Hauptgesims.

Der Bau besitzt noch die kubische Geschlossenheit des Klassizismus. Den Bezug auf die italienische Reanissance deuten neben der Ornamentik das Palladiomotiv an. Fassadenaufbau wie auch die einzelnen formalen Elemente weisen auf süddeutsch-österreichische Einflüsse hin. – 1899 abgebrochen

(42) J 12

Bürgerwiese 16 (Seebachsches Haus). 1839 von Nicolai

Herrschaftliches Wohnhaus von dreiachsiger Front und flachem Walmdach mit Aussichtsterrasse. Die Mittelachse wurde durch Drillingsfenster gebildet. Gequadertes Erdgeschoß, die Ecken diamantiert, die Obergeschosse glatt, die Ecklisenen gefugt. Schwaches Kranzgesims auf Konsolen. Fenster rundbogig in rechteckigen Einfassungen, die in den Obergeschossen mit den Fensterspiegeln vertikale Bänder bilden. Zwischen den Achsen in den Obergeschossen Scheiben (Marmor) und plastische Gehänge. Stilisierung frei nach venezianischen Vorbildern der Frührenaissance.

Einer der Neubauten, der auch außerhalb Dresdens Beachtung fand. Es dürfe „nicht unerwähnt bleiben, daß das Haus des Herrn Seebach (...) als Nachahmung venezianischer Wohnhäuser erscheint und in der Detailbildung äußerst mäßig, man möchte sagen, schüchtern gehalten ist". (Försters allgemeine Bauzeitung 1844, S. 101 ff.)

Das Seebachsche Haus darf für jene Zeit als besonders dresdnerisch betrachtet werden, weil die Zartheit ganz dem nazarenischen Kanon entsprach, der zu jener Zeit auch für die Akademie bezeichnend war. Nicolais Renaissanceformen fehlten – was Renaissancebauten und die Bauten Sempers auszeichnet – Kraft und Fülle. Am Seebachschen Haus und der Villa Rosa von Semper (→ *Holzhofgasse 20*) entzündete sich der Streit um die Priorität, die italienische Renaissance in Dresden eingeführt zu haben. Beide Villen wurden im gleichen Jahr erbaut, der Auftrag war 1837 an Nicolai ergangen. Noch 1882 ist im Nachruf auf Nicolai dieser Streit nicht vergessen: Das Seebachsche Haus „von welchem Semper im Hinblick auf die Villa Rosa behauptete, Nicolai ha-

be ihm das Motiv dazu abgegeben, während dieser, wenn er der Behauptung Sempers gedachte, wohl mit Recht darauf verwies, daß, wenn überhaupt ein solcher Vorwurf erhoben werden könne, er selbst nicht nur nicht der Stehler, sondern der Bestohlene sei.“ (Deutsche Bauzeitung 1882, S. 304) Weiter heißt es zu dieser Gegnerschaft: „Stand er (Nicolai; V. H.) so aus vollster Überzeugung auf dem Boden der italienischen Renaissance (...), so erfüllte es ihn mit tiefer Unmuth, wenn Semper (...) die ausschließliche Rekreation der Renaissance zugeschrieben wurde. ‚Wir sind doch alle (...) nach Italien gegangen und haben uns dort geholt, was wir gebraucht, einer wie der andere.‘“ (ebenda S. 314) (→ *Antonstraße 37*). – Um 1900 abgerissen
Lit.: BvD, S. 367–368, Figg. 172–175
(39) J 12

Bürgerwiese 17/Lüttichaustraße (Hans-Dankner-Straße). 1846/1847 von Lehmann
Fünfgeschossiges als Reihenhaus konzipiertes Eckhaus, eines der ersten Dresdner Mietshäuser. 15/2/13 Achsen. Geschoßgliederung durch Gesimse, Wandgliederung durch gekoppelte Pilaster. Gefugtes Erdgeschoß, glattverputzte Obergeschosse, flachbogig geschlossene Fenster. Erschließung durch große Wendeltreppe mit offenem Auge. – 1945 zerstört
Lit.: BvD, S. 406
(39) J 12

Bürgerwiese 18 a. 1870/1872 von O.J.S. Haenel und Adam
Viergeschossiges Reihenhaus von 6 Achsen. Asymmetrischer Aufriß. „Die Façade, in welcher sowohl ein Erkerbau, als eine Loggia Aufnahme gefunden, ist in den Architekturformen französischer Renaissance entworfen und durchgehends in rein bearbeitetem Sandstein ausgeführt worden.“ (BvD, S. 407) – Zerstört
Lit.: BvD, S. 407–408, Fig. 233–235 J 12

Burgberg. 1853 von Th. Lehnert als Gaststätte oberhalb des Winzer- und Schifferdorfes Loschwitz angelegt
Zweigeschossiges Haus mit Transversaldach. Gotische Motive verschiedener Herkunft appliziert, ähnlich das 1859 errichtete Gaststättengebäude am Bergfuß am Körnerplatz. – Oberes Gebäude 1945 zerstört
(140)

Canalettostraße 5, 7. 1891/1892 von Schilling & Gräbner
Zweigeschossiges villenartiges Doppelhaus. Klinkerbau, die Ecken in Sandsteinquadern. Asymmetrische Volutengiebel und Turmkuppeln. Freier Historismus. – Zerstört
Lit.: Blätter für Architektur und Kunsthandwerk. VIII. Jg. 1895, Taf. 8 M 11

Caspar-David-Friedrich-Straße 7 (Josefstraße). 1852 von F. R. Tharandt
Kleine eingeschossige Villa von regelmäßigem Aufriß, 7/3 Achsen, dreiachsiger Mittelrisalit mit ausgebautem Halbgeschoß. Satteldach. In der Gartenseite ein Viertelbogenrisalit. – Im wesentlichen erhalten L 15

Caspar-David-Friedrich-Straße 13. 1859 von F. R. Tharandt
Zweigeschossige Villa von 5/3 Achsen mit symmetrischem Aufriß, dreiachsige Mittelrisalite auf der Straßen- und Gartenseite. Flaches Walmdach. Dach mit Aussichtsplattform. Erdgeschoß gequadert, Obergeschoß glatt verputzt. Auf der Gartenseite eineinhalbgeschossiger oktogonaler Pavillon, gegliedert wie der Hauptbau, doch mit Rundbogenfenstern. Dresdner Schule. Der oktogonale Pavillon von Berliner Bauten angeregt (Hitzig). – Bis zur Unkenntlichkeit verändert
(71) L 16

Dammstraße 1 → Körnerplatz

Dippelsdorfer Straße 10. 1885
Zweigeschossige Villa von 5/3 Achsen mit Walmdach. Dreiachsiger Mittelrisalit mit Veranda und Terrasse. Gliederung durch Quaderung, Nutung, Pilaster und Gesimse. – Erhalten
(297)

297 Dippelsdorfer Straße 10. Ansicht der Straßenseite

Döbelner Straße 96. 1895
Zweigeschossiges Mietshaus mit Mansardgeschoß, die vierachsige Front mit Volutengiebel im Stile der deutschen Renaissance, nach dem Vorbild des Nordgiebels des Großen Schloßhofes des Residenzschlosses. Diese enge Anlehnung an ein direktes Vorbild war allgemein nicht üblich. – Im wesentlichen erhalten
(298)

298 Döbelner Straße 96. Ansicht der Straßenseite

Dohnaer Straße 43. 1874 von Rönitz (Ausführender, wohl auch Planentwerfer)
Mittelgroße zweigeschossige Villa von 3/3 Achsen, teils regelmäßig, teils unregelmäßig im Aufriß. Flaches Walmdach mit kurzem First. Eckquaderung mit Geschoßgesims. Die leeren Wandflächen durch Scheiben mit Bandelwerk dekoriert. Putzbau. Nicolai-Schule (→ *Bürgerwiese 16*). – In schlechtem Zustand erhalten
(299) N 16

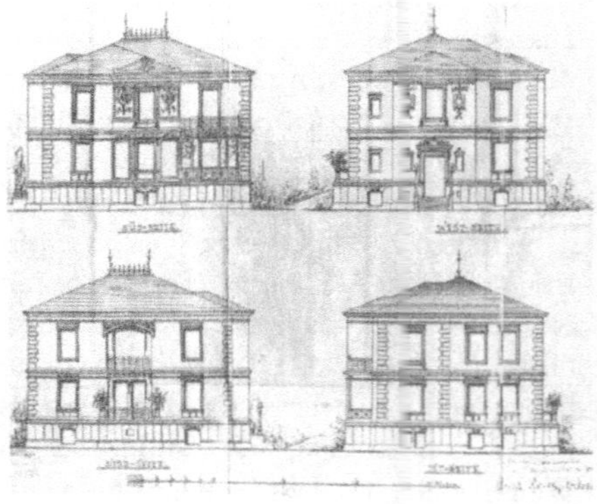

299 Dohnaer Straße 43. Fassadenaufrisse aus der Bauakte

Dorotheenstraße 12. 1896 von W. Seifert
Freistehendes zweigeschossiges Eckhaus, 6/4 Achsen mit polygonalem Eckerker, das hohe Walmdach ausgebaut, zweiach-

sige Risalite mit hohen Giebeldächern. Eckerker mit geschweifter Kuppel mit hoher Spitze mit Wetterfahne, über dem Risalit das Treppenhaus leicht konkav geschwungenes Kegeldach. Der Sockel teilweise in Polygonalmauerwerk in Sandstein, die Geschosse gelbe und rote Klinker, Gesimse und Fenstereinfassungen in Sandstein oder roten Klinkern. Die Fenster meist flachbogig, im Dachgeschoß in den Risaliten große Rundbogen. Auf die malerische Wirkung verschiedenartiger Materialien berechnet. Als deutscher Frührenaissancebau stilisiert. Charakteristischer Bau für diesen Vorort. – Erhalten, Türmchen beseitigt
(300) N 16

300 Dorotheenstraße 12. Fassadenaufriß der Nebenansicht nach der Dorotheenstraße aus der Bauakte

301 Dr.-Conert-Straße 8. Hauptansicht nach der Straßenseite

Dr.-Conert-Straße 8 (Theresienstraße). 1867
Dreigeschossiger freistehender siebenachsiger Bau mit sehr flachem Zeltdach. Genutetes Erdgeschoß, Obergeschosse glatt verputzt. Geschoßgesims über dem Erdgeschoß, dort und im 1. Obergeschoß Fensterbandgesimse. Drei Mittelachsen in den Obergeschossen durch eine Pilasterstellung risalitartig hervorgehoben. Davor Balkone. Rechteckige Fenster, reiche, gerade Verdachungen im 1. Obergeschoß. – Erhalten
(301) J 7

Eichenbuschweg 7. Um 1875/1880
Zweigeschossige Villa, Erdgeschoß als Sockel aufgefaßt und untergeordnet behandelt. Sechsachsige Front zur Straße, die linke Achse als Teil einer Loggia zurückversetzt. Die übrigen Achsen symmetrisch angeordnet: Einachsige Seitenrisalite um die dreiachsige Rücklage. Erdgeschoß gequadert (Sandstein), Geschoßgesimse, geputzte Wandflächen, Eckquaderung. Kräftiges Hauptgesims mit Gebälkzone. Die Erdgeschoßfenster flachbogige Einschnitte, die Obergeschoßfenster in den Risaliten mit stark vorkragenden Flachgiebelverdachungen auf Konsolen, in der Rücklage Rundbogenfenster auf Pfeilern. Dresdner Schule. Wie auch bei anderen Villen zu beobachten, ist die Hauptansicht repräsentativ symmetrisch aufgebaut, die Seitenansicht zeigt einen malerisch-asymmetrischen Aufriß, der das Landhausartige ausdrücken sollte. – Erhalten
(302)

302 Eichenbuschweg 7. Ansicht von der Straße aus

Eisenstuckstraße 5. 1898 von Fr. O. Richter
Dreigeschossiges achtachsiges Mietshaus, vierachsiger Mittelrisalit, vor beiden Außenachsen Balkone. Putzbau mit Sandstein. Späte Nachfolge der Nicolai-Schule. – Erhalten F 13

Eisenstuckstraße 25. 1897 von W. Seifert
Dreigeschossiges freistehendes Mietshaus von achtachsiger Front und kräftigem vierachsigen Mittelrisalit. Über dem Hauptgesims eine hohe gemuschelte Rundbogennische, die eine Bismarckstatue aufgenommen hatte. Abgeflachtes Walmdach. Im Mittelrisalit das Erdgeschoß mit Nutung (Sandstein), die übrigen Flächen verputzt. Gesims über dem Erdgeschoß. Vor den Rücklagen hölzerne Balkone mit Rundbogenstellungen. Aufriß und Grundriß in der Tradition der Dresdner Schule (→ *Bautzner Straße 133*). – Gut erhalten, Statue entfernt
(257) F 13

Eisenstuckstraße 44. 1897 von Seifert
Dreigeschossiges Mietshaus von unregelmäßigem Aufriß mit Kuppel über einem Eckerker. Gesimsgliederung. Loggien. Gotisierende und neubarocke Formen. Interessant der rasche Wandel der Stilelemente: Im Entwurf vom Mai 1897 tauchten nur konventionelle Renaissancemotive auf. Im Entwurf vom November 1897 ist die Fassade eine bunte Mischung der deutschen Renaissance, der Spätgotik und des Barock. – Erhalten G 14

Eisenstuckstraße 50. 1893
Zweigeschossige Villa über einem Souterraingeschoß, 3/3 Achsen, ein Eckhaus. Eckrisalit um 1/2 Geschoß erhöht. Walmdächer. Gliederung durch Gesimse, sehr glatte Eckquaderungen und in die Klinkerflächen eingelassene skulpierte Sandsteinfelder. Rundbogenfenster im Erdgeschoß des Eckrisalits. – Gut erhalten. Zwiebelkuppel über dem Eckrisalit entfernt
(303) G 14

303 Eisenstuckstraße 50. Ansicht von der Rugestraße

Elsa-Brandström-Straße (Sedlitzer Straße) 11/Rayskistraße. 1886
Zweigeschossige Villa von unregelmäßigem Grund- und Aufriß. Deutsche Renaissance. Volutengiebel, achtseitige Kuppel. Roter Backstein, die Gewände und Eckquaderung Sandstein. – Erhalten M 15

Elsa-Brandström-Straße 13. 1868 von E. Lehnert
Kleine eingeschossige Villa von 5 bzw. 7/2 Achsen. Walmdach. Auf der Westseite einachsige Seitenrisalite, auf der Gartenseite dreiachsiger Mittelrisalit. Davor Terrasse mit Freitreppe, einachsiger Seitenrisalit. Sandsteinbau. Nicolai-Schule. – Erhalten, Dach vereinfacht M 15

Eschenstraße 6. 1862
Kleines, schlichtes zweigeschossiges Wohnhaus von 5/4 Achsen und flachem Walmdach. Zweiachsige bzw. dreiachsige Mittelrisalite mit Pilasterarchitektur. Geschoßgesims und schlichte Eckpilaster. Die Fenster in Risaliten rundbogig. Trivialisierung der herrschaftlichen Villa der Semper-Nicolai-Schule. – Erhalten, Bandgesimse entfernt
(304) K 6

304 Eschenstraße 6

Forststraße 18. 1864
Zweigeschossiger symmetrischer Villenbau von rechteckigem Grundriß. Der dreigeschossigen Fassade zwei übereckgestellte Erker vorgelegt. Erkerbekrönung durch Spitzhelme. Schwache symmetrische Risalite vor dreiachsigen Seitenansichten. Gliederung durch Gesimse und Bänder. In den Obergeschossen Pilasterarchitektur, im Gebälk starkplastische Festons. Dieser Bautyp und die französisch anmutende Dekoration sind in Dresden selten. (Ähnlich → *Kleinzschachwitzer Ufer 70*) – Erhalten
(164) M 6

Franz-Liszt-Straße 27 (Palaisstraße). 1894
Ein- bis zweigeschossige Villa, Eckhaus von vielteiligem Aufriß. Putzbau mit Sandsteingliedern. Zwei Giebel mit Voluten. Über flachem Seitenrisalit hohes Zeltdach, hinter einem der Giebel Pyramidenstumpfdach mit Aussichtstürmchen, sowie einige kleine geschweifte Kuppeln. Rechteckige und rundbogige Fenster mit unterschiedlichen Verdachungen. Deutsche und französische Renaissance, deren Formen sehr frei variiert. – In schlechtem Zustand erhalten L 15

George-Bähr-Straße 20. 1900 von Sommerschuh & Rumpel
Kopfbau einer drei- bis viergeschossigen Reihenhausbebauung. Sandsteinverkleidete Fassade. Malerisch-unregelmäßiger Aufriß. Freier Historismus mit Jugendstilanklängen. – Erhalten G 15

Gewandhausstraße 7 (Preußsches Haus). 1825
Palaisartiges freistehendes dreigeschossiges Wohnhaus von 9/3 Achsen, rechteckigem Grundriß auf hohem Sockelgeschoß, errichtet auf der ehemaligen Bastion Jupiter. Genutetes Sockelgeschoß, die übrigen Geschosse glatt geputzt, gegliedert durch Bandgesimse. Hohes Walmdach. Schwacher dreiachsiger Mittelrisalit, dem ein von dorischen Säulen getragener Altan vorgelegt ist. Schlichte Rechteckfenster. Biedermeierliche Abwandlung des Landhauses von Krubsacius. – 1907 wegen des Rathausneubau abgebrochen
Lit.: Löffler, S. 360
(13) J 11

Gewandhausstraße/Kreuzstraße. Um 1885
Viergeschossige Blockbebauung mit ausgebautem Mansardengeschoß. Vielteiliger Aufriß. Eckrisalite überkuppelt und mit Türmchen versehen. Sandsteinverkleidete Fassade mit überreichem, kleinteiligen Dekor des malerischen Späthistorismus. – Zerstört
(305) J 10, 11

305 Blick vom Neuen Rathaus auf die Kreuzung Gewandhausstraße und Kreuzstraße nach Abbruch der Reformierten Kirche 1907. Die Bebauung Gewandhausstraße/Kreuzstraße errichtet 1885

Glacisstraße → Togliattistraße

Goetheallee 6 (Emser Allee). 1886 von Scherz
Kleine eingeschossige Villa im Landhausstil. Eckhaus. Eckachse mit zweigeschossigem Erker mit Türmchenbekrönung. Die Seitenansichten durch Mittelrisalit und Seitenrisalit gegliedert. Sockel, die Eckquaderungen, Gesimse, Fenstereinfassungen und der Erker in Sandstein, die Wandflächen in roten Klinkern. In den Giebeln der Risalite Fachwerk. – Erhalten Q 8

Goetheallee 24. 1891/1894 von Schilling & Gräbner

Schloßartige zwei- bis dreigeschossige Villa von unregelmäßig-malerischem Grund- und Aufriß. Über Sockelgeschoß (Polygonalmauerwerk, Sandstein) und tiefer Terrasse der Hauptbau mit dreigeschossigem Giebel. Rechts kurzer Seitenflügel mit Krüppelwalmdach. Links ein dreigeschossiger Treppenturm über quadratischem Grundriß mit abgefasten Ecken in den Obergeschossen, geschweifte Kuppel mit hoher Spitze. Wände geputzt. Aufgelegt reiche deutsch-renaissancistische Ornamentik. Am Seitenflügel Fachwerkdekoration. Vor dem Giebel breiter und tiefer Altan. Die Fenster rund-, flachbogig oder gerade geschlossen. – Mit Schäden erhalten

Lit.: Schumann, Führer S. 68; Blätter für Architektur und Kunsthandwerk, IX. Jg. (1896), T. 21

(306) R 9

306 Goetheallee 24. Ansicht der Straßenseite

Goetheallee 43. 1894 von Schilling & Gräbner

Kleine zweigeschossige Villa von unregelmäßig-malerischem Grundriß und Aufriß. Eingeschossiger Vorbau mit Volutengiebel und Sitznischenportal führt zum Hauptbau, dessen zweigeschossige linke Hälfte von hohem Zeltdach bedeckt, rechts dreigeschossiger Treppenturm mit achtseitiger gedrückter Zwiebelhaube. Im linken Winkel des Vorbaus ein Gewächshaus. Sockel, Gesimse, Eckquaderung, Fenster- und Portaleinfassungen Sandstein, die Wandflächen roter Klinker. – In schlechtem Zustand erhalten

Lit.: Blätter für Architektur und Kunsthandwerk, IX. Jg. (1896), Taf. 23

(225) R 9

Goetheallee 55. 1893 von Schilling & Gräbner

Hochherrschaftliche, große zweigeschossige Villa von unregelmäßig-malerischem Aufriß über etwa quadratischem Grundriß. Vielgestaltiger Aufriß mit Erkern, Treppentürmen, Risaliten mit Staffelgiebeln, Balkonen, Loggien und Freitreppen. Der Sockel mit Eckrustika, übrige Wandflächen glatt geputzt. Gesims über dem Erdgeschoß, die Ecken durch vereinzelte Bossen betont. Verschiedene Fensterformen, rechteckige Rund- und Flachbogenfenster, Vorhangbögen. Um die Fenster, am Turm und an den Giebeln reiche Ornamentik der deutschen Renaissance. In der Halle die Treppe. – Originale Glasfenster, Holzvertäfelungen und Stuck größtenteils erhalten

(223) S 9

Goetheallee 57. 1865 und 1883

Die Anlage besteht aus einer Villa, zwei zu beiden Seiten der Villa angeordneten Nebengebäuden und einem Park mit Gartenarchitektur. Das Hauptgebäude aus zwei Bauphasen, rechts der Hauptteil von 1865, links der Turm mit dem heutigen Haupteingang von 1883. Der ältere Teil eingeschossig, 5/2 Achsen und flaches Walmdach. Putzbau mit Sandsteingliederung. Dreichachsiger Mittelrisalit, zu eineinhalb Geschossen überhöht, Balkon und Rundbogenfenster. In der Seitenansicht in Rundbogennische weiblicher Torso. Pilasterarchitektur im Halbgeschoß des Mittelrisalits. Jüngerer Bauteil: Tiefer zweigeschossiger Turm. Das Portal in halbrundem eingeschossigen Vorbau mit vorgelegtem Säulenportikus. Mäßig hohes Zeltdach mit Lukarnen und Flachgiebeln. Im Treppenhaus des Turmes und im Korridor die Innenarchitektur mit Bemalung erhalten (1883). Pilastergliederung, kassettierte und muldengewölbte Decken. Illusionistisch bemalt im Wechsel mit Grisaillemalerei (Blumen, Putten, Festons, Drachen).

Vor der Villa links kleines zweigeschossiges Nebengebäude in Form eines Prostylos. Front Sandstein, Seitenansichten gelbe Klinker. Wohl 1883.

Im Park kleine massive Laube, Schweizerhausstil und Fachwerkimitation. Daneben ein kleiner Teich mit Grottenarchitektur. Terrassenmauer zur Elbaue.

Schlichte, charakteristische Bauten der Dresdner Schule. – Im wesentlichen erhalten

(307–310) S 9

307 Goetheallee 57. Links die Gärtnerwohnung, in der Mitte der Bauteil von 1883, rechts die Villa von 1865

308 Goetheallee 57. Seitenansicht der Villa von 1865

309 Goetheallee 57. Gartenhäuschen

310 Goetheallee 57. Gartenterrasse mit dem Blick auf die Loschwitzer Berge

Goethestraße 1/Parkstraße. 1869/1870 von Eberhard
Herrschaftliche Villa von zwei und zweieinhalb Geschossen, 5/4 Achsen, dreigeschossigem Treppenturm und sehr flachen Walmdächern. Die Hauptansicht nach der Goethestraße leicht asymmetrisch, symmetrisch die Seitenansicht. Nach der Hauptansicht Seitenrisalite, der linke um ein halbes Geschoß überhöht. Der Treppenturm in der Mittelachse der rechten Seitenansicht, das Turmobergeschoß belvedereartig ausgebildet. Reiner Sandsteinbau von besonders sorgfältiger Bearbeitung des Dekors. Gliederung durch Gesimse und Bänder, die Wandflächen genutet. Pilasterarchitektur und Palladiomotiv als Fenstereinfassungen. Reiche, feinteilige Reliefs an den Risaliten und unter dem Kranzgesims.
Charakteristischer Bau der Dresdner Schule, wohl von der Villa → *Beuststraße 1* angeregt. – 1945 zerstört
Lit.: BvD S. 386–388, Fig. 200, 201
(81) J 12

Goethestraße 6. 1869/70 von Eberhard
Zweigeschossige Villa von fünfachsiger Front und flachem Walmdach. Linke Seitenansicht vierachsig mit dreiachsiger Rücklage, in deren Mitte ein Säulenportal. Rechte Seitenansicht symmetrisch aufgebaut, dreiachsig, außen Erker, die Altane tragen. Treppe zum Garten. Sockel gequaderter Sandstein, die Geschosse verputzt. Im Obergeschoß ein Sohlbankgesims, am Gebälk reiche, starkplastische Festondekoration. Fenster rechteckig, im Erdgeschoß mit Sohlbänken auf Konsolen und Flachgiebelverdachungen mit leeren Tympana. Im Obergeschoß Flachbogen. In deren Tympana Kreismedaillons mit Rollwerkkartuschen, seitlich Laubwerk. Vornehme, einfache Fassade nach dem Muster italienischer Frührenaissancepaläste (vgl. Bürgerwiese 5, 6, 7). Die Schlichtheit der Fassade war mehr Mittel zur Distanz als Ausdruck von Bescheidenheit. Die Gartenfassade in ihrer bewegteren Gliederung ließen diese Schlichtheit vermissen. – 1945 zerstört
Lit.: BvD S. 391
(86) J 12, 13

Goethestraße 13. 1869/1890 von Pieper
Zweigeschossige Villa, fünfachsige Front von symmetrischer Bildung. Walmdach mit breiter Aussichtsplattform. In der Front einachsiger Mittelrisalit mit dem Haupteingang. Reiner Sandsteinbau. Bossierter Sockel, gequaderte Wände, Eckrustika, über dem Hauptgesims eine Attika mit gotisierenden Vierpässen. Gekoppelte Säulen trugen den Balkon in der Hauptachse, über dem Mittelrisalit und dem Risalit in der linken Seitenansicht Flachgiebel. Gotisierende Tendenzen außerdem in den Kapitellen der Säulen und Pilaster. Dieser Bau stand in seiner grundsätzlichen Grund- und Aufrißbildung in Verbindung zur Dresdner Schule, doch das Mischen einander ausschließender Stile war zu jener Zeit in Dresden nicht üblich. – 1945 zerstört
Lit.: BvD S. 395, Fig. 213, 214
(311) J 13

311 Goethestraße 13. Ansicht der Straßenseite

Großenhainer Straße 241. Um 1885
Stattliche zweigeschossige Villa von 3/2 Achsen und seitlichem dreigeschossigen Turm. Hanglange. Putzbau mit Stuck. Die Hauptansicht nach dem Tal (Gartenseite) mit zweieinhalbgeschossigem Mittelrisalit mit Drillingsfenstern. Vor der Villa große halbrunde Terrasse. Gliederung der Ecken durch Kolossalpilaster bzw. -lisenen. Gesims unterhalb des Hauptgesimses. Am Turm im Obergeschoß Palladiomotiv (vgl. *Bautzner Straße 130*). – Erhalten
(312)

312 Großenhainer Straße 241. Ansicht der Gartenseite

Grundstraße 137. 1892
Zweigeschossiges Landhaus im Schweizerstil. 3/3 Achsen, weit vorkragendes Satteldach, traufseitig zur Straße, über den drei breiten Mittelachsen zur Straßenseite Transversaldach. Vor dem Obergeschoß umlaufende hölzerne Galerie. Putzbau. – Erhalten
(313)

313 Grundstraße 137

Gustav-Adolf-Straße 2. 1892 von Rose & Oberle
Kleine zweigeschossige Villa über fünfeckigem Grundriß auf einem spitzwinkligen Eckgrundstück. Unregelmäßigem Aufriß. Backsteinbau mit Sandsteingliederungen. Formen der deutschen Renaissance und des französischen Barocks. – Erhalten M 15

Gustav-Adolf-Straße 4. 1892 von Hübner
Zweigeschossiger landhausartiger Bau von malerischem Grundriß und Aufriß. Satteldach. Bescheidene Formen der deutschen Renaissance. – Erhalten M 15

Gustav-Adolf-Straße 6. 1892 von Hübner
Zweigeschossiges Landhaus von 3/3 Achsen bei unregelmäßigem Aufriß. Wechsel von Giebel- und Traufdach. „Altdeutscher" Fachwerkstil. – Erhalten M 15

Gustav-Adolf-Straße 10. 1892/1893 von Weiner
Zweigeschossiges malerisches Landhaus. Links hoher geschweifter Giebel. Klinkerbau von besonders regelmäßiger, harter Ausführung. Das Streben nach Präzision in der Bauausführung bis zum Äußersten getrieben, der Eindruck emotionaler Kälte wird durch die malerische Bauform kaum gemildert. – Erhalten
Lit.: Blätter für Architektur und Kunsthandwerk, IX. Jg. 1896, Taf. 101 M 15

Händelallee 16 (Marschall-Allee). 1870 von Stock für sich selbst
Kleines eingeschossiges Landhaus mit dreiachsiger Front und hohem Walmdach, nach der Rückseite ein niedriger Treppenturm. Noch vor 1878 in Angleichung an den Kernbau nach links zweigeschossiger Anbau. Schmalseite des Anbaus zur Straße. Dazwischen Verbindungsbau. Die Sockel mit Eckquaderung und Einfassungen in Sandstein, Wände Klinker. Seitlich hölzerne Veranda. Die Stilisierung wurde als „französische Renaissance, beziehendlich ... Néo-Grece" bezeichnet. (BvD S. 415).
Diese Villa vertritt einen Typus, der im Dresdner Landhausbau nur in den östlichen Vororten anzutreffen ist (Kyawstraße 37, → *Regerstraße 1*, → *Maystraße 8*). – Erhalten. Keine wesentlichen Veränderungen
Lit.: BvD S. 415
(314) Q 9

314 Händelallee 16

Hamburger Straße 70. 1868
Zweieinhalbgeschossiges Landhaus, 5/4 Achsen. Nach jeder Ansicht im Mittelteil hoher Flachgiebel. Dachreiter mit konkav geschweiftem Dach. Die Wände der Außenachsen im Untergeschoß und die Giebelfelder in unverputztem Polygonalmauerwerk, übrige Flächen geputzt. Gliederungen in Sandstein. – Erhalten
(315)

315 Hamburger Straße 70. Ansicht der Gartenseite

Hildebrandtstraße 1. 1860 von G. Hanefeldt entworfen, ausgeführt v. F. R. Tharandt u. J. T. Tharandt
Zweigeschossige Villa von 7/4 Achsen. Die drei Mittelachsen der Front als Risalit gebildet und von Halbgeschoß überhöht. Putzbau mit Sandsteingliederungen. Geschoßgesimse. Im Mittelrisalit Rundbogenfenster, Säulen- und Pilasterarchitektur sowie ein Balkon. Der Bau gehört in den engeren Zusammenhang der Semper-Nicolai-Schule. Dominierendes Motiv der Triumphbogen, der Nordseite von Sempers Museum entlehnt. – Gliederungen der Wandflächen reduziert
(64) L 15

Ho-Chi-Minh-Straße 6 (Bernhardstraße). 1875/76 von Schreiber
Eingeschossige Villa über quadratischem Grundriß, von Risaliten in meist symmetrischer Anordnung aufgelockert. 4/3/3 Achsen. Sockelgeschoß, Eckquaderung im Hauptgeschoß, glatte Wände. Rechteckige Fenster mit aufwendiger Rahmung mit Sohlbänken und Flachgiebelverdachungen. – 1945 zerstört
Lit.: BvD, S. 392, 206, 207 G 13

Hohe Straße 7. 1867 von H. A. Richter
Schlichte zweigeschossige Villa von 4/3 Achsen und flachem Walmdach. Putzbau. Auf der Straßen- und Gartenseite zweiachsiger Mittelrisalit. Gliederung des streng symmetrischen Aufrisses durch Geschoßgesimse und Bänder, die Wände der Rücklagen glatt bis auf die Eckquaderung. Die Mittelrisalite mit Putzquaderung. In den Risaliten Fensterverdachungen. Nicolai-Schule. – Erhalten G 12

Hohe Straße. Künstliche Ruine. Etwa 1875 (sehr unsicher zu datieren)
Größerer eingeschossiger Bruchsteinbau von etwa quadratischen Grundriß und seitlichem Treppenturm zu dem Flachdach; an einer anderen Ecke ein niedrigerer Turm. Im Inneren ein einziger Raum mit Kamin in einer Ecke. Auf jeder Seite Spitzbogenfenster bzw. -portale. Einfassungen der Fenster und der Portale Sandstein, schlicht gekehlt. An den turmlosen Ecken übereck starke Strebepfeiler.
Das Gotische ist oberflächlich angedeutet, eine Beziehung zur künstlichen Ruine über dem Friedrichsgrund bei Schloß Pillnitz kann vermutet werden – mit Sicherheit haben Architekt und Bauherr diese Attraktion gekannt. Ähnlich der Grundgedanke: ein als Ruine gegebener Pavillon, der Raum für einen mehrtägigen Aufenthalt bietet; ähnlich ist das Baumaterial – Bruchstein mit Sandsteingliedern, die Stilform in sparsamer Andeutung. – 1975 zugunsten eines Spielplatzes abgerissen
(159) F 13

Hohe Straße 22. 1903 von Carl Poppe (Ausführender und Bauleiter) oder von Curt Poppe
Zweigeschossige Villa mit Sockelgeschoß und Attika vor sehr flachem Walmdach. Vor der Hauptansicht Mittelrisalit mit drei und im Obergeschoß mit zwei Achsen, je eine Seitenachse. Regelmäßiger Aufriß. Eckerker mit Altan vor dem Obergeschoß. In der rechten Seitenansicht der Eingang unter einem von Pfeilern getragenen Altan. Fassaden sandsteinverkleidet. Das Sockelgeschoß mit Fugenschnitt, die übrigen Wände sorgfältig geglättet. Wandgliederung durch glatte Kolossalpilaster. Rundbogenfenster im Erdgeschoß, Flachbogenfenster im Souterrain und im Obergeschoß. Die Einfassungen kräftig profiliert. Starkplastische geschweifte Gesimse über den Erdgeschoßfenstern, unter den Verdachungen Kartuschen, Tuchgehänge und Blattwerk. Muschel- und Blattwerk über den Fenstern im Obergeschoß. Blendbrüstungen unter den Erdgeschoßfenstern in der Hauptansicht. Das Treppenhaus als weite

316 Zwinger. Bogengalerie

Halle. Am schmiedeeisernen Treppengeländer Jugendstilanklänge. In der Dekkenmulde Gemälde – schwebende Putten, Blütenkränze und Rocailleornamentik. Einer der besterhaltensten Neubarockbauten. Ähnlichkeiten mit der Pilasterdekoration des Zwingers, mit dekorativen Elementen der Barockbauten Dinglingerhaus am Jüdenhof und Große Meißner Gasse 5 von Pöppelmann. – Kriegsschäden auf der linken Seitenansicht und der Rückseite des Hauses
(272; *316*) F 13

317 Holzhofgasse 12. Aufriß der Rückseite. Aufmaß 1917 von Haufe

318 Holzhofgasse 12. Schnitt durch die Eingangshalle. Aufmaß 1917 von Haufe

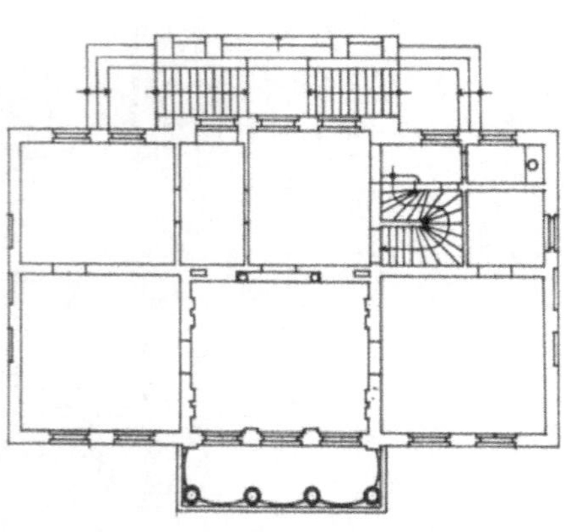

319 Holzhofgasse 12. Grundriß des Erdgeschosses. Aufmaß 1917 von Haufe

Holzhofgasse 12 (Kuppelvilla, auch „Wasserpalais auf Cosel" genannt). 1827 von Hermann

Eingeschossige Villa über hohem Souterraingeschoß, 7/3 Achsen, Walmdach. Über quadratischem Unterbau eine Kuppel. Über dem gequaderten Sockel Gesimsgliederung. Vor den drei Mittelachsen ein von vier Säulen getragener Flachgiebel. Rechteckige Fenster mit geraden Verdachungen. Im Tambour ein Halbkreisfenster. Für diesen Villenbau boten englische Villen des palladianischen Barock das Vorbild. (Ein verwandter Bau ist das Chiswick House, Middlessex). Die Villa ist einer derjenigen Bauten des Klassizismus, bei denen ein direkter historischer Bezug ablesbar ist. – 1945 zerstört, Ruine abgetragen
Lit.: G. Friedrich
(6; *317–319*) M 7

Holzhofgasse 20 (Villa Rosa). 1839 von Semper für den Bankier Martin Wilhelm Oppenheim

Zweigeschossige Villa von 5/5 Achsen über annähernd quadratischem Grundriß. Flaches Walmdach mit einer von einer Balustrade umgebenen Aussichtsplattform. Die Fassaden streng symmetrisch, die Hauptansicht nach dem Garten. Der Gartenseite vorgelegt Terrasse mit Freitreppen. Dreiachsiger Mittelrisalit, nach der Hofseite dreiachsige Rücklage. Das Souterrain gequadert, die Rücklagen der Geschosse glatt bis auf ein Sohlbankgesims im Erdgeschoß. Gesimse zwischen den Geschossen bei den drei Mittelachsen der Hof- und Gartenseite. Die Fenster im Erdgeschoß rundbogig, im Obergeschoß rechteckig, gerade verdacht in den Außenachsen der beiden Hauptansichten. Vor der Hofseite ein Vorhof mit kreisrunder Umfassungsmauer (1866 abgebrochen). Zum Haupteingang in der Mittelachse kurze schlichte Freitreppe. Die quadratischen Fenster im Obergeschoß der drei Mittelachsen durch eine schlichte Pilasterordnung gegliedert. Das Erdgeschoß des Mittelrisalits der Gartenseite als Halle gebildet, die Bögen von Pfeilern getragen. In den Zwickeln Reliefs, Blattwerk und Masken. Vor den Pfeilern der querrechteckigen Fenster im Obergeschoß auf Postamenten weibliche Plastiken. Darüber Gebälk. Die Seitenansichten zu Vertikalen zusammengefaßt. Eine Pilasterarchitektur auf schwachen Postamenten rahmt das Erdgeschoßfenster, dessen gerade Verdachung die Balustrade der Fensterbalkons für das Obergeschoß trägt. Unter dieser Verdachung, die auf Konsolen ruht, ein Spiegel mit Reliefs. Die aufwendige Verdachung des Obergeschosses von starken Konsolen getragen, die in Frauenköpfen enden. Die Seitenansichten sehr bescheiden. Diesen eine Pergolaarchitektur vorgelegt.
„Das Gebäude hat eine ziemlich quadratische Grundform; den Kern (. . .) bildet ein im regelmäßigen Achteck angelegter Salon, der durch Parterre und Etage des Gebäudes reicht und in einer Kuppelwölbung schließt, durch deren großes Oberlicht die Beleuchtung des Raumes erfolgt. Vier Thüren, welche im Parterre von diesem Salon ausgehen, stellen die Verbindung mit dem Vestibül, dem Speisezimmer, dem Gartensalon und den Zimmern der Frau her (. . .)." (BvD S. 378, 380)

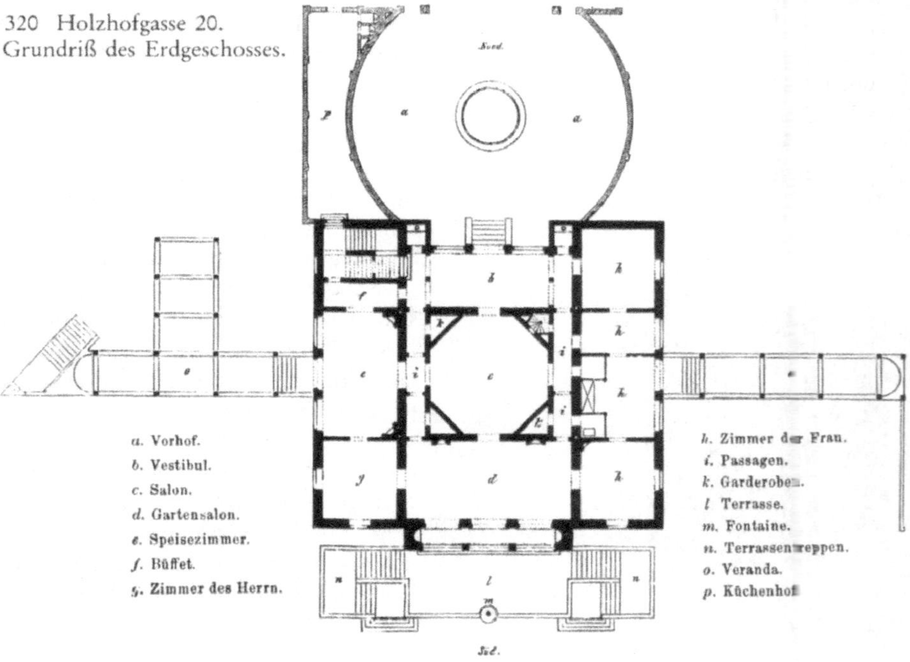

320 Holzhofgasse 20. Grundriß des Erdgeschosses.

Wesentlich für die weitere Entwicklung der Dresdner Villa und des Mietshauses wurde die Plazierung der Treppenanlage in einem Seitenraum.
Von den Nebengebäuden im weitläufigen Park ist das an der Holzhofgasse gelegene Gärtnerhaus mit dem eingebauten Treibhaus hervorzuheben. Ersteres zweigeschossiger Bau mit Satteldach, der nach der Art italienischer Landhäuser offene Giebel zu Straße bzw. Garten besaß. Rundbogenportal und -fenster im Erdgeschoß. (Das gleiche Motiv des südländisch flachen Daches und des offenen Giebels findet sich 24 Jahre später wieder bei der Villa Garbald in Castasegna, Graubünden.) Nach einem niedrigen Bauteil mit Transversaldach anschließend ein Gewächshaus, dessen Pultdach von sechs Halbsäulen getragen wurde.
Der Stil der Villa wurde als ein „Nebeneinander französischer und italienischer Motive, denen sich (...) Antikrömisches beigesellt“ (Försters allgemeine Bauzeitung 1845, S. 5) interpretiert. Manteuffel weist darauf hin, daß „die Ornamentation des Äußeren (...) nur rahmender, nicht gliedernder Art“ sei (Manteuffel S. 192). „Von der inneren Decoration ist vor Allem die des Mittelsalons hervorzuheben. Eine reiche Boiserie, in den mannigfachensten Feldereintheilungen, verkleidet die unteren Wände bis zur Brüstung des Obergeschosses. Das Kuppelgewölbe ist durch Zurücktiefung in Felder getrennt, welche theils mit Ornamenten, theils mit bunten Landschaften und Figuren geschmückt waren.“ (BvD S. 380)
Die Vorbilder für die Villa Rosa liegen bei italienischen Renaissancevillen, an erster Stelle ist die Villa Rotonda bei Vincenca von Palladio zu nennen. Wenn auch Semper zu seiner Zeit eine gültige Formulierung der Bauaufgabe Villa gefunden hat und von der eine unübersehbare Nachfolge ausgegangen ist, darf Semper keineswegs als derjenige gelten, der das Primat der Einführung dieses Typus für sich beanspruchen darf. Die Kontroverse mit Nicolai in dieser Sache (→ *Bürgerwiese 16)* dürfte kaum noch zu entscheiden sein, doch existieren im sächsischen Raum noch vor der Villa Rosa Lösungen, die die Konzeption der Villa Rosa vorwegnehmen. Geutebrück baute zwischen 1835 und 1837 zweigeschossige Villen mit Zeltdach über quadratischem Grundriß und regelmäßigem Aufriß und mit einem zentralen Raum, der von einem Lichtschacht erhellt wurde. Auch die Aufrißkonzeption ist ähnlich – betonter dreiachsiger Mittelrisalit, z.T. mit Rundbogenfenstern, Freitreppe zum Garten, Dachaustritt mit Gitter. (Villa Salomon in Leipzig, Villa Preuser, ebenda, Villa Geutebrück in Altenburg.)
Die Villa Rosa ist der wichtigste Villenbau in Dresden, wegen ihrer künstlerischen Qualität und auf Grund ihrer Stilisierung vorbildlich für den Typus der Renaissancevillen im deutschen Sprachraum. – 1866 ein Teil der Innenausstattung verändert. 1945 zerstört
Lit.: BvD S. 378–381, Fig. 183–185; Katalog der Semperausstellung 1979, S. 244; Manteuffel S. 151–157, MV 59
(28–32; *320)* M 8

Hospitalstraße 4/6. 1860.
Dreigeschossiges Doppelhaus mit Souterraingeschoß und flachem ausgebauten Walmdach. Je 7/5 Achsen. Nach der Straße dreiachsiger Mittelrisalit mit Pilastergliederung, Rundbogenfenster. Gesims über dem Souterrain und dem Erdgeschoß, Eckpilaster. Vor den Risaliten Balkone. Auf den Rückseiten Freitreppen, offene Treppenhäuser mit schmalem Auge und Säulenstellungen, einläufige Treppe im Halbkreis. – Erhalten
(321) K 8

321 Hospitalstraße 4/6

Hospitalstraße 12. Um 1890
Dreigeschossiges Mietshaus von 5/4 Achsen mit Mansardgeschoß. Drei- bzw. zweiachsige Mittelrisalite, dort auf der Straßenseite Balkone. Gliederung durch Gesimse und Eckpilaster. Charakteristisches frei stehendes Wohnhaus der Dresdner Schule in der Tradition der Villa Rosa *(→ Holzhofgasse 20)* und der Villa Struve *(→ Prager Straße 18)* (vgl. *Bautzner Straße 133*). – Erhalten, Bandgesimse abgeschlagen
(322) K 8

322 Hospitalstraße 12

Hoyerswerdaer Straße (Kurfürstenstraße)
Mit der Stadterweiterung der Neustadt zu Beginn der siebziger Jahre angelegt. Sie verbindet die Rothenburger Straße mit dem Brückenkopf der 1877 fertiggestellten Albertbrücke. Aufschlußreich die Wandlung der künstlerischen Formen innerhalb eines Jahrzehnts, die aus dem Vergleich mit der Rothenburger Straße deutlich wird. Alle Häuser sind viergeschossig mit ausgebautem Mansarddach. Alle Bauten weisen die Formen der Nicolai-Schule auf.
(323)

323 Hoyerswerdaer Straße. Östliche Straßenseite (gerade Nummern) ab Nr. 26

Hoyerswerdaer Straße 25. 1874
Eckhaus der Reihenhausbebauung. 7/1/6 Achsen, Eckrisalit mit Pilasterstellung, Gesimsgliederung. Das Hauptgesims mit Zahnschnitt. Eine Nutung im Erdgeschoß, Spiegel über und unter den Fenstern. Obergeschoßgliederung: Spiegel und starkplastischer Reliefschmuck, Arabesken und Festons, Blattwerkfries am Sohlbankgesims. Der Eckrisalit durch einen Erker in den ersten beiden Obergeschossen ausgezeichnet. – Erhalten. L 8

Hoyerswerdaer Straße 26. 1877
Eckhaus der Reihenhausbebauung. 6/2/6 Achsen. Der Eckrisalit gerundet und zum fünften Geschoß ausgebaut und durch eine Attika abgeschlossen. Erdgeschoß (Sandstein) genutet, die Oberge-

schosse glatt verputzt. Gesimsgliederungen. Schmuckformen der Nicolai-Schule. – Erhalten L 8

Hoyerswerdaer Straße 27 und 29. 1875 und 1876
Gleichgebildete Reihenhäuser von je sieben Achsen. Symmetrischer Aufriß, betont durch zweigeschossige Erker. Rundbogige Durchfahrt in den linken Außenachsen. Kräftig bewegt der Fassadenaufriß und die plastischen Details. Sandsteinquaderung im Erdgeschoß, glatte Wände in den Obergeschossen. Kräftige Simse. Pilasterartige Felder auf dem Fensterbandgesims setzen das 3. Obergeschoß deutlich von den anderen ab. Pilasterarchitektur am Erker. Die Fenster im Erdgeschoß rundbogig. Antikisierende Elemente – Akroterien und Palmetten. Entwicklungsgeschichtlich von Interesse, da die Feinheit der Proportionierung und Detailbildung der Nicolai-Schule verlassen ist. Statt dessen Tendenz zu neubarocker Bewegtheit und Fülle. – Erhalten L 8

Hoyerswerdaer Straße 28. 1876
Schlichtes Reihenhaus von sieben Achsen. Symmetrischer Aufriß, schwacher Risalit. Gesimsgliederung. Außerhalb der Symmetrie Eingang durch rundbogige Einfahrt. – Einige Reduktionen L 8

Hoyerswerdaer Straße 32 und 34. 1876
Reihenhäuser von gleichem, seitenverkehrten achtachsigen Aufriß. Fassaden symmetrisch zu je drei Achsen um durch Erker betonte Mittelachsen gruppiert, seitlich Seitenrisalite. Die drei Mittelachsen sind in den ersten drei Geschossen durch Pilastergliederung zusammengefaßt. Im Gebälk Reliefs mit Grotesken, Putten und Büsten. Erdgeschoß gefugt, Obergeschosse glatt. Schmuckformen der Dresdner Schule. – Erhalten
(324, 325) L 8

Hoyerswerdaer Straße 33. 1874
Reihenhaus von 7 Achsen. Leicht asymmetrischer Aufriß. Über einem glatten Sockel im Erdgeschoß Quaderung, im Gebälk des Gesimes zum 1. Obergeschoß Triglyphen. Die Eckfugung des Seitenrisalits über alle Geschosse. Um die Fensterachsen in den Rücklagen in den Obergeschossen eine gefugte Einfassung, zwischen den Einfassungen vertieft glattes Mauerwerk. Sohlbankgesimse in allen Geschossen, Kopfbänder in den ersten beiden Obergeschossen. Ausgeprägt mehrschichtiger Wandaufbau. Die Fenster segmentbogig verdacht im ersten, flachgiebelig im zweiten Obergeschoß. Reicher Reliefschmuck in den Gebälken über den Obergeschoßfenstern: Palmetten, Rosetten, Blattwerk, Masken, Tuchgehänge, Büsten und Muscheln. Auf dem Sohlbankgesims im 3. Obergeschoß in der Rücklage schlichte Pilastergliederung. Ornamentformen der Nicolai-Schule.
Eine Fassade von klassischer Ausgewogenheit. In seiner noblen Zurückhaltung gehört dieser Fassadenaufriß zu den bemerkenswertesten erhaltenen Leistungen der Zeit in Dresden. – Erhalten
(101) L 7

Hoyerswerdaer Straße 35. 1877
Reihenhaus von sieben Achsen. Betont symmetrischer Aufriß, einen Erker vor den ersten beiden Obergeschossen. Gesims über dem Erdgeschoß, kräftiges Hauptgesims. Flachbogige Verdachungen im ersten, gerade im 2. und 3. Obergeschoß. Am Erker Pilastergliederungen. – Originale Gliederung erhalten
(101) L 7

Hoyerswerdaer Straße 37. 1874
Reihenhaus von zehn Achsen. Fassade symmetrisch zu drei Achsen um dreiachsigem Mittelrisalit entwickelt, im 1. und 2. Obergeschoß Erker. Gliederung durch Gesimse. Gerade Verdachungen in den Obergeschossen. Am Erker Pilaster. – Erhalten L 7

Hoyerswerdaer Straße 38. 1875
Reihenhaus von acht Achsen. Fassade ist symmetrisch zu je drei Achsen um drei Mittelachsen gruppiert, die durch Balkone und gerade Verdachung hervorgehoben werden. Gesimsgliederung. Verschieden gebildete Verdachungen. – Erhalten L 7

Hübnerstraße 2. 1885 von Sommerschuh & Rumpel
Eingeschossige Villa von 4/3 Achsen und etwa quadratischem Grundriß, zweiachsiger Mittelrisalit mit ausgebautem Halbgeschoß. Gequaderter Sockel, die Wände glatt, gefugte Eckführung. Fenster teilweise mit Spiegeln und geraden Verdachungen auf Konsolen. Vor dem Mittelrisalit eine Terrasse. – Erhalten
(326) G 13

324 Hoyerswerdaer Straße 32. Fassadendetail

325 Hoyerswerdaer Straße 34. Fassadendetail

326 Hübnerstraße 2

Hübnerstraße 4. 1885 von Lippold, Erweiterung 1898 von Carl & Rönitz
Der Kernbau von 1885 eine eineinhalbgeschossige Villa, drei Achsen Front und höherer Mittelrisalit. Formen der Nicolai-Schule.
Beim Umbau zu einem Miethaus mit Mansarddach das Drillingsfenster im Mit-

telrisalit aus dem Erdgeschoß in das 1. Obergeschoß versetzt, das Halbgeschoß in die Dachregion. Auch dieser Umbau in den Formen der Nicolai-Schule. Der Verandenvorbau zeigt das Motiv des Triumphbogens der Nordseite des Museums. *(→ Bautzner Straße 133* und *Schaufußstraße 8)* – Erhalten
(65) G 13

Hübnerstraße 6/Altenzeller Straße. 1886 von Lippold
Zweigeschossige Villa, ein Eckhaus mit kräftigem Mittelrisalit, schmalem Eck- und Seitenrisalit. Klinkerbau mit reicher Sandsteingliederung (Fenstereinfassungen, Gesimse, Eckquaderung) im Stile der deutschen Renaissance. – Stark reduziert
(327) G 13

327 Hübnerstraße 6/Altenzellaer Straße

Jägerstraße 2/Arndtstraße. 1875
Zweigeschossige Villa von 5/3 Achsen bei etwa quadratischem Grundriß. Flaches Walmdach. Dreiachsige Mittelrisalite. Halbsäulen- und Pilasterarchitektur und Gesimsgliederungen. Der Risalit der Seitenansicht nimmt deutlicher als der Hauptrisalit das Triumphbogenmotiv auf, das für die Dresdner Architektur seine vorbildhafte Ausbildung im Mittelrisalit des Museums von Semper gefunden hatte. *(→ Bischofsweg 60, Hildebrandtstraße 1, Hübnerstraße 4, Rothenburger Straße 40, Schaufußstraße 8)* – Erhalten
(66) N 6

Johann-Meyer-Straße 22/24. 1873/1876 von Lisske
Zweigeschossiges traufständiges Doppelhaus von je sechs Achsen, zweiachsiger Mittelrisalit mit ausgebautem Giebel. Schlichte Gliederung und sparsame Schmuckmotive der Nicolai-Schule. „Die exorbitante Steigerung der Miethpreise in den Jahren 1871–1873, namentlich derjenigen für kleine Wohnungen und der Mangel solcher, waren die Veranlassung, daß (...) ein Ehrenbürger der Stadt, Herr Johann Meyer, im Jahre 1872 dem Rathe der Stadt ein Capital von 300 000 M zu dem Zwecke zur Verfügung stellte, für diese Summe (...) kleine Wohnhäuser für Unbemittelte (...) zu errichten." (BvD, S. 404, 405) Die Wohnungen bestanden aus Stube, Kammer und Küche. Die Errichtung dieser Häuser markiert den Beginn des sozialen Wohnungsbaues in Dresden. – Erhalten
Lit.: BvD, S. 404–405, Figg. 225–228
(103) K 4

Johannesstraße 23/Pirnaischer Platz (Mohrenapotheke). Um 1830 von Thormeyer
Dreigeschossiger Eckbau einer geschlossenen Bebauung. 17 Achsen zur Johannesstraße, neun zum Pirnaischen Platz. Dort fünfachsiger Mittelrisalit mit Balkon. Rundbogenfenster im Erdgeschoß. Schlichter klassizistischer Bau. – 1945 zerstört
Lit.: Inv. Dresden Bd XXIII, S. 743 K 10

Julian-Grimau-Allee 27 (Ostraallee). 1847
Viergeschossiges Reihenhaus (ein Logenhaus?) von elf Achsen. Flache Seitenrisalite von je zwei Achsen. Gliederung geschoßweise durch Gesimse. Die Fenster im Erdgeschoß flachbogig in vertieften rechteckigen Feldern. Alle Obergeschoßfenster rundbogig bis auf die rechteckigen im 3. Obergeschoß der Rücklage. Ionische Halbsäulen als Fensterrahmung im 1. Obergeschoß. – Im wesentlichen gut erhalten
(328) G 9

328 Julian-Grimau-Allee 27

Julius-Otto-Straße
Auf die Bebauung der künstlerisch bescheidenen Straße wird deshalb eingegangen, weil diese Bauten in nahezu unversehrtem Zustand geblieben sind und das Aktenmaterial erhalten ist. Diese Straße kann als Normalfall einer schlichten Bebauung eines Villenvorortes um 1890 gelten.

Julius-Otto-Straße 3. 1887 von Hübner als Ausführender
Zweigeschossiges villenartiges Landhaus von 3/2 Achsen mit abgeplattetem, flachen Walmdach und Treppenturm auf der Rückseite. Symmetrischer Grund- und Aufriß. Gebändertes Erdgeschoß in Sandstein, Ziegel im Obergeschoß. Als französische Renaissance stilisiert. – Unverändert erhalten M 14

Julius-Otto-Straße 4. 1893 von Huscher
Bau an der Grenze zwischen Mietshaus und Villa: zweigeschossig von 7/5 Achsen mit fünfachsigem Mittelrisalit, abgeplattetes steiles Walmdach mit Ausbauten. In der Mittelachse der Eingang, in den Außenachsen Balkone. Glatt geputzte Wände, geplant war eine architektonische Fassadenbemalung. Die Stilisierung als französische Renaissance kam dem Raumbedürfnis sehr entgegen, die steilen Dachformen ließen eine höhere Raumausnutzung als die flachen Walmdächer zu. – Unverändert erhalten M 14

Julius-Otto-Straße 5. 1898 von Riedel
Zweigeschossige Villa von 7/4 Achsen mit Pyramidenstumpfdach. Dreiachsiger Mittelrisalit mit Erker. Geschoßgliederung durch Gesimse, Eckquaderung. Im Mittelrisalit im Dachgeschoß romanisierende Rundbogenfenster (Würfelkapitelle). Im Aufriß ist das Schema der Dresdner Schule beibehalten (bis auf die Dachform), die Dekorationsformen gehören der Romanik, der deutschen und französischen Renaissance und dem Barock an. – Unverändert erhalten
(329) M 14

329 Julius-Otto-Straße 5

Julius-Otto-Straße 13 und 15. 1889 und 1890 von Martin für sich selbst
Zweigeschossige Landhäuser von unregelmäßigem Aufriß, 3/2 Achsen. Halbwalmdach mit Zwerchgiebeln und spitzem Eckturm. Erdgeschoß in gebändertem Sandstein, Klinker in den Obergeschossen (bei Nr. 13 mit Andeutungen von Fachwerk). Bemerkenswert dadurch, daß bis auf entfernte Assoziationen zum „altdeutschen" Stil kein Formvorbild faßbar ist. – Unverändert erhalten LM 14

Justinenstraße (Hainstraße) 7. Um 1860/1865
Kleines zweigeschossiges Landhaus von unregelmäßigem, etwa kreuzförmigen Grundriß. Der schlichte Bau dadurch bemerkenswert, daß an seinen Giebeln Formen der deutschen Renaissance Verwendung fanden *(→ Tolkewitzer Straße 73).* – Giebeldekoration 1975 entfernt
(162) S 10

Käthe-Kollwitz-Ufer (Hochuferstraße) 92. 1899 von Diestel
Zwei- bis dreigeschossige Villa, als dominierendes Motiv hohe Giebel mit Fachwerkdekoration, seitlich ein Treppenturm mit kupferner Kuppel. Fenster mit vielgestaltigen Abschlüssen. Reiche Materialwirkung durch die Verwendung von hellem Sandstein, grünem Putz, Kupfer, roten Ziegeln und dunklem Holz. Stilisiert als deutsche Renaissance. – Im wesentlichen erhalten Q 8

Kaitzer Straße 9. 1873 von Helm & Müller
Zweigeschossige Villa von regelmäßigem Grund- und Aufriß. Fünf Achsen Front, dreiachsiger Mittelrisalit, flaches Walmdach. Gesimse und Bänder, Eckquaderung, Rundbogenfenster und -portal im Erdgeschoß, um das Portal eine Säulenstellung, kannelierte Pilaster auf Postamenten und Gesimse mit Gebälk rahmen die Fenster. Diese im Obergeschoß mit Segmentbogenverdachung. Attika. Kleinteilig-malerische Ornamentformen. – Zerstört
(114) G 12

Kaitzer Straße 18. 1871 von Solms
Zweieinhalbgeschossige Villa von 5/3 regelmäßigen Achsen und flachem Walmdach. Dreiachsiger Mittelrisalit. Gliederung durch Gesimse. Erdgeschoß gequadert, die Obergeschosse glatt. Im Mittelrisalit im Erdgeschoß Rundbogenfenster. Dem Mittelrisalit ein zweigeschossiger Altan vorgelegt, im Erdgeschoß von korinthischen Säulen getragen, im Obergeschoß Pilaster. Nicolai-Schule. – Erhalten
(96) G 13

Kamenzer Straße 6. Um 1865
Traufständiges dreigeschossiges Reihenhaus von sieben Achsen. Putzbau. Gliederung der Fassade durch den zurückverlegten Eingang in der Mittelachse, durch reichere Fensterbekrönungen, durch eine Nutung im Erdgeschoß und Gesimse. Typisches Beispiel eines einfachen Mietshauses in einer Arbeitervorstadt. Auch hier folgt der Formenkanon der Nicolai-Schule. – Unversehrt erhalten
(85) L 7

Katharinenstraße 12. 1851
Viergeschossiges Mietshaus, freistehend, jedoch für geschlossene Bebauung angelegt. Leicht asymmetrischer Aufriß der sechs Achsen. Gesims über dem Erdgeschoß, kräftiges Kranzgesims. Die Pilasterarchitektur der Fensterrahmung durch Flachgiebel bekrönt. Im Erdgeschoß und in der Mittelachse Rundbogenfenster. Im Hauptgeschoß Spiegel mit reicher Ornamentik, Pilaster mit Kapitellen, über glattem Gebälk Flachgiebel mit Akroterien. Schlichtere Fenstereinfassungen im 2. Obergeschoß. Im Inneren flachkuppelige Wölbungen im Flur des Treppenhauses. Dem Hellenismus der Berliner oder Wiener Architektur nahestehend. – Erhalten
(330) K 7

330 Katharinenstraße 12. Fassadendetail

Katharinenstraße 14/16. 1857
Dreigeschossiges Reihenhäuser. Je sechs Achsen und flaches Walmdach. Geschoßgliederung durch Gesimse, die beiden Mittelachsen im 1. Obergeschoß zusammengefaßt und durch Pilaster um die rundbogigen Fenster (nur bei Nr. 16) hervorgehoben. In den beiden Hauptachsen kleinteilige biedermeierliche Ornamentik – Palmetten, Ranken, Achtecksterne. Auch diese beiden Mietshäuser sind wie Nr. 12 vom Semperschen Renaissancismus unberührt geblieben. Es ist auffällig, daß sich Dekorationsformen dieser Art an größeren Bauaufgaben oder in bevorzugten Wohngegenden nicht nachweisen lassen. – Im wesentlichen erhalten
(331) K 7

331 Katharinenstraße 16. Fassadendetail

Kleinzschachwitzer Ufer 70. 1862 und um 1870
Zwei verschiedenartige, baulich miteinander verbundene Villen. Rechter Bau (1862): Auf hoher Terrasse zweigeschossige Villa von rechteckigem Grundriß und symmetrischem Aufriß. Zwischen übereck gestellten Erkern zwei Achsen. Erkerbekrönung durch Spitzhelme. Die Seitenansichten eineinhalbgeschossig, dort schwache zweiachsige Mittelrisalite. Gliederung geschoßweise durch Gesimse. Fassade von Pilasterarchitektur und kleinteiligem, gotisierendem und beschlagwerkartigem Ornament überzo-

332 Kleinschachwitzer Ufer 70. Die linke Villa um 1870, die rechte von 1862

gen. Die Aufsätze an den Fenstern in den Spitzhelmen mit Anklängen zu Formen der deutschen und französischen Renaissance (ähnlich → *Forststraße 18*).
Linker Bau (1870): Eingeschossiger Bau über Souterraingeschoß. Fünfachsige Front, polygonale Exedra. Flaches Walmdach. Gliederung durch Gesimse und Pilaster. Ornamentformen der Dresdner Schule. – Beide Bauten im wesentlichen unverändert
(332)

Königsbrücker Straße → Otto-Buchwitz-Straße

Königsheimplatz (Residenz-/Marschallstraße). 1860 oder 1862 von Spiegelthal
Dreigeschossige Villa („Weißes Schloß") von 6/4 Achsen mit fünfgeschossigem Treppenturm. Kubisch geschlossener Baublock. Abschluß durch einen Zinnenkranz mit Fialen, in der Mittelachse der Hauptansicht durch kleinen Staffelgiebel unterbrochen. Wechselnde Fensterformen: Im Erdgeschoß mit Flachbogen, im 1. Obergeschoß rechteckig, im 2. Obergeschoß mit Vorhangbögen, im Giebel mit Spitzbogen, im Turm korbbogig und flachgiebelig. Die Mittelachse durch Balkone hervorgehoben. Die künstlerische Durchbildung dieses „aristokratischen Landsitzes" recht trocken – auch in der zeitgenössischen Literatur ist dieser Bau nicht gewürdigt worden. – 1945 zerstört
(142) Q 9

König-Johann-Straße (Ernst-Thälmann-Straße)
Der Durchbruch der König-Johann-Straße 1885–1888 vom Altmarkt im Zentrum der Altstadt in West-Ost-Richtung nach dem Pirnaischen Platze war dringend erforderlich, um die Pirnaische Vorstadt und die östlichen Vororte besser mit dem Stadtzentrum zu verbinden. Zu bebauen waren 400 m, wofür teilweise künstlerisch wertvolle Substanz geopfert werden mußte. Die ortsgesetzliche Grundlage des Durchbruchunternehmens war mit dem Regulativ vom 27. März 1885 und dem Dekret dazu vom 25. Juli 1885 gegeben. Die gestalterischen Richtlinien erschöpften sich in zwei Paragraphen, Paragraph 3 schrieb eine Geschoßhöhe von vier Geschossen und ein Mansardgeschoß vor, Paragraph 4 forderte an den Vorderfassaden „reine Arbeit", d. h. Sandsteinverkleidungen. Zur Erlangung von Entwürfen wurden bei der nichtöffentlichen Ausschreibung neun Firmen aufgefordert. Das Preisgericht bestand aus Oberlandbaumeister Canzler, Stadtbaurat Palmie, dem Aufsichtsrat der Baubank Lange und Stadtbaurat Bruno Adam. Das Projekt wurde vom Dresdner Architektenverein unterstützt. Der Dresdner Anzeiger berichtet am 11. Januar 1885, S. 24: „Der Dresdner Architektenverein bekundet für die angeregten Straßenerweiterungs- und Durchbruchprojekte seine volle Sympathie und bethätigt dieselbe durch die Wahl einer Commission, welche bei der Prüfung derselben und ehebaldigsten Berichterstattung über sie an den Verein beauftragt wird." Der Kommission gehörten die Architekten Giese, Haltenhof, Bruno Adam, Martin und Wanckel an. Der Durchbruch fiel in eine Phase, die durch eine Ermüdung des Strengen Historismus Nicolaischer Prägung gekennzeichnet war. Der künstlerischen Bewältigung sollte das Malerische dienen – ein in der Dresdner Architekturästhetik neuer Gesichtspunkt. „Das malerische Element, welches den Straßen alter Städte (...) innewohnt, wird auch hier nicht verkümmern. (...) Die vielfachen Durchschneidungen der neuen Straße von Querstraßen, der leichte Knick (...) lassen interessante Belebung durch Ecklösungen, Erker und Türme erhoffen." (Dresdner Anzeiger vom 24. Februar 1885, 5. Beilage, S. 20)
Das Ergebnis des Wettbewerbs fiel ganz im Sinne der lokalen Erwartungen aus, was nicht wunder nimmt, da sowohl Preisbewerber, die sich allerdings einen Blick auf die Reichshauptstadt nicht versagt hatten, als auch das Preisgericht von gleichen künstlerischen Vorstellungen geprägt waren.
Die Preisträger der IV. und VIII. Gruppe waren: 1. Heinreich Schubert (Dresden), 2. Rudolph Baron (Dresden). Angekauft wurden die Projekte von Haenel & Dressler (Dresden), Fischbach & Kuhn (Dresden und Berlin), Richard Frieße (Dresden). In der Gruppe VII (Hotel): 1. Bruno Schmitz (Berlin), 2. Hermann & Martin (Dresden). Ankauf: Giese & Weidner (Dresden), Weidenbach & Käpler (Dresden). In der Gruppe XIII: Zwei zweite Preise für Weißbach & Barth (Dresden) und für Haltenhof (Dresden). Ankauf: Ernst Becher (Dresden), Eck & Sommerschuh (Dresden), Löwengard & Thüme (Hamburg). Einen ersten Preis erhielten ferner Giese & Weidner (Dresden), einen zweiten Bruno Schmitz (Berlin), einen dritten Schubert & Adam (Dresden).
Die Ergebnisse der Konkurrenz wurden öffentlich ausgestellt. Die Deutsche Bauzeitung berichtete (19. Jg. 1885, Nr. 61, S. 367): „In ihrer *architektonischen Ausstattungen* sind (...) die meisten Entwürfe echte Kinder der Dresdner Schule, wenn auch in mannigfaltigen Abartungen. Von dem einfach-nüchternen Kasernenstil der alten Zeit bis zu der malerisch-lustigen Façaden-Dekoration in den kühnsten Formen und Motiven deutscher Renaissance sind hier so ziemlich alle Versuche auf dem Papier vertreten, die man an den jüngsten Bauten (...) sehen kann. Etwas individuell Hervorspringendes befindet sich darunter kaum, wie ja bekanntlich die Ausbildung des phantasievoll Eigenartigen von jeher die schwächste Seite der in allem Handwerklichen der Kunst so ausgezeichneten Dresdner Architekturschule gewesen ist." Am 5. Oktober 1885 begannen die Durchbruchsarbeiten, 1888 waren die Arbeiten abgeschlossen. Die Arbeiten lagen in den Händen der zu diesem Zweck gegründeten Aktiengesellschaft „Baubank". Bruno Adam fungierte als deren technischer Direktor.
Dieser Straßendurchbruch ist in den achtziger Jahren hoch gepriesen worden: „Spätere Geschlechter werden wahrscheinlich mit derselben Hochachtung, die wir den Schöpfungen Pöpelmanns, Sempers, Georg Bärs, Wolframmsdorffs etc. zollen, auf die Bauten Heynes, Gurlitts, Adams Mirus und anderer Baumeister blicken. Ich erinnere dabei nur an die König Johannstraße. Der Dresdener zeigt die neuerstandenen Prachtbauten mit Stolz. (...) Wir schulden zweifellos den Männern wärmsten Dank, welche die kleinen Winkelgäßchen und Straßen (...) aus der Welt räumen (...)." (Brand, Bilderbuch. Vorwort)
Künstlerischer Rang ist dieser Bebauung jedoch bestenfalls während ihrer Entstehung zugebilligt worden. 1903 schrieb Otto Richter, wenngleich von einer gewandelten Ästhetik ausgehend: „Für das Stadtbild war freilich kein Glück, daß der Bau in eine Zeit fiel, wo die Architektur überall von der Sucht nach Prunk und Überladung beherrscht wurde." (Richter, Geschichte, S. 101)
Im Zuge dieses Straßendurchbruches erfolgte auch der der Moritzstraße nach dem Johannisplatz und die Weiterführung der Straße unter dem Namen Johann-Georgen-Allee, gleichzeitig wurde die Anlage der Ringstraße vorangetrieben.
Lit.: Deutsche Bauzeitung 19. Jg. (1885) Nr. 61, S. 367; Dresdner Anzeiger 1885, 11. Januar, S. 24 und 24. Februar, S. 20; Regula-

tiv zur Bebauung der König-Johann-Straße vom 27. März 1885; Decret vom 25. Juli 1885 zum Regulativ vom 27. März 1885; Blätter für Architektur und Kunsthandwerk, II. Jg. (1889) Taf. 16, 150; Brand, nach S. 72 und nach S. 81; Richter, Geschichte, S. 101
(172, 208; *333, 334*) J 10

Körnerplatz. Ab 1892 von Nicolaus, Winkler, Schütz und Scherz
Mit der Errichtung der Blasewitz-Loschwitzer Elbbrücke wurden zu beiden Seiten der Brücke (→ *Schillerplatz*) in der Nähe der alten Dorfplätze neue Platzanlagen mit vielgeschossiger geschlossener Bebauung errichtet. Diese steht noch heute isoliert in mitten der älteren dörflichen Bebauung.
Die Bebauung des Körnerplatzes (einschließlich Schillerstraße 1 und des Quartiers, das durch Dammstraße 1 und 3, Friedrich-Wieck-Straße 2 und 4 gebildet wird) ist durchgehend dreigeschossig mit ausgebauten Mansarddächern, teilweise sind hohe Giebel ausgebildet. Die Erdgeschosse, die Fenstereinfassungen und die Gliederungselemente Sandstein, die Obergeschosse Backstein. Gesimse über dem Erdgeschoß, Belebung durch Erker, Balkone, Giebel und Türmchen. Stilformen der deutschen Kunst um 1500. Architekten:
Körnerplatz 2, 1894, von Winkler
Körnerplatz 8, von Scherz
Körnerplatz 10, 1897, von Scherz
Körnerplatz 11, 1892, von Scherz
Körnerplatz 13, 1898, von Scherz
Dammstraße 1, 1898, von Schütz
Schillerstr. 1, 1898, von Scherz
Friedrich-Wieck-Straße 2 und 4 von Scherz. – Unversehrt erhalten
(207)

333 Durchbruch der König-Johann-Straße. Plan von 1895

334 Blick vom Rathausturm über den Pirnaischen Platz und die Marschallstraße nach Nordosten. Aufnahme 1949

Laubegaster Ufer 33. 1874 von Hübner & Baron für den Commerzienrat R. Hartmann
Streng symmetrische zweigeschossige Villa am Elbufer von 5/3 Achsen. Mansarddach. Dreiachsige Mittelrisalite, betont durch Dachausbauten und tiefen Altan über der Auffahrt. Geschoßgliederung durch reiche Gesimsbildung, Pilasterordnung im Mittelrisalit. Putten auf dem Giebel der Gartenseite. Fenster mit reicher Einfassung mit Sohlbänken auf Konsolen und waagerechte Verdachungen. Wände und Bauornamentik Sandstein. Im Inneren zentrale Halle, Kassettendecken, Marmorverkleidungen und Ausmalung in der gleichen Art wie beim Hoftheater II. Grundriß nach dem Schema der Dresdner Schule, bereichert durch Erkervorbauten. Überdeckte Auffahrt. Die Dachform assoziierte französische Vorbilder. – Eine der wenigen erhaltenen anspruchsvollen Villen der Gründerzeit
(163)

Leipziger Straße 33. 1888 für den Holzgroßhändler Grumbt
Ein Entwurf eines Lipsius-Schülers. Repräsentative zweigeschossige Villa von fünf Achsen Front. Flaches Walmdach. Glatter Sandstein mit einzelnen Inkrustationen, bossierter Sockel. In der Front kräftige zweiachsige Seitenrisalite, in der rechten Seitenansicht Vorbauten mit doppelläufiger Freitreppe, Erker und exedrenartiger zweigeschossiger Umbauung der Mittelachsen. Nach der Rückseite überkuppelte übereck gestellte Erker. Geschoßgliederung durch Gesimse, Pilasterarchitektur. Kräftige Fenstereinfassungen, meist mit Flachgiebelverdachungen. – Erhalten
(177) G 6

Leipziger Straße 43 (Villa Martha). 1858
Zweigeschossiger Bau, rechteckiger Grundriß, 6/2 Achsen, vierachsiger Mittelrisalit, flaches Walmdach. Putzbau. In der Straßenfront ehemals Terrasse und Balkon. Geschoßgliederung durch Gesimse. Pilasterordnung vor dem Mittelrisalit. Reiche dekorative Durchbildung des Obergeschosses: Aufwendige Rahmung der äußeren Achsen durch ornamentierte Leibungen, Spiegel mit Blattwerkreliefs, Verdachungen mit Akroterien. Rundbogige Fenster im Obergeschoß, im Mittelrisalit und in der Seitenansicht. – Bis auf Balkon und Terrasse unverändert
(335) G 5

335 Leipziger Straße 43. Ansicht der Straßenseite um 1900

Lene-Glatzer-Straße 23 (Sachsen-Allee). 1874
Eingeschossige kleine Villa über etwa quadratischem Grundriß. Auf bossiertem Sockelgeschoß das hohe Hauptgeschoß von je drei Achsen. Portal und Treppenhaus im Mittelrisalit der rechten Seitenansicht. Abgeflachtes Walmdach. Putz- und Sandsteinbau. Gesimse über dem Sockelgeschoß, kräftiges Hauptgesims. Sparsame Putzquaderung im Hauptgeschoß, Rahmung der rundbogigen Fenster im Hauptgeschoß durch Pilaster, Verdachung durch kräftige Flachgiebel. Streng renaissancistische Villa von betont repräsentativem Anspruch durch die Monumentalität ihrer Formensprache. – Erhalten
(99) Q 9

Lennéstraße 1 (Dr.-Richard-Sorge-Straße). 1873/1874 von Weißbach
Zweigeschossige Villa von fünf Achsen mit dreiachsigem Mittelrisalit und abgefalchtem Steildach. Vor dem Mittelrisalit Terrasse, auf dieser eine Balkonarchitektur, im Dachgeschoß ein Flachgiebel. Geschoßgliederung durch Gesimse, die sandsteinverkleidete Fassade gequardert. Rechteckige Fenster, aufwendig gerahmt die Außenachsen im Obergeschoß, Lukarnen im Dachgeschoß. „Architekturdetails im griechischen Sinn behandelt" (BvD, S. 399). Als Stilvorbild diente die französische Renaissance. – 1945 zerstört
Lit.: BvD, S. 398, 399, Figg. 219, 220 L 11

Lennéstraße 2. 1873/1874 von Weißbach für den Bankier Johann Meyer
Zwei- bis zweieinhalbgeschossige Villa von rechteckigem Grundriß. Die fünfachsige Straßenseite streng symmetrisch gebildet, die Gartenansicht malerisch, landhausartig. Auf der Straßenseite breite einachsige zweieinhalbgeschossige Seitenrisalite, in der zweigeschossigen Rücklage im Erdgeschoß polygonale Exedra mit Freitreppe. Im Obergeschoß Palladiomotiv. Geschoßgesimse, kräftige Eckquaderung, die sandsteinverkleideten Wandflächen glatt. Der Haupteingang in der Mittelachse auf der asymmetrisch gebildeten Gartenseite. Der rechte Seitenrisalit zweiachsig über beide Geschosse durch tiefe Loggia geöffnet.
(Formal ähnliche Aufrißlösungen – strenge Hauptfassade, lockere Gartenansicht wie → *Parkstraße 7, Goethestraße 1, Wiener Straße 2 oder Radeberger Straße 21*) – 1945 zerstört
Lit.: BvD, S. 398, 399, Figg. 217, 218
(95, 98) L 11

Leonhardistraße 3. 1852
Zwei- bis dreigeschossige palaisartige Villa in einem früheren Weinberg. 5/5 Achsen, flaches Walmdach. Putzbau mit Sandsteingliederungen. Symmetrischer Aufriß, breite einachsige Seitenrisalite, tiefe Rücklage. Betonte Eckführung durch Quaderung. Gesimsgliederung. Sockelgeschoß gequadert, die Obergeschosse glatt verputzt mit Spiegeln. Unter den Simsen Rundbogen- oder Blattwerkfriese. In der Rücklage Rundbogenfenster, in den Obergeschossen gekoppelt, auf dünnen Halbsäulen bzw. Pilastern Phantasiekapitelle. In der linken Seitenansicht der Eingang. Am Portal Stabwerk, glatte Leibung mit Sitznischen. Romantischer Historismus mit dem Bestreben zur synkretischen Verbindung verschiedener Stilelemente. Ähnlich im Duktus wie die Bauten von Wolframsdorfs, Karl Moritz Haenels (Forstakademie Tharandt) oder Bothens. – Erhalten
(122)

Leubnitzer Straße 5. 1874 von Rönitz
Dreigeschossige Villa von 5/3 Achsen mit flachem Walmdach. Gefugtes Erdgeschoß, glatt die Obergeschosse. Gesims über dem Erdgeschoß. Dreiachsiger Mittelrisalit, betont durch eine Terrasse mit Freitreppe, Balkon im 1. Obergeschoß. In den Spiegeln reiche renaissancistische Ornamentik. Nicolai-Schule. – 1976 abgerissen F 12

Leubnitzer Straße 6. 1864 von Bär
Zweigeschossige Villa von 6/3 Achsen mit Satteldach und ausgebautem Geschoß über dem vierachsigem Mittelrisalit. Über diesem flaches Walmdach. Glatt geputzt, die Ecken gequadert. Gesimse zwischen den Geschossen. In den ersten beiden Geschossen des Mittelrisalits Rundbogenfenster. Vor dem Mittelrisalit

Terrasse mit Balkon auf kannelierten Pfeilern. Nicolai-Schule. – 1976 abgerissen
(336) F 12

336 Leubnitzer Straße 6 während des Abbruchs 1976

Leubnitzer Straße 7. 1868 von E. Hanefeldt
Zweigeschossige Villa von 5/3 Achsen mit flachem Walmdach mit kurzem First. Grundrißbildung der Dresdner Schule mit reduziertem Mittelsaal. Geschoßgliederung durch Gesimse. Putzbau. Dreiachsiger Mittelrisalit, in seinem Erdgeschoß Rundbogenfenster. Nicolai-Schule. – Ohne wesentliche Veränderungen F 12

Leubnitzer Straße 9. 1868 von E. Hanefeldt für den Bauunternehmer C. M. Schlächter
Zweigeschossige Villa von fünf Achsen Front, dreiachsiger Mittelrisalit, flaches Walmdach mit kurzem First. Symmetrischer Aufriß. In der Seitenansicht das Treppenhaus, in der Mitte rudimentärer Saal. Geschoß- und Wandgliederung durch zarte Gesimse, Bänder und Ecklisenen. Die Mittelachse durch Terrasse mit vorgelegter Freitreppe, Balkon im Obergeschoß und kannelierte Säulen bzw. Pilaster hervorgehoben. Bezeichnender Bau der Nicolai-Schule. – Ohne wesentliche Veränderungen F 12

Leubnitzer Straße 28. 1877 von Möckel entworfen und für sich selbst 1878 ausgeführt
Größere neugotische Villa von regelmäßigem Aufriß, zweigeschossiges Eckhaus mit zwei kurzen Seitenflügeln. Steile Walmdächer mit vorgelegten Giebeln. Backsteinbau (gelbe Klinker) mit Sandsteingliedern (weißer Sandstein). Vor der Ecke halbrunde Terrasse mit Freitreppe und Balkon. Das überhöhte Dachgeschoß von spitzem Giebel bekrönt und von zwei schlanken Turmhelmen flankiert. In der Mittelachse der rechten Seitenansicht das Hauptportal in einer Spitzbogeneinfassung, in der linken Ansicht polygonaler Erker, Fenster in verschiedenen hochgotischen Formen. Im Inneren durch beide Geschosse reichende Halle. Seitlich eine Spindeltreppe, um die Halle eine Galerie. In einigen Nischen der Halle, in der Vorhalle und in einigen Supraporten die originale figürliche Dekorationsmalerei sowie die gotisierenden Türen und Wandschränke erhalten.
Die Villa gehört zu Hannoveraner Hase-Schule. Einer der ersten anspruchsvollen Villenbauten, bei denen Klinker verwendet wurden. In Dresden hat dieser Bau wenig Resonanz gefunden. – Unversehrt erhalten
Lit.: BvD, S. 395–397, Figg. 215, 216; Möckel. 1880
(160) G 13

Leubnitzer Straße 30. 1880 von Gutmann
Zweigeschossige Villa von fünf Achsen Front, dreiachsigem Mittelrisalit und flachem Walmdach. Tiefe Mittelrisalite an den Seitenansichten. Vor dem Mittelrisalit Terrasse. Geschoß- und Wandverkleidung durch Gesimse und Bänder. Im Obergeschoß des Mittelrisalits Rundbogenfenster und Pilasterarchitektur mit Flachgiebel in der Mittelachse. Seitlich links beträchtlich vor der Fassadenflucht ein großer Saalbau in Jugendstilformen, 1900 von Wilhelm Kreis. – Nur die Fassade unverändert G 13

Liebigstraße 3. 1873
Zweigeschossige Villa auf einem Sockelgeschoß, 5/3 Achsen, Attika vor einem flachen Walmdach. Putzbau mit Sandsteingliederung durch Gesimse. Pilasterordnung im Obergeschoß des Mittelrisalits. Bau der Nicolai-Schule. – Erhalten G 13

Liebigstraße 7. 1880
Zweigeschossige Villa von 5/3 Achsen und Walmdach, links ein eingeschossiger Anbau (bald nach 1880). Fassade sandsteinverblendet. Dreigeschossiger Mittelrisalit mit Pilastergliederung. Feinprofilierte Gesimse und Bänder andersfarbigen Steinmaterials. In der rechten Seitenansicht der Eingang. Qualitätvoller Bau der späten Nicolai-Schule. Der eingeschossige Anbau nimmt das Geschoßgesims als Kranzgesims auf, benutzt zurückhaltend die Ornamentik des französischen Barock. Pilasterordnung und Festons im Gesims. – Äußeres im wesentlichen erhalten
(94) G 13

Liebigstraße 8. 1873 von Bär für sich selbst
Größeres dreigeschossiges freistehendes Mietshaus. 5/4 Achsen, Walmdach. Geschoßgliederung durch Gesimse. Die drei Mittelachsen der Hauptansicht als Loggien ausgebildet. Pilasterordnung, Säulen, Balusterbrüstungen. Die Fenster der Seitenachsen von Halbsäulen, Karyatiden und weiblichen Hermen eingefaßt. Seitenachsen mit kräftigen zweiachsigen Mittelrisaliten. Die Wandlung der Villa zum Mietshaus ist bei diesem Bau halb vollzogen. Grundriß und Aufriß sowie Gliederungsmotive stimmen mit dem Villenbau der Dresdner Schule überein. Geschoßzahl und Dimensionen sind die gleichen, die im Mietshausbau bis ca. 1900 üblich sein werden *(→ Bautzner Str. 133)*. – Erhalten, teilweise Verlust der Gliederung G 13

Liebigstraße 13. 1893/1894 von Kickelhayn d. J.
Zweigeschossige Villa von unregelmäßig-malerischem Grundriß mit Fachwerkgiebel, spitzem Turmhelm und achteckiger geschweifter Kuppel. Rechteckige und rundbogige Fenster. – 1945 zerstört
G 13

Löbauer Straße 15. 1863
Kleine eingeschossige Villa von vier Achsen mit zu zwei Geschossen überhöhtem Mittelrisalit mit Flachgiebel. Putzbau mit Sandsteingliederungen. Gliederung durch kräftige Gesimse, Bänder und bossiertem Eckpilaster. Kolossalpilaster des Mittelrisalits tragen den Flachgiebel. Vor dem Mittelrisalit eine tiefe Terrasse. Das Bemerkenswerte dieses schlichten Baues ist, daß zu dieser Zeit mit Kolossalpilastern barocke Würdeformen zitiert wurden. – Im wesentlichen erhalten
(337) N 6

337 Löbauer Straße 15

Loschwitzer Straße 7 (Residenzstraße). 1889
Zweigeschossige Villa, fünfachsige Ansicht, dreiachsiger Mittelrisalit mit Kolossalpilastern. Treppe nach barockem Schema. Formen zwischen Renaissance und Barock. – Erhalten Q 9

Loschwitzer Straße 21 (Villa St. Petersburg). 1872
Zweigeschossiger Bau von neun Achsen, davon sieben Achsen zu einem symmetrischen Aufriß um dreiachsigem Mittelrisalit. Links die beiden übrigen Achsen als starke Rücklagen. Gliederung durch Eckquaderung, Gesimse und Bänder. Vor dem um ein Halbgeschoß überhöhtem Mittelrisalit Pilasterordnungen, im Gebälk Festons. In den Rücklagen links Loggienarchitektur. Fenster im Erdgeschoß gerade, im Obergeschoß flachbogig verdacht. Aufwendiger Bau der Nicolai-Schule. – Erhalten
(338) R 9

338 Loschwitzer Straße 21

Loschwitzer Straße 31. 1889
Zweigeschossige symmetrische Villa von fünf Achsen mit abgeflachtem Walmdach. Dreiachsige Rücklage durch Loggien geöffnet. Vor den breiten Seitenrisaliten im Erdgeschoß ein Erker. Geschoßgliederung durch Gesimse. Eckpilaster. Flachbogige und rechteckige Fenster. Ornamentik mit barockem Anklang. Dieser Villentypus mit seinen palladianischen Motiven (Loggia!) war 1889 veraltet. Große Ähnlichkeit zur → *Parkstraße 9*, ferner zur *Wiener Straße 11*. – Erhalten
R 9

Loschwitzer Straße 37 (Villa Illgen). 1891
Eingeschossiger repräsentativer Bau von 7/5 Achsen mit abgeplattetem flachen Walmdach, ein Eckhaus. Je dreiachsige Straßenansichten mit korinthischer Säulenstellung, von einem Flachgiebel mit reichem plastischen Schmuck bekrönt. Greife als Akrothere, Palmettenbekrönung. Vor dem Prostylos in ganzer Breite zum Garten eine Freitreppe. In den Giebelfenstern allegorische Darstellungen: Ein Genius verteilt Kränze an Demeter und Merkur, Saxonia und die Personifikationen von Industrie und Handel, Kunst und Wissenschaft. Auf der Gebäuderückseite breite geschwungene Auffahrt. Rechteckige Fenster mit Flachgiebelverdachungen und Palmettenbekrönungen. Vestibül in der Art eines Atriums (mit Oberlicht, doch ohne Impluvium). Inneres im Gegensatz zum Äußeren neobarock. – Gut erhalten
(228) R 9

Lothringer Weg 1. 1874/1875 von Hübner und Frieße
Das Haus „trägt in seiner Anlage und Ausführung, wie in der Verbindung mit dem Wirtschaftsgebäude und sonstigen Dependenzen, den Charakter eines feinen, herrschaftlichen Landsitzes, dessen Annehmlichkeiten durch einen großen Park mit prächtigen Anlagen, Teichen, Brücken und bedeckten Sitzplätzen, von denen man eine kostbare Aussicht auf die Loschwitzer Berge etc. genießt, wesentlich erhöht werden". (BvD, S. 416)
Ein- bis zweigeschossige Anlage über etwa rechteckigem Grundriß mit leicht asymmetrischem Aufriß. Eckhaus. Sandsteinverkleidet. In den Risaliten zweigeschossiger Eckerker mit steilem Walmdach, ein achteckiger Helm über einem Treppenturm. Mansarddach. An den Risaliten und am Erker Pilasterordnungen. Das klare Kompositionsschema der Villen der Nicolai-Schule ist teilweise beibehalten, die Bauaufgabe „Landhaus" gestattete freiere Bildungen, die sich auf die französische Renaissance bezogen. – 1945 zerstört, als Ruine teilweise erhalten
Lit.: BvD, S. 416 Q 8

Lukasstraße 6. 1897 von Lippold
Hochherrschaftliches Mietshaus, ehemals Sitz der russischen Gesandtschaft. Stattlicher dreigeschossiger palaisartiger Bau von 13/7 Achsen. Hauptansichten sandsteinverblendet.
Die Erlaubnis zur Vereinigung zweier Bauparzellen war vom Rat der Stadt nur unter der Auflage erteilt worden, daß „die Ausführung in reiner Sandsteinarbeit erfolgt und höheren architektonischen Erfordernissen entspricht". (Bauakte, S. 10)
Kräftig vorkragendes Hauptgesims. Akzentuierung der Mittelachse durch weit vorspringenden Altan über dem Hauptportal und der Auffahrt, ferner durch das kurvig geführte Hauptgesims über einer über zwei Geschosse reichenden Rundbogennische und eine besondere Fensterverdachung. Kräftige einachsige Seitenrisalite mit Erkern im Erdgeschoß. Erdgeschoß genutet, Obergeschosse glatt. Gesimse über dem Erdgeschoß, Kolossalpilaster. Im Erdgeschoß Flachbogenfenster mit Scheitelstein. Geschweifte Verdachungen in den Seitenrisaliten im 1. Obergeschoß, die übrigen gerade. Reicher noch als die Hauptansicht die rechte Seitenansicht. – Den „höheren architektonischen Erfordernissen" ist ausgangs des Jahrhunderts mit der Wahl zurückhaltender neubarocker Formen entsprochen worden. – Äußeres bis auf die Dachform gut erhalten, im Inneren umgebaut
(265) H 14

Malerstraße 18. 1895 von Schreyer
Landhaus von unregelmäßigem, malerischen Grundriß und Aufriß. Hanglage, im wesentlichen dreigeschossig. Runder Turm mit Kegeldach. Backstein, Sandstein, Fachwerk, Ziegeldach. In lockerer Anordnung Balkone, Erker, Giebel, verzierte Schornsteine und verschieden geformte Fenster. Unregelmäßiger Wechsel des Sandsteinmaterials. Im Hofe ein überdeckter Brunnen und imitierte Betsäule. Zugang durch eine Pforte mit spitzem Giebel, daneben kastellartige Pförtnerwohnung und Garage. Typologische Ähnlichkeit mit dem Red house, das Philipp Webb 1859 für William Morris erbaut hat. – Erhalten
(262)

Marienstraße 24 (Houpsches Haus). 1841 von G. Semper
Viergeschossiges Reihenhaus von elf Achsen. Mittig das Rundbogenportal, Rundbogenfenster im Erdgeschoß. Gesims über dem Erdgeschoß und zweitem Obergeschoß. Erdgeschoß gequadert, 1. und 2. Obergeschoß gefugt, im 3. Obergeschoß Pilasterordnung. Flache Fensterverdachungen in den ersten beiden Obergeschossen. – 1945 zerstört H 10

Maystraße 8. 1884, wahrscheinlich von Hartmann und Weidner
Zweigeschossiges Landhaus mit dreigeschossigem seitlichen Turm. Unregelmäßige Aufrißbildung. Gelbe Klinker und weißer Sandstein. Gliederung durch Gesimse und Eckquaderung. Flaches Walmdach, in der Frontachse ein Drillingsfenster. Zurückversetzt rechts Portalvorbau. Nebeneingang im Turm. Im Inneren zweigeschossiger Oberlichtsaal, im Obergeschoß umlaufende Galerie. Das gewendelte Treppenhaus im Turm. Trotz der Veränderung des Bautypus ins Landhausartige und der Anklänge an die französische Renaissance bestehen Verbindungen zur Semper-Nicolai-Schule: Hervorstechend die Übereinstimmung mit deren Raumdisposition. *(→ Händelallee 16)* – Hauptbau und schlichte Nebengebäude unversehrt

Moritzstraße 19. 1887/1888 von Sommerschuh & Rumpel
Repräsentatives viergeschossiges Wohn- und Geschäftshaus. Eckhaus mit kräftigem Eckrisalit und schwächeren Seitenrisaliten. Steiles Mandarddach. Sehr reicher und starkplastischer Aufriß mit verschiedengebildeten Erkern. Über den Seitenrisaliten Volutengiebel. In der linken Front spitze Helme über den Dachfenstern, am Eckrisalit Stufengiebel mit starkplastischen Obelisken und Flachgiebelaufsätzen sowie von acht Säulen getragene Kuppel mit hoher Spitze, in der rechten Frontseite als Stufengiebel ausgebildete Dachfenster. Synkretischer Historismus. – 1945 zerstört
(339) J 10

Moscinskystraße 10 (Villa Opitz). 1873/1874 von H. A. Richter
Zweigeschossiger Bau von 5/5 Achsen mit sehr flachem Walmdach, dreiachsigem Mittelrisalit nach drei Ansichten, in der vierten dreiachsige Rücklage. Breiter Sockel mit Souterrain, vor den Rücklagen Terrassen bildend, zum Garten Freitreppe. Geschoßgliederung durch Gesimse, über dem Mittelrisalit Attika. Im Obergeschoß eine korinthische Säulenordnung und ein Balkon in der Mittelachse. Rundbogenfenster im Erdgeschoß in den Rücklagen, im Obergeschoß im Mittelrisalit. In den Rücklagen die Fenster vertikal zu einem Streifen zusammengefaßt. Das Gebälk dieser Fenster von Karyatiden getragen. Im Inneren ein zentraler Raum, im Obergeschoß achteckig. „Hervorragend in der Decoration sind die Parterreräume ausgeführt, und zwar: das Speisezimmer f, mit reicher Stuckdecke und hoher in Holztäfelung

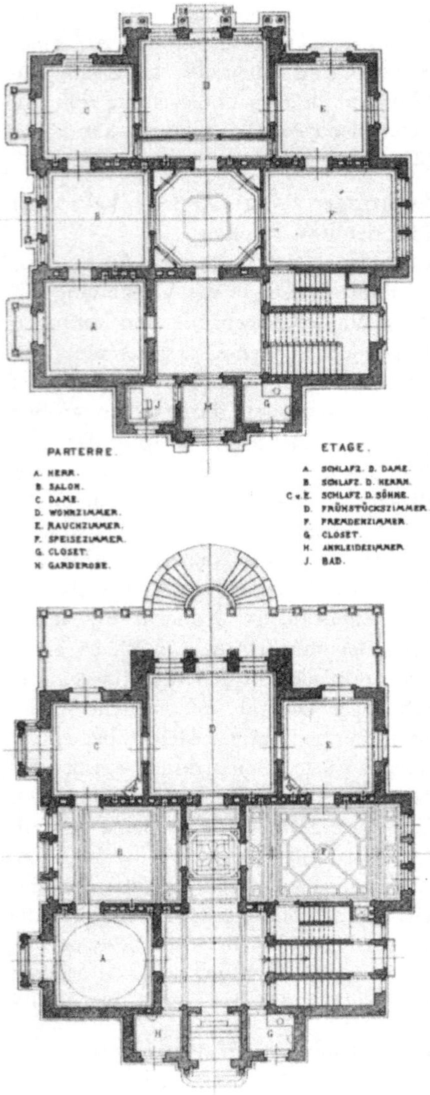

340 Moscinskystraße 10. Grundrisse des Erd- und des Obergeschosses

ausgeführter Wandbekleidung, das Herrenzimmer a, mit buntfarbiger Stuckdecke, und der Salon b. Der reich in Stuck gegliederte Plafond des letzteren Raumes zeigt eine tiefschwarze Färbung, auf welcher leichtgehaltene ornamentale Golddecorationen wirkungsvoll aufgetragen sind. Die Thüren und Fensterverkleidungen sind gleichfalls schwarz, die Wände mit olivengrüner Sammettapete, die Möbel, auf schwarzen mit Gold verzierten Gestelle, mit Seidenstoff in olivengrüner Färbung bespannt (. . .) Der Fussboden vom Entrée und dem Vestibul, ingleichen die sandsteinernen Stufen der Haupttreppe sind mit ächten Marmorplatten belegt, die Wände des Treppenhauses mit Stuckmarmor bekleidet." (BvD, S. 384, 386) Diese Villa gehörte zu den künstlerisch qualitätsvollsten ihrer Zeit in Dresden.

Der noble Bau wies sowohl Beziehungen zur Villa Rosa *(→ Holzhofgasse 20)* als auch zur Villa Struve *(→ Prager Straße 18)* auf. Die Fassaden- und Grundrißbildung entsprach der Villa Rosa, Proportionen und Details wiesen auf die Villa Struve. – 1945 zerstört
Lit.: BvD, S. 384–386, Figg. 195, 196, 197
(90; *340*) J 12

Niederwaldplatz 1/Altenberger Straße (Villa Detroit). 1887
Bau von H-förmigen Grundriß. Die Stirnseiten der Flügelbauten als dreigeschossige Eckvorlagen zu zwei weiten Achsen gebildet, der dreiachsige Mitteltrakt zweieinhalbgeschossig. Flache Giebeldächer über den Seitenrisaliten. Putzbau. Geschoßweise Gesimse. Putzquaderung im Erdgeschoß, im dritten Geschoß in der Haupt- und Seitenansicht zwischen schmalen Fenstern eine Pilasterarchitektur und Spiegel mit Arabeskenrelief. Das Haus vertritt einen Nebentypus der Dresdner Villen- und Landhausarchitektur *(→ Lennéstraße 2, Parkstraße 9, Radeberger Straße 21, Wiener Straße 44)*. – Erhalten S 12

Niederwaldstraße 37. 1896
Repräsentatives freistehendes dreigeschossiges Mietshaus über etwa quadratischem Grundriß und Mansarddach, ein Eckhaus. Klinkerbau mit reicher Sandsteingliederung. (Weißer Sandstein, gelbe und dunkelviolette Klinker). Geschosse durch Gesimse gegliedert, Ecken durch Bossierung oder Quaderung hervorgehoben. Portal- und Fensterrahmungen, Balkone und Erker Sandstein. Rechteckige und flachbogige Fenster. Offenes, weiträumiges Treppenhaus mit Oberlicht, im Erdgeschoß ehemals eine Brunnenanlage. Frei stilisiert, neben Formen der deutschen Renaissance auch barocke. Hervorragend die handwerkliche Ausführung. – Erhalten
(341) S 11

341 Niederwaldtstraße 37. Haupteingang

Nieritzstraße. 1844 angelegt
Schlichte dreigeschossige Reihenbebauung, die Eckhäuser viergeschossig. Horizontalgliederung durch ein Gesims über dem Erdgeschoß, kräftiges Hauptgesims, oft auf Konsolen. Im Erdgeschoß meist Stichbogenfenster in profilierten Einfassungen, in den Obergeschossen meist rechteckige Fenster, meist gerade Verdachungen, Flachgiebel über den Mittelachsen. Putzfassaden mit Sandsteingliederungen.
Aufschlußreich ist, daß eine Bedeutungssteigerung mittels Zitieren historischer Kunstformen keine Rolle zu spielen schien. Ein weiterer Umstand verdient Beachtung: Die hier gebrauchten architektonischen Motive barocker Herkunft werden sich an einfacheren Bauaufgaben noch länger als ein halbes Jahrhundert halten (vgl. *Altenberger Straße 16*). Herausgehoben aus der Reihung gleichrangiger Fassaden das mittelste Haus dieser Baugruppe: Vier Achsen ist im Obergeschoß eine Pilastergliederung vorgelegt, die Flachbogenfenster einfaßt. Bereicherung dieser Achsen durch Baluster und Reliefs mit Arabesken. – Besterhaltenste geschlossene Bebauung des Biedermeier
(47) J 7, 8

Otto-Buchwitz-Straße 19 (Königsbrükker Straße). 1900
Palaisartiges dreigeschossiges Wohnhaus von neun Achsen Front und abgeplattetem Walmdach über einer Attika. Symmetrischer Aufriß, einer fünfachsigen Rücklage ein schwacher dreiachsiger Mittelrisalit mit engeren Achsen vorgelegt. Breite Seitenrisalite, in den Außenachsen halbrunde Erker. Über dem Mittelrisalit Segmentbogengiebel, über den Eckerkern eiförmige Kuppel. Fassade sandsteinverkleidet, Nebenansichten verputzt. Geschoßgliederung durch Gesimse, das Erdgeschoß gequadert und genutet, die Obergeschosse glatt, Streifen verschiedenfarbigen Sandsteins. Rundbogenfenster im Erdgeschoß, im 2. Obergeschoß im Mittelrisalit und im Erker. Am Erker Spiegel mit Rollwerkrahmung, Kartuschen und Festons. Im Vestibül des Treppenhauses Wandverkleidung mit farbigem Stuckmarmor. Die Ansicht ähnelt Villen der Semper-Nicolai-Schule. Die Einzelmotive des Villenbaues erweisen sich jedoch als ungeeignet, der ganzen Fassade kompositorische Stabilität zu verleihen. – Keine wesentlichen Veränderungen an der Fassade
(258) K 6

Otto-Buchwitz-Straße 33. 1847
Dreigeschossiges freistehendes Wohnhaus vom Typus eines Reihenhauses von sechs Achsen, die äußeren als Zwillingsfenster. Flaches Satteldach. Sparsame Gliederung durch flache Bandgesimse mit Stuckornamentik (Palmetten, laufender Hund) und kräftiges Kranzgesims. Eckpilaster. Die Seitenansichten kaum gegliedert. Gerade Fensterverdachungen in den Obergeschossen. In der zweiten und fünften Achse im Obergeschoß Balkone. Auf der Rückseite Freitreppe. Schlichter biedermeierlicher Bau. – Erhalten
(49) K 6

Otto-Buchwitz-Straße 45. 1858
Zweigeschossiges Wohnhaus von 5/3 Achsen mit Satteldach. Dreiachsiger Mittelrisalit mit Terrasse und Freitreppe in der Mittelachse. Geschoßgliederung durch Gesimse, Eckpilaster. Im Mittelrisalit Rundbogenfenster. In den Außenachsen und in den Seitenansichten leere Spiegel unter den Sohlbänken. Vor dem Mittelrisalit Pilasterordnung. Vasenbekrönung über den Eckpilastern des Mittelrisalits.
Dieses einfache Haus weist Beziehungen zu Gliederungsmotiven der Villa Rosa (*→ Holzhofgasse 20; →* auch *Bautzner Straße 99)* auf. Enge Beziehungen bestehen auch zur *→ Villa Parkstraße 4.* – Erhalten
(63) K 6

Parkstraße 2/Goethestraße. 1869 von Grahl
Zweigeschossige Villa von 5/3 Achsen, flaches Walmdach. Die Hauptansicht nach der Goethestraße. Kräftige Mittelrisalite. Fassade sandsteinverblendet. Bossiertes Sockelgeschoß, die übrigen Wandflächen aus geglättetem Material. Kolossalpilaster. Im Mittelrisalit der Hauptansicht eine Pilasterordnung. Im Erdgeschoß Rundbogenfenster, eingefaßt durch Säulen, Halbsäulen und Pilaster. Verdachung durch Flachgiebel und gerade Gesimse.
Im Inneren durch Oberlicht erhellter Zentralraum. In der Grund- und Aufrißbildung eng der Villa Rosa *(→ Holzhofgasse 20)* verpflichtet. Das Triumphbogenmotiv durch das Museum angeregt. Vorbild für die Villa *→ Altenzellaer Straße 50.* – 1945 zerstört
Lit.: BvD, S. 381–382, Figg. 186–188
J 12

Parkstraße 3. 1867/1868 von Nicolai
Äußerst schlichte zweigeschossige Villa, mit einer Front von fünf Achsen und flachem Walmdach. Schwache einachsige Seitenrisalite fassen die Rückansicht ein, in deren Mitte über einer kurzen Freitreppe die Haustür, im Obergeschoß ein Drillingsfenster. Gesims über dem Sockelgeschoß, im 1. Obergeschoß ein Sohlbankgesims. Rechteckige Fenster mit schlicht profilierten Einfassungen und mit geraden Verdachungen auf Konsolen.
Dieser Bau, der mit wenig kunsthistorischen Formen auskam, stammte vom Haupt der Dresdner Architektenschaft dieser Jahre. Die Durchbildung der Details und die ausgewogene Gesamtkonzeption darf vollendet genannt werden. Diese allen Äußerlichkeiten abholde Baugesinnung hat schulbildend gewirkt. Die Zurückhaltung dieses Baues konnte kaum übertroffen werden. Eine Villenfassade wie diese konnte nur Bewohnern zusagen, denen an gesellschaftlicher Repräsentation nicht mehr gelegen zu sein brauchte. – 1945 zerstört
(83) J 12

Parkstraße 4. 1868/1869 von Schreiber
Zweigeschossige Villa von symmetrischem fünfachsigen Aufriß und flachem Walmdach. Dreiachsiger Mittelrisalit mit Attika. Putzbau mit Sandsteingliedern. Dem Mittelrisalit Terrasse und Balkon vorgelegt. Vor dem Mittelrisalit Pilasterordnung. Rundbogenfenster bis auf die beiden rechteckigen in den Außenachsen im Obergeschoß, ein Balkon vor diesen Fenstern. Die Fensterachsen der Rücklagen bilden ein vertikales Band. Der Fassade der Villa Rosa *(→ Holzhofgasse 20)* eng verwandt. Außerdem war dieses Aufrißschema vom französischem Landhausbau angeregt. 1844 sind Pläne und Ansichten eines Landhauses publiziert *(Försters allgemeine Bauzeitung 1844, Taf. DCI)*, die dem Aufrißschema der Villa Parkstraße 4 sowie anderer Bauten, z. B. *→ Otto-Buchwitz-Straße 45, Tiergartenstraße 8, Wiener Straße 32, Bautzner Straße 99, Caspar-David-Friedrich-Straße 13, Rothenburger Straße 5* entsprechen. – 1945 zerstört
Lit.: BvD, S. 399 J 12

Parkstraße 7 (Palais Kap-herr, später Königliche Villa). 1872/1874 von Schreiber
Stattlichste Villa neben *→ Bürgerwiese 5–7.* Zwei Geschosse, rechteckiger Grundriß, 9/5 Achsen, flaches Walmdach. Sandsteinverblendete Fassaden.

Der Hauptansicht ein auf gekoppelten Säulen bzw. Pfeilern ruhender Altan über der Auffahrt vorgelegt. Einachsige Seitenrisalite. In der linken Seitenansicht einachsige Seitenrisalite, im Erdgeschoß Erker, im Obergeschoß von Koren getragene Flachgiebel. Geschoßweise durch Gesimse gegliedert. Kräftiges Hauptgesims. Im Erdgeschoß eine Quaderung, rustizierte Eckführung, glattes Obergeschoß. Rundbogenfenster im Erdgeschoß, auf der Seitenansicht auch in der Rücklage des Obergeschosses. Die Verdachungen der Hauptansicht im Wechsel flach- und segmentbogig. Im Inneren ein zentraler achteckiger Raum mit Oberlicht. „Die Wände des letzteren (des Ballsaals; V. H.), ebenso die des oberen Vestibuls, sind mit Stuckmarmor, beziehendlich mit Stucco lustro, die unteren Wandflächen des Speisezimmers und des (. . .) Herrenzimmers mit reichgegliederter Holztäfelung bekleidet. Die Stufen und Balustraden der Haupttreppe sind in ächtem Mamor (. . .) ausgeführt, die Säulen im oberen Vestibul aus sächsischem (. . .) und französischem Marmor (. . .)." (BvD, S. 376)

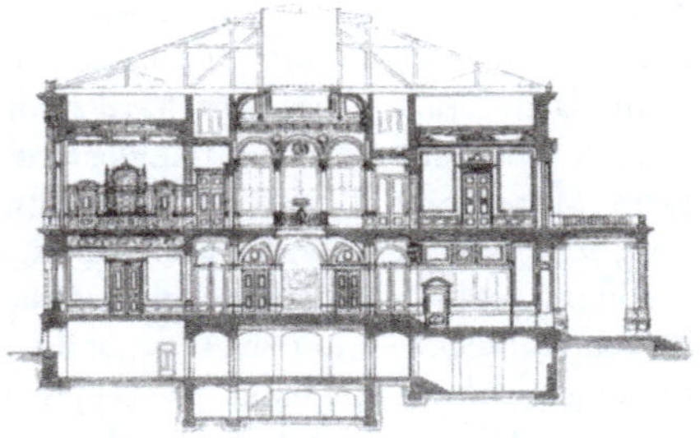

342 Parkstraße 7. Querschnitt durch die Mittelachse

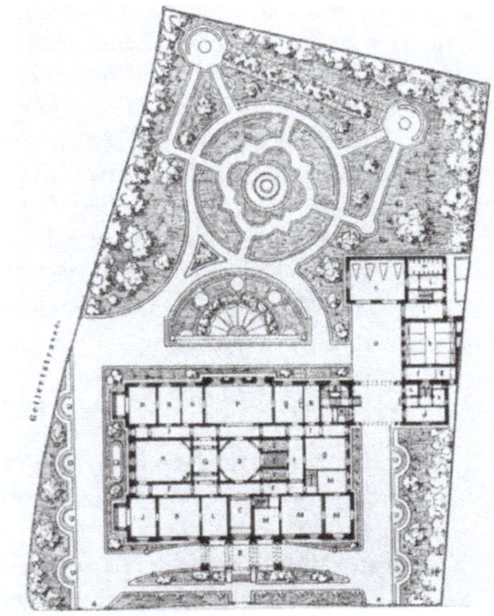

343 Parkstraße 7. Grundriß des Erdgeschosses

Deutlich nahm die Hauptfassade Motive italienischer Stadtpaläste auf (Palazzo Farnese in Rom, Palazzo Pandolfini in Florenz), die gleichen Vorbilder, die auch Sempers Palais Oppenheim *(→ Bürgerwiese 5–7)* zugrunde gelegen hatten. Während die Hauptfassade als Stadtpalast stilisiert war, wurden die Seitenansichten villenartig gebildet. – 1945 zerstört
Lit.: BvD, S. 373–376, Figg. 178–180
(97; *342, 343*) K 13

Parkstraße 9. 1866/1868 von Hauschild
Zweigeschossige Villa von 5/3 Achsen. Nach der Straßenseite einachsige Seitenrisalite und dreiachsige Rücklage. Flaches Walmdach mit Aussichtsplattform. Sandsteinverblendung. Geschoßgliederung durch Gesimse. Nach der Straßenseite im Erdgeschoß Rundbogenfenster. Vor den Seitenrisaliten im Erdgeschoß Erker mit Balkonen, in der Mittelachse halbrunder Austritt. Die Rücklage über beide Geschosse zu einer Loggia geöffnet. Die Villa vertritt einen Typus, der von Bauten Palladios direkt angeregt worden sein kann. – 1945 zerstört
Lit.: BvD, S. 383–384, Figg. 193–194
(88; *344*) K 13

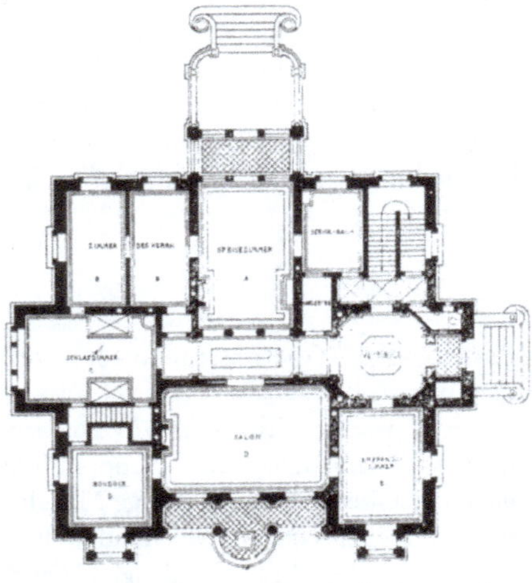

344 Parkstraße 9. Grundriß des Erdgeschosses

Pillnitzer Landstraße 59 „Künstlerhaus". 1897/1898 von Pietzsch
Großer fünfgeschossiger Bau mit Ateliers und Künstlerwohnungen. Bewegter Grund- und Aufriß, links und rechts zurückversetzte Flügel mit Wohnungen und weiteren Ateliers. Die Fassade an der Straßenfront burgartig. Unter der weitvorkragenden Traufe Reihung spitzbogiger Fenster. Linke Seite des Ateliertraktes in Rundbogenfenster mit kielbogiger Einfassung aufgelöst. Belebung durch verschiedenartige Materialien, heterogene Stilelemente und unterschiedliche Lösungen gleicher Bauglieder (Bauteile sollen aus Abbrüchen zusammengekauft worden sein!). – Im wesentlichen erhalten
(260)

Pillnitzer Schloß. Chinesischer Pavillon im Schloßpark. 1804 von Schuricht
In der Achse zwischen Bergpalais und künstlicher Ruine im Chinesischen Garten gelegen. Nach der Vorlage von Chambers eine annähernd exakte Nachbildung eines chinesischen Gebäudes: Über quadratischem Grundriß kubischer Baukörper, auf drei Seiten hölzerne Säulen vorgestellt, ein geschwungenes Dach tragend. Eingezogen ein Laternenaufsatz mit geschweiftem Dach. Im Inneren chinoise Ausmalungen. Ein Bau der Sentimentalen Romantik. – Erhalten
Lit.: Hartmann S. 119–121, Abb. 124–128; Löffler, Abb. 418
(7)

Pillnitzer Schloß. Neues Palais. 1818–1830 Errichtung des Neuen Palais nach Entwurf und unter Bauleitung von Schuricht, der Planungsideen Weinligs aufnahm
Pläne zur Erweiterung der unvollendet gebliebenen Anlage seit etwa 1780. Die umfänglichen Planungen von Weinlig erhalten, die die Beseitigung des Alten Schlosses (16. Jahrhundert) und des Venustempels (1724) zur Voraussetzung hatten. (Die Planungen stellt *Hartmann, S. 122–129,* vor.) 1788–1791 Errichtung der Flügelbauten des Berg- und Wasserpalais, chinoisierend, der Formensprache Pöppelmanns untergeordnet. Im Inneren einige Räume mit Groteskendekorationen im Stile der pompejanischen Wandmalereien von Weinlig.
Die Napoleonischen Kriege hinderten weitere Bautätigkeit, die jedoch wieder aufgenommen wurde, als das Alte Schloß und der Venustempel am 1. Mai 1818 abbrannten.
Errichtet wurde eine Dreiflügelanlage, die die Ostseite des Lustgartens zwischen Berg- und Wasserpalais abschloß. Jeder der zweigeschossigen Flügel mit Mittelbauten mit Mezzaningeschoß. Die Dächer und deren Aufbauten in stilistischer Angleichung chinoisierend und konkav geschwungen gebildet. Die Fronten zum Lustgarten barockisierend in Angleichung an das Berg- und Wasserpalais. Kühl klassizistisch dorisierend die Fron-

ten des neuen Innenhofes, des Fliederhofes. Die Wände verputzt und mit schlichten Sandsteingliederungen. Im Mittelbau der Festsaal. Über quadratischem Grundriß eine von Säulen getragene Hängekuppel, zu beiden Höfen rundbogige Fenstertüren. Ausmalung von Carl Christian Vogel von Vogelstein. Bedeutendster Innenraum des Dresdner Klassizismus.
Das Neue Palais stellt ein „hervorragendes, viel zu wenig beachtetes Beispiel einer dreiflügeligen Anlage aus klassizistischer Zeit" dar. (Löffler, S. 359)
Im Nordflügel im 1. Obergeschoß die katholische Kapelle (s. Sakralbauten). – Wohl erhalten
Lit.: Hartmann, S. 137–192, m. zahlr. Abb.; Löffler 1981, S. 132, 136–138, Abb. S. 358; Inv. Bd. XXVI, S. 174–177
(1, 14–17; *345*)

345 Schloß Pillnitz. Neues Palais. Kirchenflügel vom Fliederhof aus gesehen

Platz der Thälmann-Pioniere 2 (Alaunplatz). 1874 oder 1877
Villa vom Kastelltypus im Tudorstil mit Nebengebäuden, auf einer Anhöhe in der Nähe der Kasernen. Zweigeschossig mit quadratischem Grundriß, in der Mittelachse der rechten Seitenansicht ein dreieinhalbgeschossiger schlanker Turm über quadratischem Grundriß, Mittelrisalit und Treppenhaus um ein halbes Geschoß erhöht. 5/4 Achsen, teilweise blind. Vor dem Mittelrisalit Terrasse mit Freitreppe. Geschoßgliederung durch Gesimse, Zinnenkranzabschluß, an den Ecken schlanke Türmchen. Spitzbogenfenster im Obergeschoß des Turmes. In den Fensterstreben, in Spiegeln über und unter den Fenstern gotisierendes Maßwerk. Die Einfahrt zum Hof durch großen Spitzbogen. Die Unterzüge im Treppenhaus mit Tudorbögen. Schlichtes eineinhalbgeschossiges Nebengebäude gleicher Stilisierung. – Erhalten
(146) M 5

Polierstraße 19. Um 1820, wohl von Thormeyer. 1837 verändert
Palaisartiges Mietshaus. Ursprünglich zweigeschossiger Dreiflügelbau. Sieben Achsen und erhöhter Mittelrisalit. Vor diesem ein Altan auf dorischen Säulen. Vor einer pyramidal gefugten Gliederung Fenster mit eingestellten Säulen und Dreiecksgiebeln. 1837 die Rücklagen aufgestockt. – 1945 zerstört
Lit.: Inv. Bd XXIII, S. 744, Figg. 623, 624
G 11

Prager Straße
1851 als Verbindung zwischen dem Böhmischen Bahnhof und dem Altmarkt angelegt. Ursprünglich offene Bebauung, ab Jahrhundertwende geschlossene. Bis 1945 wichtigste Geschäftsstraße der Stadt.

Prager Straße 18 (Villa Struve). 1851/1852 von Nicolai
Stattlicher zweigeschossiger Bau von 5/3 Achsen über rechteckigem Grundriß. Flaches Walmdach mit Aussichtsplattform. Dreiachsige bzw. einachsige Mittelrisalite. Vor dem Mittelrisalit der Gartenseite tiefe Terrasse mit Freitreppe. Der Eingang auf einer Schmalseite. Fassade sandsteinverblendet. Bossiertes Sockelgeschoß, Wände glatt, Ecknutung, Geschoßgliederung durch Gesimse. Rundbogenfenster in reicher Rahmung und Flachgiebelverdachung im Erdgeschoß, rechteckige Fenster mit gesprengten Giebeln im Obergeschoß. Im Inneren oktogonaler Saal mit Oberlicht über beide Geschosse.
Für den Dresdner Villenbau des 19. Jahrhunderts wichtigster Bau nach der Villa Rosa (→ *Holzhofgasse 20*). Er fußt auf mehreren Vorbildern: der italienischen Renaissancevilla als deren Verkörperung die Villa Rotonda von Palladio galt. Als zweites Vorbild kommen Bauten des Dresdner Barock in Betracht. (Das tradierte barocke Gliederungsschema einer Fassade durch Mittelrisalit, Rücklagen und Seitenrisalite ist in Dresden nur für kurze Zeit – etwa zwischen 1885 und 1895 – aufgegeben worden!) Drittes Vorbild sind französische Landhäuser. Diese formgenetische Herkunft wurde auch von Zeitgenossen so gesehen: „Die im Renaissancestil mit feinen Details nach französischen Motiven componirten Façaden . . ." (BvD, S. 382). Der Grundriß der Villa lehrt, daß auch die Villa Rosa zu den Vorbildern gehört hatte. Durch die Lehrtätigkeit Nicolais ist der Typus der Villa Struve und deren Stilisierung für eine ganze Architektengeneration in Dresden zum Muster für den Villenbau und das freistehende Mietshaus geworden. – 1890 in die Wiener Straße transloziert. – 1945 zerstört
Lit.: BvD, S. 382, Fig. 189
(61; *346, 347*) H 12

346 Prager Straße 18. Villa Struve. Seitenrisalit mit dem Haupteingang. Aufnahme um 1875

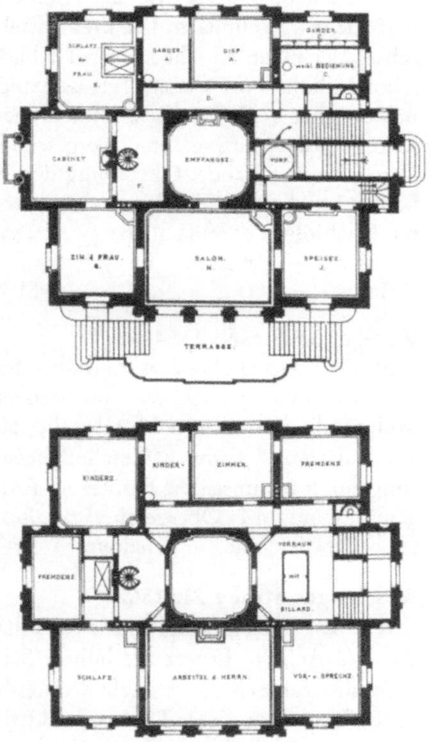

347 Prager Straße 18. Villa Struve. Grundriß des Erd- und Obergeschosses

Prießnitzstraße 63. 1861
Sehr bescheidenes zweigeschossiges freistehendes Wohnhaus, etwa quadratischer Grundriß bei 3/2 Achsen, kubischer Bau-

block, flaches Zeltdach. Mittelrisalit mit Flachgiebel und Balkon. Rechteckige Fenster in vortretenden Einfassungen, im Obergeschoß Sohlbänke und gerade Verdachungen, Geschoßgliederung durch ein Gesims, im Obergeschoß Sohlbankband und Spiegel unter den Fenstern.
Ein Beispiel für die fast allgemeine Verbindlichkeit und gleichzeitig für die Trivialisierung der Formensprache der Villenarchitektur der Dresdner Schule. – Keine wesentlichen Veränderungen
(73) M 6

Radeberger Straße
Ab 1861 in und um die Radeberger Straße im „Preußischen Viertel" Villen in offener Bebauung. Diese Villenkolonie (vor allem von Offizieren der nahen Garnison bewohnt) war eine weniger bevorzugte Wohnlage, der künstlerische Aufwand war geringer als etwa im Viertel um die Bürgerwiese. Die architekturhistorische Bedeutung dieser Bebauung liegt darin, daß hier das einzige Villenviertel des Strengen Historismus ohne wesentliche Veränderungen erhalten ist.

Radeberger Straße 11. 1862
Zweigeschossige Villa von 5/3 Achsen und flachem Walmdach. Die drei Mittelachsen der Hauptansicht um ein Halbgeschoß erhöht, vor dieser Terrasse und Balkon über beide Geschosse. Im Erdgeschoß Putzquaderung, im Obergeschoß glatt geputzte Wände. Gliederung durch Bänder und Spiegel. Ein Bau in der weiteren Nachfolge der Villa Struve *(→ Prager Straße 18)*. – Erhalten
(77) M 7

Radeberger Straße 13. 1863
Stattliches dreigeschossiges freistehendes Wohnhaus von 5/3 Achsen und flachem Walmdach. Dreiachsiger Mittelrisalit, davor Balkon und Terrasse. Geschoßgliederung durch Gesimse. Die Fenster im Erdgeschoß und im 2. Obergeschoß rundbogig. Nicolai-Schule. – Erhalten M 7

Radeberger Straße 21. 1862
Zwei- bis zweieinhalbgeschossige Villa von 5/3 Achsen. Einachsige höhere Seitenrisalite rahmen die schmale dreiachsige Rücklage. Vor dieser Terrasse und Balkon. Geschoßgliederung durch Gesimse. Vor den Seitenrisaliten im Halbgeschoß eine Pilasterordnung. (Gleicher Typus wie → *Parkstraße 9*). – Erhalten, Reduktion am Putz N 6

Radeberger Straße 23. 1872
Zweigeschossige Villa von 7/1 Achsen und Mansarddach. Der dreiachsige Mittelrisalit im Dachgeschoß ausgebaut. Vor dem Mittelrisalit eine Terrasse mit Freitreppe, Balkone vor beiden Obergeschossen. Eckquaderung. Vor dem Mittelrisalit eine Säulen- und Pilasterordnung. Wandgliederung der Rücklagen durch Gesimse, Bänder, leere Spiegel und Medaillons mit Fruchtkränzen. – Keine wesentlichen Veränderungen N 6

Radeberger Straße 25. 1871
Zweigeschossige Villa von 5/3 Achsen, Zeltdach und ausgebautem Halbgeschoß über dem dreiachsigen Mittelrisalit. Vor diesem Veranda mit Altan. Gliederung durch Gesimse, Bänder und Ecklisenen. Im Mittelrisalit kannelierte Halbsäulen bzw. Pilaster, Baluster in den Brüstungen der Veranda, des Altans und der Attika über dem Halbgeschoß. In der Vertikale der Fensterachsen reicher Reliefschmuck: Masken, Festons, Mäander, Arabesken und Beschlagwerk. Im Gebälk des Mittelrisalits Akanthuswerk.
Qualitätvollstes Beispiel für eine Reihe ähnlicher Villen der Dresdner Schule dieses Viertels. Der Typus der italienisch-renaissancistischen Villa ist zum Landhaushaften abgewandelt, das Breit-Gelagerte steileren Proportionen gewichen, orientiert am französischen Landhausbau. – Erhalten.
(60) N 6

Radeberger Straße 35. 1862
Zweigeschossige Villa von 5/2 Achsen, flachem Zeltdach und ausgebautem Halbgeschoß über dem dreiachsigen Mittelrisalit. Wandgliederung durch Gesimse, Bänder und Spiegel. In der Veranda kannelierte Halbsäulen, im Obergeschoß Pilasterordnung, im Gebälk in der Mittelachse Akanthuswerk. Dresdner Schule. – Erhalten. N 6

Radeberger Straße 60 („Waldschlößchen"). Herrenhaus einer Meierei. Um 1785 und 1790 durch Johann Daniel Schade für die irische Gemahlin des Grafen Camillo Marcolini errichtet.
(Marcolini war der mächtige Kabinettsminister Friedrich August I. und Generaldirektor der Kunstakademie sowie der Porzellanmanufaktur.)
Gebäude von rechteckigem Grundriß. 5/4 Achsen, dreiachsiger Mittelrisalit, Walmdach. Der Mittelrisalit im Dachgeschoß ausgebaut und durch einen Flachgiebel abgeschlossen. Die Hauptansicht und die erste Achse der Seitenansichten in Sandstein ausgeführt, die übrigen mit Brettern verschalt. Zwischen den Geschossen ein bandartiges Gesims, die Ecken durch schlanke Dreiviertelsäulen betont. Das Portal in der Mittelachse der Hauptansicht, dessen Spitzbogen von bündelpfeilerartigen Halbsäulen mit attischer Basis, Wirtelung und Pilzkapitell sowie von einem Flachgiebel eingefaßt wird. Im Giebelfeld das Wappen Marcolinis. Innerhalb der Pilasterordnung vor dem Erdgeschoß des Mittelrisalits hochovale Fenster mit gotisierendem Maßwerk (Fischblasenmotive), die übrigen spitzbogig, die Obergeschoßfenster durch einen Vorhangbogen geschlossen. Nach der Hauptansicht im Gebälk ein großer Rundbogenfries mit eingeschriebenen Dreipässen, über dem kräftig ausladendem Hauptgesims hohe Attika mit Vierpässen, an den Ecken stumpfe, breite obeliskenartige Fialen. Im Giebelfeld verschiedene gotische Bogenformen. Nach Corneli haben englische Vorlagenwerke die Aufnahme der spätgotischen Formen bewirkt. Unbekümmert um historische Treue sind dem Baukörper Motive aufgelegt, die das Landhausartige und Geschichtsträchtige assoziieren sollten. Mit dem Bezug auf englische Landsitze hatte der Emporkömmling Marcolini den Versuch unternommen, sich selbst mit Besitz altem Adel gleichzustellen. – Gut erhalten, die landschaftliche Situation völlig verändert
Lit.: Corneli
(2) O 6

Regerstraße 2 (Johannstraße). 1873/1874 von Hartmann und Weidner für den ersteren.
Zweigeschossiges Landhaus von etwa symmetrischem Aufriß 5/2 Achsen, in der Mittelachse einer Gartenseite ein dreigeschossiger Turm, der das Treppenhaus aufnimmt, nach der repräsentativen Gartenansicht zur Elbe ein dreiachsiger Mittelrisalit. Klinkerbau mit Sandsteingliederungen, steiles Walmdach. Formensprache der deutschen und französischen Renaissance. (→ *Händelallee 16*). – Erhalten
Lit.: BvD, S. 416
(166) S 9

Reichsstraße 14. 1873/1874 von Carl & Rönitz
Viergeschossiges Reihenhaus von acht Achsen und ausgebautem Mansarddach. In der linken Achse Seitenrisalit mit dem Hauseingang in einer rundbogigen Durchfahrt. Die Rücklage ordnete sich symmetrisch um eine Mittelachse, durch Balkone markiert. Das Erdgeschoß genutet, die Obergeschosse glatt, Gesims über dem Erdgeschoß und in Sohlbankhöhe

im dritten Obergeschoß. Nicolai-Schule. – 1945 zerstört
(348) H 13

348 Reichsstraße 14. Aufnahme um 1875

Richard-Wagner-Straße 3. 1885/1886 von Kraft
Zweigeschossige Villa von etwa quadratischem Grundriß und zwei- und dreigeschossigen Ecktürmen. Steiles Walmdach, zweistufiger Volutengiebel und Zwerchhaus. Die Türme mit Kegeldach und welscher Haube. Bossierter Sockel, glatt verputzte Wände. Rechteckige Fenster mit schrägen Gewänden, denen Halbkugeln aufgesetzt sind. Rhombische Fenster am Treppenturm. Stilisiert als sächsische Renaissance, die Formvorbilder exakt übertragen. – In Resten vorhanden L 14

Ringstraße
1871 Vorschlag des Oberbürgermeisters Stübel, die Promenaden um den Altstadtkern von der Marienstraße über Johannes-, Friedrichs-, Maximilians- und Moritzallee bis zur Zeughausstraße unter Einbeziehung der Privatgärten zu einer Ringstraße umzugestalten. 1873 Annahme des Planes durch den Rat der Stadt, doch Ablehnung durch das Ministerium des Innern. 1886 Baubeginn

Rothenburger Straße (Markgrafenstraße)
1865 angelegt. Alle beschriebenen Bauten sind viergeschossig und besitzen ein ausgebautes Dachgeschoß L 7

Rothenburger Straße 1. 1869
Reihenhaus von acht Achsen. Die beiden Mittelachsen durch Pilaster zu einem schwachen Mittelrisalit zusammengefaßt. Geschoßgliederung durch Gesimse, Pilaster und Balkone. Im Mittelrisalit eine für die Nicolai-Schule charakteristische Pilasterordnung. (Vgl. → *Beuststraße 1*). – Durch Reduktionen beeinträchtigt.

Rothenburgerstraße 5. 1865
Reihenhaus von sieben Achsen. Die drei Mittelachsen durch einen schwachen Risalit zusammengefaßt und durch Rundbogenfenster und Balkone ausgezeichnet. Die Verbindung zur Semper-Nicolai-Schule vor allem in der Durchbildung des Mittelrisalits faßbar. – Fassade leicht reduziert
(67; *349*)

349 Rothenburger Straße 5, 7 und 9

Rothenburger Straße 7. Wohl 1869
Reihenhaus von sechs Achsen. Zweiachsiger Mittelrisalit, durch Hauseingang, Ladentür, Balkone und Fensterverdachungen hervorgehoben. – Erhalten
(349)

Rothenburger Straße 9. 1865
Reihenhaus von sechs Achsen. Mittelachsen durch die Haustür, ein großes Fenster sowie Balkone ausgezeichnet. Gesims- und Lisenengliederung. Kielbogige Fenster im Erdgeschoß und im 1. Obergeschoß, die übrigen Fenster rechteckig mit Verdachungen im Tudorstil. Gotisierende Motive in den Spiegeln, in den Balkongittern und im Gebälk. Einziges Haus in diesem Stadtviertel mit gotisierender Fassadendekoration. Das Aufrißsystem das gleiche wie das der übrigen Häuser. – Erhalten
(349)

Rothenburger Straße 10. 1869
Reihenhaus von sechs Achsen. Schwache einachsige Seitenrisalite. Geschoßgliederung durch Gesimse. Erdgeschoßfenster rundbogig. – Stark reduziert

Rothenburger Straße 11. 1869
Reihenhaus von elf Achsen. Einachsige Seitenrisalite. Eingang in der Mittelachse durch die Haustür und reiche Fenstereinfassungen hervorgehoben. Flachbogenfenster und -tür im Erdgeschoß. – Stark vereinfacht

Rothenburger Straße 13. 1866
Reihenhaus von sieben Achsen. Dreiachsiger Mittelrisalit mit Lisenen- und Pilastergliederung in den drei unteren Geschossen. Horizontalgliederung durch Gesimse, das letzte Obergeschoß als Halbgeschoß. In der Mittelachse des 2. Obergeschosses über dem verkröpften Gebälk der Pilasterordnung ein Segmentbogen. Reiches Dekor in den Rücklagen im 1. Obergeschoß und im Mittelrisalit im 3. und 4. Obergeschoß (Zahnschnitt, ionische Kapitelle, Blattwerk, Mäander, Scheibenfries, Rosetten, Palmetten etc.) Im Hausflur Gewölbe auf korinthischen Säulen. – Bis auf den Verlust der Balkone im 1. und 2. Obergeschoß des Mittelrisalits gut erhalten
(78)

Rothenburger Straße 14. 1865
Reihenhaus von sieben Achsen. In der Mittelachse ein Erker. Das Erdgeschoß gequadert, das 1. Obergeschoß genutet, die weiteren glatt verputzt. Geschoßweise Gesimsgliederungen. Die Erdgeschoßfenster rundbogig. Im 2. Obergeschoß alternierende Verdachungen. Reich ornamentiert der Erker mit Spiegeln, Pilastern und Festons. – Leicht reduziert

Rothenburger Straße 15. 1866
Reihenhaus von sieben Achsen. Die Symmetrie durch den Hauseingang und

350 Rothenburger Straße 15. Fassadendetail

durch Balkone gegeben. Geschoßgliederung durch Gesimse und Bänder. In den drei unteren Geschossen eine Quaderung, das letzte mit Pilasterordnung und in der Art eines Mezzaningeschosses ausgeschieden. In den ersten drei Geschossen Rundbogenfenster. Im Gebälk des Gesimses über dem 2. Obergeschoß Rundbogenfries. Am Hauptgesims über Gebälk zwischen Doppelkonsolen starkplastische Festons. Dieser Bau steht in der Dresdner Architektur isoliert. Die beherrschenden Motive – Rundbogenfenster, die Geschoßgliederung durch Sohlbankgesimse und die Fassade überziehende Quaderung – gehen auf den Palastbau der italienischen Frührenaissance zurück (Palazzo Rucellai, Palazzo Strozzi). – Eingriffe in der Erdgeschoßzone
(134, *350*)

Rothenburger Straße 16. 1865
Reihenhaus von sieben Achsen. Eingang rechts in einer Durchfahrt und einachsige Seitenrisalite. Pilastergliederung über alle Geschosse. Das Erdgeschoß gequadert. Die Erdgeschoßfenster rundbogig. Dresdner Schule.
Im Erdgeschoß eine Raumausstattung erhalten: Quadratischer Raum mit niedriger Holzvertäfelung. Die Wände marmoriert, aufgesetzte Füllungen, ehemals Stofftapete. In zwei aufwendigen Türen Marmorsäulen eingestellt, kelchblockartige Kapitelle tragen einen Hufeisenbogen. Um Rundbogenfenster in verspiegelter Fensterwand gekoppelte Holzsäulen. Kleeblattbogenfriese. Im Deckenspiegel ein Achteck mit Arabesken. Kräftige Farbigkeit: Marmorierung hellgrau und rot auf gelbem Grund, rote Marmorsäulen, die Kapitelle in verschiedenem Rot, vergoldet, blaue und grüne Töne

Rothenburger Straße 17. 1867
Reihenhaus von sechs Achsen. Die beiden Mittelachsen in den ersten beiden Obergeschossen durch eine Pilasterordnung und Reliefschmuck in den Fensterspiegeln hervorgehoben. Im Erdgeschoß Rundbogenfenster. – Leicht reduziert

Rothenburger Straße 18. 1868
Reihenhaus von sieben Achsen. Flacher dreiachsiger Mittelrisalit, im 1. Obergeschoß ein Balkon. Geschoßgliederung durch Gesimse und Bänder. Das Erdgeschoß gequadert, die Obergeschosse glatt mit Spiegeln und Medaillons in den Fensterachsen. Im Mittelrisalit im Erdgeschoß Rundbogenfenster. Im Mittelrisalit Pilasterordnung. – Gut erhalten
(*351*)

351 Rothenburger Straße 18. Fassade

Rothenburger Straße 19. 1868
Reihenhaus von sechs Achsen. Im schwachen zweiachsigen Mittelrisalit und im 4. Geschoß eine Pilasterordnung. Im Erdgeschoß eine Nutung, die Obergeschosse glatt mit einer Gliederung durch Spiegel, Gesimse und Bänder. Rundbogenfenster im Erdgeschoß. Beschlagwerkartige Ornamentik in den Spiegeln im 1. Obergeschoß.
Schweifwerk mit Rollwerkmedaillons über den Fenstern, Blattwerk im Gebälk, kräftig vorkragendes Gebälk mit großen Palmetten als Aufsatz. Balkone. – Gut erhalten
(*352*)

352 Rothenburger Straße 19

Rothenburger Straße 40. 1874
Dreigeschossiges Reihenhaus von neun Achsen und Mansarddach. Streng symmetrischer Aufriß: Die Mittelachse wird durch den rundbogigen Hauseingang, einen Balkon im 1. Obergeschoß und eine Flachgiebelverdachung hervorgehoben. Rundbogenfenster in den ersten beiden Geschossen des Mittelrisalits. Im Erdgeschoß des Mittelrisalits eine Quaderung, im 1. Obergeschoß eine Fugung. Bemerkenswert eng die Beziehung zu Sempers Museum. Der Mittelrisalit nimmt in den ersten beiden Geschossen in stark vereinfachter Form den Aufriß der Nordseite des Mittelrisalits auf (→ *Bischofsweg 60*). – Bis auf die Putzgliederung in den Rücklagen erhalten
(80)

Rothenburger Straße 41. 1874
Dreigeschossiges Reihenhaus von sieben Achsen und Mansarddach. Gesimse über dem Erdgeschoß, Kopf- und Fußbänder. Die Mittelachse wird durch die Haustür und reichere Fenstereinfassungen betont. Das Erdgeschoß gequadert, die Obergeschosse glatt. – Gut erhalten
(*353*)

353 Rothenburger Straße 41

Rothenburger Straße 43. 1876
Eckgebäude einer geschlossenen Bebauung. 7/7 Achsen, Eckrisalit 1/1/1. Mansarddach. Gesimse über dem Erdgeschoß und dem 2. Obergeschoß, kräftiges Kranzgesims. Putznutung im Erdgeschoß, im Eckrisalit gequaderte Kanten, in glatten Wänden verschiedene Spiegelformen. Im Eckrisalit Flachbogen- und -giebelverdachungen auf Pilastern. In der Rücklage der Hauptansicht dreiachsige Pilasterordnung. – Erhalten
(*354*)

354 Rothenburger Straße 43. Links die Nr. 41

Sachsenplatz
Geschlossene Bebauung, angelegt mit dem Bau der Albertbrücke 1877. Planungsbeginn 1879, Ausführung 1880. Planentwurf und Ausführung durch Haenel & Adam.
Die Albertbrücke verband die aufstrebende Johannstadt auf der linken Elbseite mit der älteren und dichtbesiedelten Albertstadt auf der rechten Elbseite. Es wurde erwartet, daß sich um den Sachsenplatz ein städtisches Zentrum bilden würde. Der Stadt wurde daher fiskalisches Gelände abgelassen, der Staat verlangte dafür eine repräsentative Architektur, weshalb eine Konkurrenz ausgeschrieben wurde. 1880 reichten Haenel & Adam Pläne ein, die dem königlichen Ministerium zur Ausführung empfohlen wurden. Im Bauregulativ vom 6. November 1880 wurde u. a. vorgeschrieben: Verbrochene Ecken von 3,50 m Breite, Fassadenbreite am Sachsenplatz 60 m, die übrigen 50 m, fünf Geschosse am Sachsenplatz, vier in den einmündenden Straßen. Ein bestimmter Stil wurde nicht vorgeschrieben. Die Fassaden waren als deutsche Renaissance „in freier Auffassung" stilisiert, bereichert durch Barockmotive, wie Segmentbogengiebel und Kolossalpilaster. – 1945 zerstört
(174, 204) L 9

Schaufußstraße 8. Um 1895
Zweigeschossiges Wohnhaus mit flachem Walmdach. Der Straßenansicht eine hölzerne Veranda vorgelegt, die in ihren drei Rundbogenarkaden und den mittleren Flachgiebeln das Triumphbogenmotiv des Museums zitiert. Charakteristisch für die Wertschätzung, die den Bauten Sempers entgegengebracht wurden und für die klassisch-humanistisch gestimmte Geisteshaltung des Dresdner Bürgertums. – Erhalten
(254)

Schillerplatz und Nebenstraßen
Zwischen 1892 und 1899, meist durch Scherz, Sommerschuh & Rumpel unter Mitarbeit von Diestel. Schillerplatz 1, 2, 3, 1894/95; 4, 5, 6, 1892; Brucknerstraße 1, 2, um 1895; Hübler-Straße 1, 2, 3, dat. 1899; Loschwitzer Straße 54, 55, 56, dat. 1898
Der Schillerplatz wurde auf dem Dorfplatz von Blasewitz angelegt. Blasewitz hatte sich zu einem der bevorzugtesten Villenvororte entwickelt. Mit dem Bau der östlichen Dresdner Elbbrücke 1891–1893 entstand links an deren Zufahrtsdamm und an den einmündenden Straßen inmitten dörflicher Umgebung eine geschlossene viergeschossige großstädtische Bebauung. Sandstein- und Klinkerfassaden, an der Peripherie auch Putzbauten. Gliederung der Fassaden mit Giebeln, malerischen Erkern, Balkonen und Türmchen. Symmetrische Aufrisse wurden bevorzugt, Formen der Spätgotik, der deutschen Renaissance, des Barock, sowie Fachwerk und Formen der Nicolai-Schule treten oft am gleichen Bau auf. – 1945 die Bebauung Tolkewitzer Straße zerstört, im übrigen gut erhalten
(209, 210, 212) S 10

Schillerstraße 4. Wohl 1848/1853, 1856 als vollendet bezeichnet. Entworfen von Erhard für von Orlando
Zweigeschossiger, aufwendiger Villenbau, in einem früheren Weinberg in exponierter Hanglage, stilisiert als normannisches Kastell. Annähernd symmetrische Anlage. 5/5 Achsen, Flachdach hinter Zinnenkranz, seitlich gedrungener Turm. Im Erdgeschoß Spitzbogenfenster, im Obergeschoß Spitzbogen- und Rechteckfenster. Eingeschossiger polygonaler Vorbau mit Freitreppe zum Garten, nach der anderen Talseite großer Saalanbau über zwei Geschosse. Als Dekorationsmotive verschiedene hochgotische Formen. Der Stil, „Gothik in freier Auffassung", entsprach dem Wunsch des Bauherrn (Försters allgemeine Bauzeitung 1856, S. 222). Erhard bezog sich auf regelmäßige Anlagen vom Typus des Schlosses Windsor. Ähnlichkeiten bestehen mit einem Villenentwurf von Ludwig Förster und Theophil Hansen (Villa des Baron v. Pereira auf Königstetten bei Greiffenstein.) Ein Bau des Romantischen Historismus. – Erhalten
Lit.: Försters allgemeine Bauzeitung 1856, S. 221–222, Tafeln 48–51
(52, *355*)

Schillerstraße 12. 1851/1852 von Th. Lehnert für den Bildhauer Josef Herrmann, Anbau 1877
Große zweigeschossige Villa von fünf Achsen, am Hang eines ehemaligen Weinberges. Breite Seitenrisalite spannen die schmale dreiachsige Rücklage ein. Der linke Risalit als dreigeschossiger Turm gebildet. Nach der linken Seitenansicht Polygonalschluß. Der Anbau 1877 von der rechten Seitenansicht. Der Hauptansicht eine Veranda vorgelegt. Sparsame Geschoßgliederung durch schwache Gesimse, dünne Ecklisenen. Die Fenster der Hauptansicht rundbogig. Der Haupteingang im Anbau der rechten Seitenansicht. Rundbogen- und Rechteckfenster mit Sohlbänken und geraden Verdachungen im Obergeschoß, Auszie-

355 Schillerstraße 4. Villa Orlando. Grundrisse des Erdgeschosses und des 1. Obergeschosses

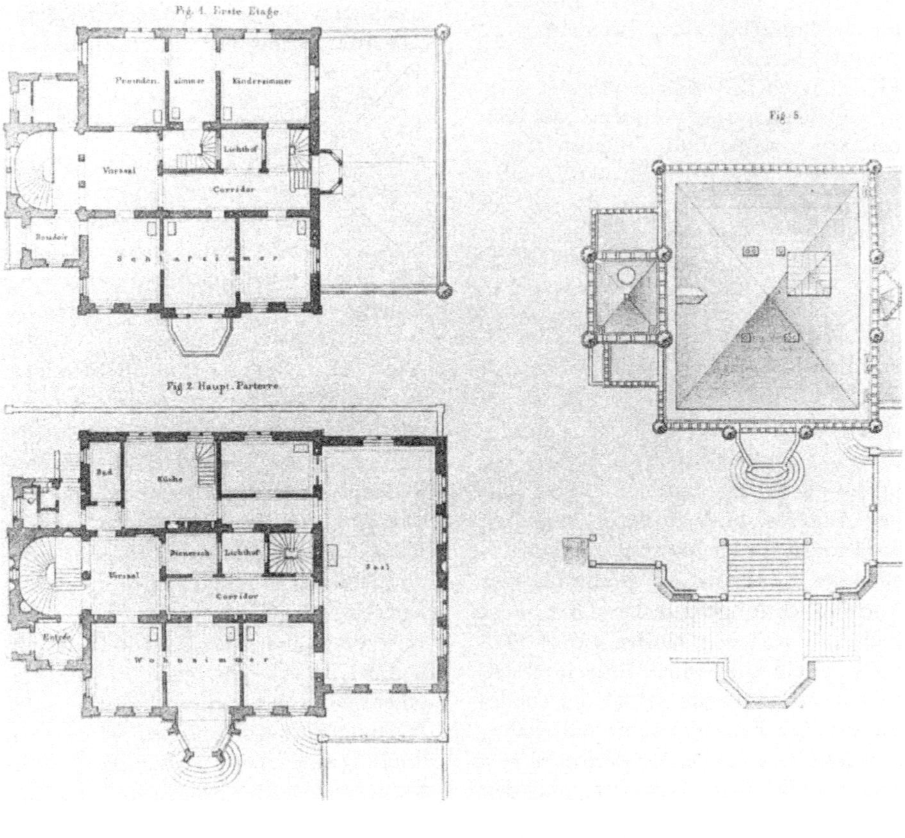

rung durch Festons, Masken, reiche Konsolen und korinthische Säulen. Die Ausstattung von 1851/1852 bis auf die Reliefs im offenen Treppenhaus und im Festsaal zugunsten der von 1877 nicht mehr vorhanden. Im Vestibül des Treppenhauses Stuckmarmor (1877). Im offenen Treppenhaus mit umlaufender Treppe ein Relieffries nach Thorvaldsen, ein weiterer im Festsaal. – Erhalten
(356)

356 Schillerstraße 12. Ansicht des Anbaues von 1877 mit dem Haupteingang

Schloßstraße 1/Altmarkt (Sogenanntes „Gotisches Haus"). 1861 umgebaut durch Maurermeister (Obermeister der Innung) Schäfer
Einer älteren Substanz wurde eine gotisierende Dekoration vorgelegt, „der Umbau erregte schon 1861 Mißfallen". (Paul Schumann, Der Altmarkt zu Dresden mit seinen neu gestalteten Bauten, in: Mitteilungen Sächsischer Heimatschutz Bd. VI, S. 74) – 1945 zerstört
(150) J 10

Schloßplatz. Residenzschloß
Da das Residenzschloß – verursacht durch den Brand von 1701 und wegen unterlassener Pflege, da im 18. Jahrhundert ein Schloßneubau geplant war – ein nur wenig repräsentatives Bild bot, wurden **Inneres und Äußeres zwischen 1883 und 1901 im Auftrag und auf Kosten des Königshauses durch Dunger und Frölich umgebaut.** Der Umbau des Ballsaals durch **von Wolframsdorf 1842** hatte nur einen der Innenräume modernisiert. Eine „Huldigungsgabe" des Landes Sachsen zur Feier des achthundertjährigen Bestehens des Hauses Wettin in Höhe von 3 Millionen Mark erleichterte den Fortgang der Arbeiten. Mit dem Erlös aus dem Verkauf des Brühlschen Palais für 3 Millionen Mark konnte die Finanzierung gesichert und der Umbau abgeschlossen werden.
Das Ziel war, einen stilistisch und räumlich einheitlichen Komplex zu schaffen. Der meist dreigeschossige Bau wurde sandsteinverkleidet oder verputzt, den Traufdächern einzelne Volutengiebel vorgelegt, die Ecken durch polygonale oder runde Türme mit Kuppeln hervorgehoben. Stilistisches Leitbild war die deutsche Renaissance, wobei eher auf die schlichten sächsischen Vorbilder, als auf die reicheren südwestdeutschen Bezug genommen wurde.
Am Außenbau begannen die Arbeiten 1889 mit dem Abbruch des alten Ballhauses an der schmucklosen Westseite. Als Zutaten entstanden ein dreizoniger Volutengiebel, reichere Fenstereinfassungen und ein von Doppelhermen getragener Balkon, achteckige Ecktürme mit Balkonen und Kuppeln. Die Ornamentformen streng, trocken und sparsam über die Flächen verteilt. Fertiggestellt 1892.
Die Südfassade wurde bis 1894 nach dem Abbruch von vier hinzugekauften Bürgerhäusern völlig neu errichtet. Die Wandflächen verputzt, rechteckige Fenster, die Einfassungen im Stile der deutschen Renaissance schlicht ornamentiert. Die stilistische Behandlung ähnlich der Westfassade. Anstelle des eisernen Übergangs zum Taschenbergpalais ein steinerner mit Stichbogen und toskanischen Halbsäulen.
Die Ostfassade wurde 1894/1895 umgebaut. Dem Hauptportal (1589/1890) wurde ein hoher Giebel aufgesetzt. Die Fassade erhielt in regelmäßigen Abständen vier Staffelgiebel mit Voluten, die Südostecke einen Rundturm mit Kuppel. Im Erdgeschoß Sandsteinquaderung, Obergeschosse verputzt. Fenstereinfassungen, Erker, Eckquaderung, Giebel und Turm in Sandstein. Rechteckige, stich- und rundbogige Fenster. Sehr reicher Reliefschmuck an den Erkern (Beschlagwerk, weibliche Hermen, Groteskenköpfe). In Scheitelsteinen naturalistische Köpfe in der Art von Bildnisbüsten. Diese Fassade malerischer als die West- und Südfassaden, die Formen üppiger.
Der Nordflügel wurde zwischen 1896/1899 umgebaut. Die Durchbildung ähnelt der Südseite und bleibt im künstlerischen Aufwand hinter der Ost- oder Westseite zurück. Bemerkenswert die Stilisierung des Übergangs zur Hofkirche: Kupferverkleidete Brücke mit flachgeschwungenem Bogen, in der Mitte starkplastische Putten- und Engelsgruppe, einen Wappenschild haltend. Balustrade mit Vasenbekrönung. Die Fenster lehnen sich an die barocken der Hofkirche an. (Bildnerischer Schmuck: C. Roch) Vom Inneren ist die sogenannte Englische Treppe, 1895 von Fröhlich umgestaltet, hervorzuheben. Im Gegensatz zum Außenbau waren die Innenräume am 18. Jahrhundert orientiert.
Der bedeutendste Eingriff erfolgte am Georgenbau. Der Vorzustand war durch den Umbau von 1832 (Erhöhung um ein Geschoß) des 1730 (Fürstenhoff) wiederhergestellten fast schmucklosen Baues bestimmt. Ehemals sechs gleichwertige Achsen, flaches Walmdach. Im Erdgeschoß rundbogige Toröffnungen. Vier Geschosse.
Beim Umbau 1899/1901 wurden die Geschoßhöhen beibehalten, ein fünfstufiger Staffelgiebel (gleichwinkliges Dreieck) und ein steiles, von einem Türmchen mit Umgang versehenes Zeltdach aufgesetzt. Die Achsen am Hauptbau wurden völlig verändert – die Portale bedeutend erweitert, die äußeren stark seitlich verrückt (das alte Georgentor, 1534, oberitalienisch, an die westliche Seitenansicht versetzt). In der Mittelachse ein zweigeschossiger dreiachsiger Erker mit geschweiftem Dach (welches die Dachform des 1589 von Nosseni errichteten und 1747 zerstörten Lusthauses auf der Jungfernbastei zitiert) und reichem Reliefschmuck, runde Eckerker mit Kuppel und Spitze vor dem 2. und 3. Obergeschoß. Im Giebel in reich bekrönter Flachbogennische das Reiterstandbild Herzog Georg des Bärtigen in der Art der Condottieredenkmäler. (Plastischer Schmuck von G. Behrends) Die Bauplastik (Puttenzüge, Voluten und Ohrmuschelwerk) in der Art der Dresdner Bildhauerschule der zweiten Hälfte des 16. Jahrhunderts. Über dem Jagdtor (Andreas Walther III) ein Anbau, Abschluß durch Staffelgiebel. – Das Schloß 1945 bis auf das „Grüne Gewölbe" völlig ausgebrannt. Ruine. Der Georgenbau modern ausgebaut, nur die Fassade erhalten, die Dachaufbauten nach altem Vorbild wiederhergestellt
Lit.: Werner, Diss. Leipzig 1970
(43, 214, 216–222, 224) HJ 9, 10

Schweizerstraße 9. 1873/1874 von E. Lehnert
Villa über T-förmigem Grundriß, zwei Geschosse, unter dem weit vorkragenden Dach ein Mezzaningeschoß, im Schnitt-

punkt der Flügel drei Geschosse. Im Erdgeschoß Spitzbogenfenster, im Mezzanin Dreipaßfenster. Das Gesims auf Balkenwerkkonsolen gerundet um die Ecken geführt, was dem Bau etwas kioskartiges gab. – 1945 zerstört
(117; *357*) G 12

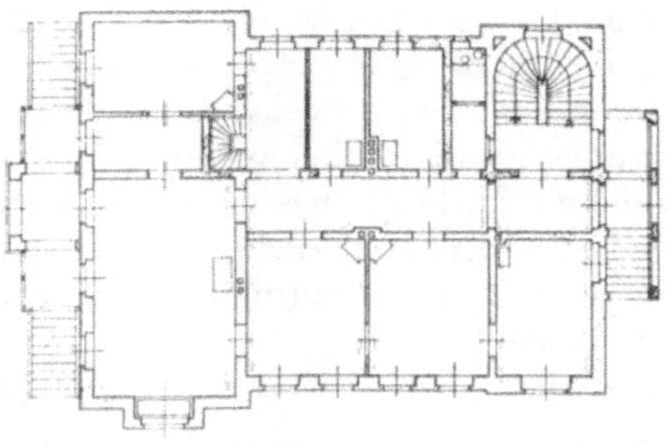

357 Schweizerstraße 9. Grundriß des Erdgeschosses

Sedanstraße 4. 1874 von E. Lehnert
Herrschaftliches viergeschossiges Reihenhaus von sechs Achsen. „Das Gebäude enthält außer Souterrain und Parterre, ein Mezzanin, zwei Etagen und ein zu Wohnungen ausgebautes Mansarddach. Die kräftig gegliederte, in großen Verhältnissen und den wirksamen Formen der französischen Renaissance ausgeführte Façade, an welcher in Höhe der ersten Etage zwei reich gezierte Erkerausbauten Anordnung gefunden, ist in den unteren Stockwerken und den Architekturteilen der oberen aus rein bearbeitetem Sandstein hergestellt, während deren Mauerflächen in den oberen Stockwerken mit gelben Verblendziegeln bekleidet sind." (BvD, S. 413) Rundbogige Einfahrt, in dieser der Hauseingang, Fenster in reichen Einfassungen und Verdachungen. Sehr reich skulpiert die Pfeiler der Erker (nach dem Muster der italienischen Hochrenaissance), zwischen den Fensterachsen des 2. Obergeschosses in großen Medaillons überlebensgroße Löwenköpfe.
Auch dieser Bau zielt wie andere Emil Lehnerts *(→ Schweizerstraße 9)* auf gesteigerte Originalität. Die Einzelformen dresdnerisch, die gründerzeitliche „Zuchtlosigkeit" jedoch in der Nicolai-Schule nicht denkbar. – 1945 zerstört
Lit.: BvD, S. 413
(116) H 13

Sekundogenitur, Brühlsche Terrasse. 1896/1897 von Frölich
Zweigeschossiger Bau von 13/1 Achsen mit Mansarddach. Fünfachsiger Mittelrisalit, drei Mittelachsen schwingen leicht vor. Hier ein hoher geschweifter Giebel. Dekoriert mit Lambrequins, Laub- und Bandelwerk, Kartuschen, Knospengehängen, Palmwedeln und Spiegeln. Die Fassade glatt verputzt, die Ecken sind durch Fugung und Kolossalpilaster gegliedert, Stichbogenfenster in vertieften Feldern, das Portal durch ein von Säulen getragenes geschweiftes Gesims eingefaßt, über diesem ein Balkon.
Für den Neubau (der Vorgängerbau, die Brühlsche Bibliothek, Knöffel 1743, 1896 abgebrochen) wurden historisierende Formen gewählt. Bemerkenswert ist, daß ein derartig kopistischer Historismus im übrigen Baugeschehen der Stadt nur sehr selten vorkam *(→ Hohe Straße 22, Terrassenufer 3, Tiergartenstraße 28)*. – Nach Kriegsschäden wiederaufgebaut, Inneres modern
(264) J 9

Semperstraße 4. 1896
Zwei- bis dreigeschossige Villa von malerisch-unregelmäßigem Grundriß und Aufriß und asymmetrisch angeordnetem Turm über quadratischem Grundriß. Flachgeneigtes, stark vorkragendes Zeltdach. Exedra in der linken Seitenansicht, auf der Rückseite große Veranda mit geschwungener Freitreppe. Fenster und Türen rundbogig, in den Fenstern romanisierende Säulen mit Würfelkapitellen. Zentrale Diele. Das Innere verschachtelt und unterschiedliches Fußbodenniveau. – Eine der für Dresden seltenen romanisierenden Villen, die auch Motive des italienischen Landhauses zitierte. – 1973 abgebrochen
(261) K 14

Stolpener Straße 8. 1874
Villa von 3/2 Achsen und schwachem Mittelrisalit. Zart gefugtes Erdgeschoß, glatt geputztes Obergeschoß. Die Erdgeschoßfenster rundbogig in rechteckigen Einfassungen. Fenster im Obergeschoß mit Sohlbänken, leeren Spiegeln, geraden Verdachungen auf Konsolen. In der Mittelachse Balkon und Pilastergliederung. – Schlichter Bau der späten Nicolai-Schule – Gut erhalten
(115) M 6, 7

Striesener Platz (Villa Scheidemantel). 1887 von Gebler
Größerer zweigeschossiger Putzbau mit hohen Dreieckgiebeln. Reiche, malerische Bildung durch Erker, Treppenturm mit schrägen Fenstern und einer geschweiften Kuppel. Giebelbildung nach dem Vorbild des Nordgiebels des Großen Schloßhofes des Residenzschlosses, des Giebels des Kanzleihauses und anderer Bauten wie Schloßstraße 34 und → das Geschäftshaus *Altmarkt 16*. – 1945 zerstört M 10

Terrassenufer/Rietschelstraße. 1879 von Kraft
Viergeschossiges Eckhaus einer Reihenhausbebauung. Mansarddach. Eckrisalit mit Turmgruppe und um ein Geschoß überhöht. Sandsteinbau. Stilisiert als deutsche Renaissance, mit gehäufter Verwendung kleinteiliger Ornamentik. – 1945 zerstört
(206) L 9

Terrassenufer 2/Rietschelstraße 11 (Sonntagsche Häusergruppe). 1873/1874 von Strunz
Viergeschossige Mietshausbebauung einer Quartierseite. Reicher, z. T. sandsteinverkleideter Bau. Symmetrische Anlage um zwei von flachen vierseitigen Kuppeln bekrönte Risalite, abgerundete Ecken zwischen breiteren Seitenrisaliten mit Pyramidenstumpfdächern. Ausgebaute Mandarddächer.
Die Häusergruppe galt zu ihrer Bauzeit als die größte ihrer Art. Das am stärksten wirkende Motiv ist das des Pyramidenstumpfdaches, das französische Vorbilder assoziieren sollte. – Zerstört
Lit.: BvD, S. 402, Figg. 222, 223, 224
(358) L 9

358 Terrassenufer 2/Rietschelstraße 11

Terrassenufer 3 (Venezianisches oder Gutschmidsches Haus). Um 1845 für den Mäzen Eugen von Gutschmid, 1851 zuerst im Adreßbuch. Nach Löffler von **Erhard**, nach dem „Dresdner Architekturalbum" von **C. Boden.** (Da im Architekturalbum Flüchtigkeitsfehler vorkommen, ist es denkbar, daß Entwurf und Bauausführung bei Hermann Bothen lagen und nicht bei einem sonst unbekannten C. Boden. Es besteht jedoch keine Veranlassung, den vielseitigen Hugo Erhard nicht als Architekten bzw. Planentwerfer zu betrachten.)

Viergeschossiges Haus, Kopfbau einer Reihenhausbebauung am Elbkai. 9/4 Achsen, flaches Walmdach. Stilisiert als venezianischer Palazzo. Symmetrischer Aufriß nach einem den gebildeten Bürger vertrauten Schema: „Bei den (venezianischen; V. H.) Privatpalästen hat die Fassade eine feststehende Anordnung. Dieselben sind (...) in drei Abtheilungen getheilt, von denen die mittleren immer durch die (...) durchbrochenen Säulenlogen erfüllt sind, (...) entsprechend zu jedem der Seitentheile sind dann zwei ziemlich auseinandergerückte Fenster angebracht. Die Ecken der Fassaden sind durch dünne, tauartig gewundenen Säulen bezeichnet.“ (A. Rosengarten, Die architektonischen Stylarten, Braunschweig 1857, S. 299) Eben diese Merkmale zeigt das „Venezianische Haus“. Mit der kopistischen Aufnahme derartiger Details sollte *das* venezianische Haus wiedergegeben werden. Die Maßwerkbildung des 1. Obergeschosses folgte der des Dogenpalastes, weiteres Vorbild war der Palazzo Foscari. Größte Ähnlichkeit hatte das Gutschmidsche Haus mit der Ca'd'Oro. Das Schwebende der venezianischen Vorbilder ging dem Gutschmidschen Haus völlig ab.
Nach der Absicht des Bauherrn sollte dieses Haus den Anfang einer Reihe ähnlicher Bauten bilden (Lindenau, S. 899, Fußnote 1). – 1945 zerstört
Lit.: Löffler, 1981. S. 485; Architekturalbum Bl. 146
(55; *359*) K 9

359 Venedig, Ca'd'Oro. 14. Jh.

Terrassenufer 5. Um 1880.
Fünfgeschossiges Reihenhaus von fünf Achsen, die Stilisierung des Fassadenaufrisses folgt kopistisch Terrassenufer 3.
(57) K 9

Tiergartenstraße 8. Um 1875
Zweigeschossige Villa von 5/6 Achsen. Flaches Walmdach mit Oberlicht. Dreiachsige Mittelrisalite. In der Hauptansicht Terrasse mit halbrundem Austritt, reichskulpierte Pfeiler tragen einen Balkon. Horizontalgliederung der glatt verputzten Wände durch Gesimse und Bänder. Zwischen den Fenstern des Obergeschosses eine Pilaster-Säulen-Ordnung. Rundbogenfenster im Obergeschoß in den Risaliten. Im Inneren offenes Treppenhaus mit zweiläufiger Treppe. Zentrale Halle über beide Geschosse mit Umgang und Oberlicht. Wandverkleidung durch verschiedenfarbigen Marmor. – Keine wesentlichen Veränderungen am Außenbau, im Inneren Umbauten, die die ursprüngliche Anlage noch erkennen lassen. Bedeutendste erhaltene Villa der Nicolai-Schule
(93) K 13

Tiergartenstraße 28. 1898 von Fleischer
Zweigeschossige Villa, Attikaschluß, ehemals wohl mit Mandarddach. Dreiachsige Front, abgefaßte Ecken mit einem Erker im Erdgeschoß. Vor der Front Terrasse. In den Seitenansichten breite, tiefe Risalite. Rustiziertes Sockelgeschoß, Erdgeschoß und Obergeschoß in glatter Sandsteinverblendung. Gliederung durch Kolossalpilaster bzw. -lisenen, kräftiges Kranzgesims. Alle Fenster rundbogig, verdacht von barockisierenden Segmentgiebeln, zwischen diesen und den Archivolten der Fenster Kartuschen und Blütenwerk. Erschließung durch großes, etwa quadratisches Vestibül, in dessen Erdgeschoß Umgang um die runde Deckenöffnung. Säulenstellungen mit korinthischen Kapitellen. Gitter mit Jugendstilanklängen. Die Fassade entlehnt Motive der Dresdner Hofkirche (1739/1755) von Chiaveri (Fensterverdachungen am Hochschiff und Rahmung der Rundbogenarkaden im Mittelschiff) Die stilistische Geschlossenheit, die die Fassade durch den Bezug auf ein Stilvorbild erhalten hat, wird in der Seitenansicht merkwürdigerweise völlig verlassen. Zwar sind die Rücklagen wie die Frontachsen gebildet, der Mittelrisalit hingegen als deutsche Renaissance stilisiert. – Leicht verändert
(263; *360*) L 13

360 Katholische Hofkirche, geweiht 1751, Wandgliederung des Seitenschiffes der östlichen Turmfassade

Togliattistraße 28–38 (Glacisstraße). 1862
Dreigeschossiges Doppelhaus von 14 Achsen. Ursprünglich vier Seitenachsen. Mäßig hohes Walmdach. Gesims über dem Erdgeschoß, dort zarte Putzquaderung. Arabeskenfries unter dem Hauptgesims. – Fassade leicht reduziert, rückseitig Ausbauten
(50) K 8

Togliattistraße 32–34. 1855
Dreigeschossiges Doppelhaus von 16/3 Achsen. Mäßig hohes Walmdach. Gesims über dem Erdgeschoß, dieses gequadert. Dachgiebelfenster. – Fassade leicht reduziert
(50) K 8

Togliattistraße 36–38. 1842
Dreigeschossiges Doppelhaus von 10/3 Achsen. Mäßig hohes Satteldach. Kräftige Eckpilaster, Gesims über dem Erdgeschoß. Rundbogenfenster in den Obergeschossen, die Achsen vertikal zusammengefaßt. Symmetrische Ladenausbauten Ende des 19. Jahrhunderts. Stilisierung der Fassade nach Motiven der italienischen Frührenaissance. – Fassade leicht reduziert. Zusammen mit den vorgenannten Doppelhäusern eines der seltenen erhaltenen Beispielen spätbiedermeierlicher Bebauung der frühen Stadterweiterung auf dem Gelände der ehemaligen Stadtbefestigung.
(48, 50) K 8

Tolkewitzer Straße 71 und 73 (Hosterwitzer Straße). 1860 (Nr. 73) von Arnold, das Nebengebäude (Nr. 71) 1868
Großes zweigeschossiges Landhaus, die Gartenseite gegen die Elbe, im Vorgelände links eingeschossiges Nebengebäude. Der Hauptbau nach der Straße fünfachsig, breite einachsige Seitenrisalite von symmetrischer Bildung. Diese von zwei-

geschossigen Staffelgiebeln mit Obelisken und Voluten besetzt. Nach der Elbseite Veranden. Putzbau mit Sandsteineinfassungen. Rundbogenportal mit Eierstab, Zahnschnitt und Sitznischen.

An der Straße eingeschossiges Nebengebäude mit einem achteckigen Treppenturm in einem Winkel, die Kutscherwohnung. Die niedrigen Volutengiebel zweigeschossig. Rundbogenportale, in den Leibungen mit Halbkugelmotiven. Auf dem Treppenturm geschweifte Haube. Die Anlage im Stil der sächsischen Architektur um 1550/1580. Bemerkenswert ist das frühe Datum der Adaption der deutschen Renaissance! – Erhalten

(161)

Unterer Kreuzweg 1. 1865

Dreigeschossiges freistehendes Mietshaus mit Souterrain und Mansardgeschoß. Putzbau. 5/4 Achsen, kräftige drei- bzw. zweiachsige Mittelrisalite. Gliederung der geputzten Wandflächen durch Gesimsbänder und Eckpilaster. In den Mittelrisaliten Rundbogenfenster. Vor dem Risalit der Hauptansicht Balkone. – Bei diesem Haus ist die Herkunft von Villen wie der Villa Struve *(→ Prager Straße 18)* deutlich abzuleiten. Lediglich Geschoßzahl und Dachform haben sich gewandelt. *(→ Bautzner Straße 133)* – Erhalten

(361) K 8

361 Unterer Kreuzweg 1. Ansicht von der Hospitalstraße

Unterer Kreuzweg 4. 1840

Kleine zweigeschossige Villa, vier Achsen. Die beiden Mittelachsen unter einem flachen Giebel zusammengefaßt, die einachsigen Seitenflügel ein- oder eineinhalbgeschossig, wohl Flachdach hinter Attika. Sandsteinverblendung. Schlanke Rundbogenfenster in ornamentierter Einfassung. (Arabeskenwerk). Im Giebel ein Radfenster. Vor dem Fensterpaar des Obergeschosses ein Balkon mit ornamentierter Brüstung. Rundbogenfries unter dem Gesims des Giebels. – Ein Bau des Romantischen Historismus. Die lokale Tradition möchte diesen Bau Semper zuweisen. Näher liegt eine Beziehung zur Münchner Architektur (Fassade der Allerheiligen-Hofkapelle). Als Urheber des Villenentwurfs kommen auch Haenel, von Wolframsdorf oder Nicolai in Betracht. Semper scheidet als Urheber aus. – 1945 teilzerstört, 1973 abgerissen

(362) K 8

362 Unterer Kreuzweg 4. Ansicht des Mittelbaues von der Straße her kurz vor dem Abbruch 1973

Vogesenweg 4 (Elsasser Weg). 1894 von Poscharski

Zwei- und eineinhalbgeschossiges Landhaus von malerischem Grundriß und Aufriß. Souterraingeschoß Sandstein (Polygonalmauerwerk), glatt verputzte Obergeschosse, Fensterwände und Zierglieder Sandstein. Rechteckige, flachbogige, korbbogige und rundbogige Fenster. Im linken Flügel im Obergeschoß ein polygonaler Erker mit reichem Fuß und zwiebelförmiger Kuppel. In der Giebelregion Fachwerkimitationen, holzgeschnitzte Fenstergewände, hölzerner Balkon mit reich geschnitzten Füllbrettern. Im Scheitel der Erdgeschoßfenster naturalistische Köpfe. – Als deutsche Renaissance in Anlehnung an südwestdeutsche Vorbilder stilisiert. Enge künstlerische Beziehungen zu Schilling & Gräbner. – Keine wesentlichen Veränderungen

(363) R 9

363 Vogesenweg 4. Ansicht der Straßenseite

Voglerstraße 12. 1899

Dreigeschossiges freistehendes Mietshaus von sechs Achsen Front und abgeflachtem Mansarddach. Zweiachsiger Mittelrisalit zu einem Staffelgiebel ausgebaut. Klinkerbau mit Sandsteingliederungen. Die im Grundriß symmetrische Fassade erscheint im Aufriß malerisch-asymmetrisch, weil der linken Rücklage Balkone vorgelegt sind. Geschoßgliederung durch Einlagen von Sandsteinbändern. Dem Giebel halbrunde Dienste vorgelegt. Rechteckige Fenster in verschieden geformten Einfassungen. Dekoriert mit Motiven der deutschen Kunst um 1500: Vorhangbogenfenster, Staffelgiebel, dort Voluten und Rosetten aus dem niederdeutschen Fachwerkbau, Reliefbüsten mit der Tracht um 1520. Charakteristischer Bau für dieses Stadtviertel. – Gut erhalten

(256) S 11

Wachwitzer Kirchweg (Neue Königliche Villa). 1893 von Teichgräber

Im Laufe des 19. Jahrhunderts erwarb das sächsische Königshaus Grundbesitz in den Wachwitzer Weinbergen. Als die alte Villa (um 1830/1835 umgebaut) zu klein erschien, wurde sie abgerissen und ein Neubau errichtet.

Zweigeschossiger Bau von 5/4 Achsen auf Sockelgeschoß und großer Terrasse auf der Talseite. Steiles, abgeplattetes Walmdach. Putzbau. In jeder Ansicht drei- bzw. zweiachsige Mittelrisalite. Auf der Bergseite schlichter Säulenportikus. Zur Terrasse eine Freitreppe. Abschluß des Mittelrisalits durch Flachgiebel. Gliederung durch Gesimse, Bänder, Spiegel und Eckquaderung. Fenster in den Mittelrisaliten rundbogig. In der linken Rücklage der Bergseite eine zweigeschossige gußeiserne Veranda. – Dieser Villenbau unterscheidet sich nicht wesentlich von stattlichen Mietshäusern *(→ Bautzner Straße 133, Unterer Kreuzweg 1)*. Diese Villa paßt zu dem bürgerlichen Lebenszuschnitt, der dem sächsischen Königshaus in jener Zeit eigen war. – Gut erhalten

Lit.: Geiler

(226)

Wielandstraße/Hohe Straße. Um 1858 von Erhard für den Verlagsbuchhändler Kuntze
Zweigeschossige Villa mit Mezzaningeschoß, Attikaschluß und seitlichem dreigeschossigen Turm mit flachem Zeltdach. Polygonale Exedra mit Freitreppe. Geschoßgliederung durch Gesimse, genutetes Erdgeschoß, glatt das Obergeschoß. Am Turm und an den Exedren Rundbogenfenster. Diese im Obergeschoß in einer Pilastereinfassung mit Flachgiebel und Akroterienschmuck. Pilastergliederung auch im Turmobergeschoß.
Stilistisch gehört dieser Bau – wie auch andere Bauten Erhards – nicht zur Dresdner Schule. Ein Vergleich mit Schloß Albrechtsberg oder der Villa Stockhausen (→ *Bautzner Straße 130 und 132*) von Lohse drängt sich auf. Die Bildung des Turmobergeschosses ist von Schloß Albrechtsberg geradezu übernommen. – Zerstört
Lit.: Försters allgemeine Bauzeitung, 1858, S. 201, Taf. 204–206 G 12

Wielandstraße 4. 1873 von Müller
Zweigeschossige Villa von 5/3 Achsen und abgeflachtem Walmdach. Dreiachsiger Mittelrisalit, einachsige Seitenrisalite.

364 Wielandstraße 4. Grundrisse vom Keller bis zum Dachgeschoß

365 Wielandstraße 4. Hauptansicht. Aufnahme um 1875

Putzbau mit Sandstein. Geschoßgliederung durch Gesimse. Dem Mittelrisalit Terrasse und Säulen vorgelegt. Im Inneren ein zentraler Raum. Nicolai-Schule. – 1945 zerstört
Lit.: BvD, S. 391
(364, 365) G 12

Wiener Straße.
1858 angelegt. Verband den damaligen Böhmischen Bahnhof mit dem Villenvorort Strehlen. Berührte anfangs das exklusivste Villenviertel („Englisches Viertel") um die Bürgerwiese, führte zwischen dem Großen Garten (der barocken Gartenanlage) und der Eisenbahn nach Osten, nach Strehlen, und erschloß die reine Villenbebauung. Die Straße endet mit Bauten um 1925. Die Bauten der ersten Hälfte der Straße zerstört.

Wiener Straße 14 (alte Numerierung um 1880), neue Nr. 11. 1868/1869 von Lottermoser. 1872 Anbau von M. Semper
Zweigeschossige Villa von fünf Achsen Front, quadratischem Grundriß, flachem Walmdach. Putzbau. Geschoßgliederung durch Gesimse und Bänder. Breite einachsige Seitenrisalite, in der Rücklage verglaste Loggia mit Säulen in toskanischer und ionischer Ordnung.
Seitlich rechts eingeschossiger Anbau, eine Bildergalerie. Wandgliederung durch reich skulpierte Pilaster, Pfeiler und Säulen. Rundbogenfenster. – 1945 zerstört
Lit.: BvD, S. 391
(89; *366*) J 13

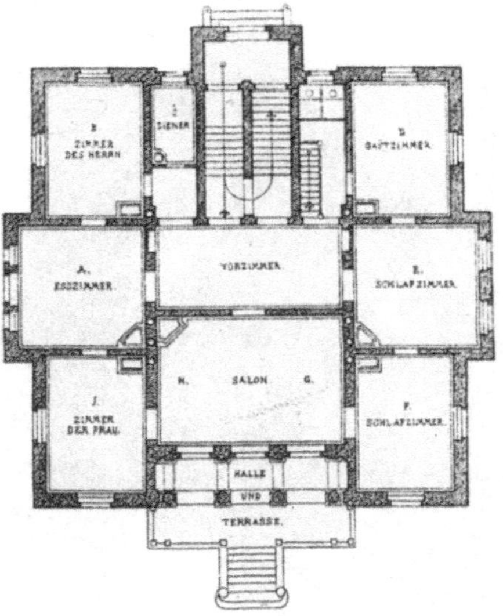

366 Wiener Straße 14 (alte Nummer). Grundriß des Erdgeschosses

Wiener Straße 31 (neue Nr. 32). 1872/1874 von Rössler
Zweigeschossige Villa von 5/3 Achsen und abgeflachtem Walmdach, ein Eckhaus. Die Mittelrisalite durch einen polygonalen und einen gerade geschlossenen Vorbau gegliedert. Geschoßgliederung durch Gesimse. Im Polygonalvorbau Rundbogenfenster mit Palladiomotiv. Im Erdgeschoß Pilasterordnungen. Die Fenstereinfassungen außergewöhnlich reich: Die Erkerfenster im Obergeschoß flankieren Koren, um die Fenster in den Rücklagen im Obergeschoß Karyatiden. Die Kunstformen vordergründig gehäuft, dieser Bau dürfte kaum als vornehm gegolten haben. Im „Dresdner Architekturalbum" nicht erwähnt. Häufig waren derartig überladene Villen in den siebziger Jahren nicht. – 1945 zerstört J 13

Wiener Straße 36 (neue Nr. 22). 1869 von Hempel
Zweigeschossige Villa von fünf Achsen Front. Flaches Walmdach. Dreiachsiger um ein Halbgeschoß erhöhter Mittelrisalit. Putzbau mit Sandsteingliederung. Gequadertes Souterraingeschoß, im übrigen glatt verputzt. Eckquaderung, im Mittelrisalit vor dem Ober- und Halbgeschoß eine Säulen-Pilaster-Ordnung. In den Hauptgeschossen des Mittelrisalits Rundbogenfenster. Qualitätsvoller Bau der Nicolai-Schule. – 1945 zerstört
(87) J 13

Wiener Straße 36 (alte Nr. nicht bekannt). Um 1875
Zweigeschossige Villa von 5/3 Achsen über einem Souterraingeschoß. Walmdach. Schwacher dreiachsiger Mittelrisalit, vor diesem Terrasse mit halbrundem Austritt, Freitreppe und Altan. Dem Obergeschoß des Mittelrisalits eine Halbsäulenordnung vorgelegt. Geschoßgliederung durch Gesimse. In den Seitenansichten kräftige einachsige Seitenrisalite, zum rechten über eine schlichte Freitreppe der Eingang. Rundbogenfenster im Mittelrisalit. Neben → *Tiergartenstraße 8* das einzige erhaltene Beispiel der Bebauung

um die Bürgerwiese. – Gesimsbildung und Fenstereinfassungen der Rücklagen stark reduziert J 13

Wiener Straße 44 (neue Nr. 2). 1873/1874 von H. A. Richter.
Zweigeschossige Villa von fast quadratischem Grundriß. Jede Ansicht fünfachsig. Nach der Straße einachsige Seitenrisalite mit Halbgeschossen. Kräftige Eckquaderung, die Wandflächen glatt. Im Erdgeschoß Rundbogenfenster. „Das mittlere Empfangszimmer reicht durch zwei Stockwerke, ist nach oben mit einer in Stuck gegliederten Kuppelwölbung geschlossen, in deren Mitte ein großes Oberlicht befindlich, welches dem Raume sowohl bei Tage, als bei Abend durch entsprechende Gasbeleuchtungseinrichtung, das nöthige Licht zuführt. Von den acht Zwickelfeldern der Kuppel sind vier mit feinen ornamentalen Malereien genuesischen Stils, vier mit landschaftlichen Bildern, von Paul Mohn in Wachsfarben gemalt, geschmückt; vier weitere derglei-

367 Wiener Straße 44 (alte Nummer). Hauptansicht

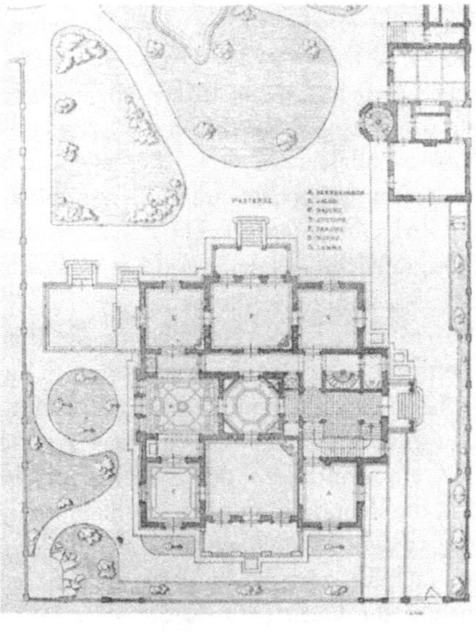

368 Wiener Straße 44 (alte Nummer). Grundriß des Hauses, der Nebengebäude und der Plan des Gartens

chen Gemälde von derselben Hand zieren die Felder über den Thüren, welche den Austritt auf die in Höhe des Fußbodens der ersten Etage vor den Wandflächen frei in den Raum eintretende, 1 m breite Galerie vermitteln." (BvD, S. 394) Enge Beziehung zur Raumdisposition der Villa Rosa (→ Holzhofgasse 20). Auch der Außenbau orientierte sich am gleichen Vorbild: Die Seitenachsen der Gartenseite zeigen die gleiche Gliederung, die Verteilung der Rundbogen- und Rechteckfenster ist identisch. – Zerstört
Lit.: BvD, S. 392–393, 210–212
(367, 368) J 13

Zinzendorfstraße 11 (Lange Gasse, Palais Lüttichau). Um 1830 von Thürmer
Fünfachsiger Bau mit dreiachsigem Mittelrisalit mit Flachgiebel. Erd- und Mezzaningeschoß. Gequaderter Putzbau. Flaches Walmdach. Gliederung durch ein Band- und Mäandergesims. – Einer der wichtigsten klassizistischen Wohnbauten in Dresden. – 1945 zerstört
(11) K 11

Zinzendorfstraße 24. 1764/1770 von F. A. Krubsacius, umgebaut 1855/1857 von Nicolai. Palais Prinz Georg, später Sekundogeniturpalais
Ursprünglich eingeschossiges Palais mit Mezzanin und Mansarddach. Nach der Straßenseite eine Risalitgliederung, elf Achsen und Freitreppe, nach der Gartenseite ein Ehrenhof. Bei dem Umbau ein Vollgeschoß aufgesetzt, flaches Walmdach. In der Mittelachse der Gartenseite Dreiecksgiebel mit Trophäenbekrönung, gläserner Vorbau über der Einfahrt. Die Putzfugung, der Aufriß, die Fensterformen dem älteren Bau angepaßt. Bezeichnenderweise ist „das am reichsten decorirte und dabei zierlichste Zimmer (...) das (...) Wohnzimmer. Dieser rechteckige Raum ist mit einem Gewölbe überspannt, dessen (...) Kehle in einem Spiegel ausläuft. Die Kehle ist reich mit genuesischen Malereien nach dem Entwurfe des bauleitenden Architekten geschmückt (...). Die Wandflächen sind mit dunkelblauem seidenen Stoff bespannt; die Thürumrahmungen und Verdachungen reich gegliedert, aus ächtem farbigen Marmor hergestellt, die Thürflügel in eingelegter Arbeit (...) ausgeführt." (BvD, S. 357, 358) Bemerkenswert ist die Rücksichtnahme, die Nicolai gegenüber dem Bau von Krubsacius walten ließ. – 1945 zerstört
Lit.: BvD, S. 357, Figg. 165, 166
(107) K 11, 12

Zinzendorfstraße 30. 1873/1874 von Haenel & Adam
Herrschaftliches viergeschossiges Reihenhaus. Wohnung für den Winteraufenthalt des Besitzers und Mietwohnungen. Mansardgeschoß, fünf Achsen. Schwache einachsige Seitenrisalite. Fassade sandsteinverkleidet. Geschoßgliederung durch Gesimse. Im 1. Obergeschoß in den Seitenrisaliten ausladende Erker mit reicher Pilastergliederung. Im Erdgeschoß und im 3. Obergeschoß Rundbogenportal bzw. -fenster. Fenster mit flachbogigen oder flachgiebeligen Verdachungen. In der Fassadengliederung Anklänge an das Palais Oppenheim *(→ Bürgerwiese 5–7)*: Der Aufriß des Erdgeschosses und der Seitenrisalite im wesentlichen der gleiche. Ähnlich bis ins Detail die Flachgiebelverdachungen und kannelierten Halbsäulen der Fenster mit vorgelegter Balustrade. Außer Formen der italienischen, Elemente der deutschen und französischen Renaissance. – 1945 zerstört
Lit.: BvD, S. 406, 407, Figg. 230–232.
(100; *369*) K 12

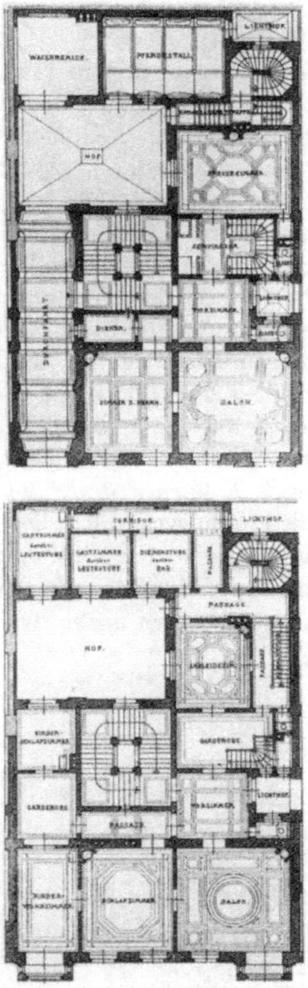

369 Zinzendorfstraße 30. Grundrisse des Erd- und des 1. Obergeschosses

Zittauer Straße 5. 1865
Zweigeschossige Villa von 5/4 Achsen über etwa quadratischem Grundriß und Zeltdach. Drei- bzw. zweiachsige Mittelrisalite, um ein Halbgeschoß erhöht. Gliederung durch Geschoßgesimse, Bänder und Ecklisenen. Dem Mittelrisalit der Hauptansicht Terrasse und Balkon vorgelegt. Vor dem Obergeschoß Pilaster-Säulen-Ordnung, von einem Segmentgiebel überfangen. Putzbau. Reliefschmuck im Gebälk und in den Spiegeln. In Ädikulanische allegorische weibliche Figur. Dresdner Schule. – Im wesentlichen gut erhalten
(370) M 6

370 Zittauer Straße 5

Zur neuen Brücke 5. Um 1895
Bescheidene Villa von vier Achsen und flachem Walmdach. Klinkerbau mit Sandsteingliederungen. Zweiachsiger Mittelrisalit mit Attika. Der Sockel Sandstein und Putz. Gliederung durch Gesimsband und Streifen hellen Sandsteins. Im Obergeschoß des Mittelrisalits Doppelpilasterordnung und Balkon. Im Mittelrisalit Rundbogenfenster. Seitlich der Eingang über einer Freitreppe. Die Fassadenbildung folgt völlig dem Vorbild der Dresdner Schule *(→ Mosczinskystraße 10, Beuststraße 2, Wiener Straße 36)*, vereinfacht dieses sehr wesentlich. Das Prinzip eine ausgewogene Fassadenbildung lauten Effekten vorzuziehen, bewährt sich an schlichten Bauten dieser Art. – Gut erhalten
(371)

371 Zur Neuen Brücke 5. Hauptansicht

BAUTEN DER VERWALTUNG

Postgebäude. Postplatz. 1830/1832 von Geutebrück unter „Assistenz" von Thürmer, ausgeführt von Fr. A. Leiblin. 1893 und 1912 umgebaut
Errichtet auf der Bastion Saturn. Dreigeschossiger Dreiflügelbau mit flachem Walmdach. Die Front zum Postplatz 15 Achsen bei dreiachsigen Seitenrisaliten. Portikus in der Mittelachse, gequadertes Erdgeschoß, glatte Obergeschosse mit Eckquaderung. Schlichter klassizistischer Bau. Der Umbau: Aufsatz eines vierten Geschosses, durchbrochene Ecktürme mit Pyramidendach. Bereicherung der Fassade durch einen geschweiften Giebel in der Mittelachse, Pilastergliederung, Fensterverdachungen und Quaderung der Fassade in den Obergeschossen. – 1945 zerstört
Lit.: BvD, S. 284
(4, 196) H 10

Superintendenturgebäude für die evangelische Landeskirche. An der Kreuzkirche 4–5. 1857/1859 von Eberhard
Dreigeschossiger Dreiflügelbau mit flachem Walmdach. Die Front nach der Kreuzkirche elf Achsen. Schwache Seitenrisalite. Geschoßgliederung durch Gesimse, die sandsteinverkleideten Wände gequadert. Rundbogenportal und -fenster. Kräftiges Kranzgesims. – Stilisiert nach Vorbildern der Florentiner Renaissance, etwa des Palazzo Strozzi. – 1907 wegen des Rathausneubaues abgerissen
Lit.: BvD, S. 282, Figg. 129, 130
(139) G 10, 11

Landgericht. Pillnitzer Straße 20. 1876/1878 von Canzler
Dreigeschossige Vierflügelanlage, die Fassade als Zweiflügelanlage auf einem Eckgrundstück ausgebildet. Die beiden Fronten ähnlich, 20 und 21 Achsen, die Ecke abgefast. Risalite, Walmdächer. Sandsteinverblendung. Geschoßgliederung durch Gesimse. Der Sockel diamantiert, das Erdgeschoß gequadert, die Obergeschosse glatt. Rundbogenfenster mit Scheitelsteinen im Erdgeschoß. Den Risaliten und Giebelaufbauten Kolossalordnungen vorgelegt. Formen der italienischen und deutschen Renaissance und neobarocke Elemente (Kolossalordnungen). – 1945 zerstört
Lit.: BvD, S. 276–279, Abb. 126–128
L 10

Oberpostdirektion. Annenstraße/Am See. 1878 von Zopff
Dreigeschossiger Zweiflügelbau auf einem Eckgrundstück. 8/5/13 Achsen. Eckrisalit durch Kolossalordnung mit Palladiomotiv, reichem Figurenschmuck und Haupteingang ausgezeichnet. Attika. Die Flügel von schwachen einachsigen Seitenrisaliten eingespannt. Rustika im Erdgeschoß, in den Obergeschossen Nutung. Rundbogenfenster in den ersten beiden Geschossen, reiche Fenstereinfassungen, Gesimse zwischen den Geschossen. Ornamentformen der Hochrenaissance: Pilasterordnungen in den Rücklagen, Palladiomotiv, Scheiben und Liegefiguren in Zwickeln der Rundbogenfenster. Sandsteinfassade. – 1945 bis auf Reste zerstört
Lit.: BvD, S. 285–287, Abb. 131, 132
(109) H 10

Finanzministerium. Wigardstraße (Königsufer). 1889/1896, Entwurf von Wanckel, Ausführung und Durchbildung des Inneren von Reichelt
Mit der Anlage der Kasernen in der Albertstadt ab 1873 wurde das fiskalische Gelände bei der Mönchswiese auf dem Neustädter Elbufer gegenüber der Altstadt verfügbar. Auf diesem städtebaulich wichtigen Platz wurden das Finanzministerium und später das Ministerium des Innern errichtet. Die Lage am Stromufer gegenüber den Monumentalbauten der Altstadt verpflichtete zu einer repräsentativen Gestaltung.
Dreigeschossiger Baublock (mit Innenhöfen) auf einem hohen Sockelgeschoß, 26/14 Achsen, steiles Dach. Symmetrischer Aufriß, siebenachsiger Mittelrisalit, ein dreiachsiger Portikus mit Flachgiebel. Kolossalpilaster in den Rücklagen. Die Souterrainfenster stichbogig, rundbogig die Erdgeschoßfenster. Die Fenster in der Hauptansicht alternierend mit Flach- und Segmentgiebelverdachung.
Aufriß nach barockem Schema, die Formensprache im Sinne der Dresdner Schule. Künstlerische Anerkennung ist diesem Bau nicht gezollt worden. Der Aufriß ließ ein dominierendes System vermissen, die Proportionierung erschien wenig ausgewogen, die Detailbildung trocken. – Nach Teilzerstörung 1945 im Äußeren bis auf die Dachform wiederhergestellt
Lit.: Architektonische Rundschau, 4. Jg. 1888, 7. Heft, Taf. 50
(184) JK 9

Amtsgericht. Lothringer Straße. 1890/1892 von Roßbach
Mächtige dreigeschossige Vierflügelanlage über hohem Sockelgeschoß. Sandsteinfassade. Attika. Kräftige Eckrisalite mit kurzen, platten Türmen. Geschoßgliederung durch schwere Gesimse. Der ganze Bau rustiziert. In den Obergeschossen Rundbogenfenster. Alle Fenster mit reich skulpierten Scheitelsteinen. Das Hauptportal flankiert von Granitsäulen, davor zwei allegorische Sitzfiguren (Justitia und Jurisdictia). Im Gebälk des Kranzgesimses Festons und kleine Mezzaninfenster. Im Innenhof Rundbogenarchitekturen in Backstein. – Die Reihung gleicher Elemente erinnert an Florentiner Stadtpaläste der Frührenaissance. Qualitätsvollster Staatsbau des späteren 19. Jh. in Dresden. – Gut erhalten
Lit.: Bruck, Richter, Geschichte S. 202
(188) L 9

Rathaus Pieschen. Bürgerstraße. 1890/1891 von Schilling & Gräbner
Stattlicher dreigeschossiger Bau. Etwa symmetrischer Aufriß der zehnachsigen Front, links eine breite Achse zusätzlich. Dreiachsiger Mittelrisalit, Rundbogenportal, seitlich links ein kleinerer Giebel. Ecken durch polygonale Erker hervorgehoben, überhöht und durch eine geschweifte Kuppel mit Spitze abgeschlossen. Meist rechteckige Fenster, unterschiedliche Verdachungen. Reiche Bauplastik, ornamentale Reliefs und Büsten der Gemeindevorsteher und des Bürgermeisters. Wände Backstein, Architekturglieder Sandstein.
Zum ersten Mal wird im Dresdner Raum deutsche Renaissance für ein öffentliches Gebäude gebraucht. – Gut erhalten
(193) F 4

Rathaus Plauen. Nöthnitzer Straße 2 (Räcknitzer Straße). 1893/1894 von Lossow & Viehweger
Dreigeschossiger Zweiflügelbau mit steilem Walmdach über dem viergeschossigen Eckrisalit. Sandstein- und Putzfassade. Gesims über dem Erdgeschoß. Eckquaderung. Zwei- und dreizonige Volutengiebel. Rechteckige und rundbogige Fenster. Als Haupteingang Sitznischenportal, durch Pilasterordnung und Altan ausgezeichnet. Reiche Beschlagwerkornamentik. Offenes Treppenhaus mit ein- und doppelläufiger Treppenführung. Festsaal mit Kassettendecke. – Stilisiert als deutsche Renaissance. – Gut erhalten
Lit.: Blätter für Architektur und Kunsthandwerk. IX Jg. 1896, Taf. 71, 72
(194) D 15

Polizeipräsidium. Schießgasse. 1895/1900 von Temper
Dreigeschossiger Dreiflügelbau über hohem Sockelgeschoß. Attika. Halbrunde Ecktürme, über dem Hauptgesims vollrund, Abschluß durch einen Zinnenkranz. Gesimse über Sockel und Erdgeschoß, kräftiges Kranzgesims. Fünfachsiger Mittelrisalit, einachsige Seitenrisalite. Über den leicht vorgezogenen Außenachsen des Mittelrisalits Turmstümpfe von quadratischem Grundriß, Vasen an den Ecken. Über den Attiken der Seitenrisalite Trophäen (Helm, Harnisch, Kriegsgerät) und Feuervasen. Mittelrisalit und Ecktürmen Kolossalgliederungen vorgelegt. Sandsteinverblendung, Untergeschosse gequadert und rustiziert, Obergeschosse glatt. Eingeschnittene Rundbogenfenster mit Scheitelstein im Erdgeschoß. Im 1. Obergeschoß alternierende Fensterverdachungen.
Nach dem Vorbild Florentiner Renaissancepaläste, beeinflußt auch durch das Reichstagsgebäude und das Museum für Völkerkunde (1881/1885 von Ende und Klutmann). – Erhalten
(252) JK 10

Ministerium des Innern, des Kultus und öffentlichen Unterrichts, der Justiz und der auswärtigen Angelegenheiten (Gesamtministerium). Reichpietschufer (Königsufer). 1899/1904. Entworfen von Waldow, Ausführung und künstlerische Oberleitung durch Tscharmann.
Am rechtselbischen Ufer östlich des Finanzministeriums gelegen. Stattliche dreigeschossige Vierflügelanlage. 13/31 Achsen, Sattel- und hohe Mansarddächer. Symmetrischer Aufriß. Die Mittelachsen der Längsseiten durch fünfachsigen Mittelrisalit auf der Südseite (Elbseite) und fast halbrunden Vorbau auf der Nordseite hervorgehoben. Die dreiachsigen Eckrisalite um ein Halbgeschoß erhöht. Über den Risaliten Mansarddächer. Die Mittelrisalite der Seitenansichten mit hohen Flachgiebeln. Fassade Sandstein. Die Untergeschosse gequadert, die Obergeschosse glatt. Gesims über dem Erdgeschoß, kräftiges Kranzgesims. Vor den Obergeschossen der Risalite Kolossalpilaster. Dominierend in der Silhouette die kuppelartige Laterne. In den Untergeschossen Stichbogen- und Rundbogenfenster. Gliederung der Risalite und der Rücklagen durch einzelne Flachgiebel und gesprengte Giebel. Geschweifte Giebel fassen die Portale und die Giebel des Mittelrisalits der Hauptansicht ein.
Als Vorbilder kommen der Justizpalast in München von Friedrich v. Thiersch oder das Reichstagsgebäude von Paul Wallot in Betracht. Der Bau ist auch Traditionen des heimischen Barock verpflichtet: Das Vorbild des kaum 500 m elbabwärts gelegenen Japanischen Palais ist augenfällig. Allerdings sind die Proportionen fast verdoppelt. Beibehalten die Dachform, die Kuppel und die Eckrisalite. – Nach Kriegszerstörungen wiederhergestellt, Plattformen über den vier Nebendächern weggelassen
Lit.: Ministerialgebäude
(251; *372*) K 9

Ständehaus. Augustusstraße. 1899/1903 von Wallot
Das Landhausgebäude von Krubsacius für die beiden Kammern der sächsischen Stände genügte den räumlichen Ansprüchen nicht mehr. Da in den neunziger Jahren das am Schloßplatz gelegene Palais Fürstenberg durch den Neubau des Finanzministeriums, das es bisher aufgenommen hatte, frei geworden war, wurde dieser Platz für den Neubau des Ständehauses gewählt. Ursprünglich sollte der Neubau das Brühlsche Palais (Knöffel, 1737 ff.) einbeziehen. Daher sollte die Fassade barock ausgebildet werden und sich stilistisch eng dem Palais anschlie-

372 Gesamtministerium. 1899/1904. Holzstich

ßen. Der Ersten Kammer sagte die Einbeziehung des Palais aus Repräsentationsgründen nicht zu. Dagegen stieß der Vorschlag, das Palais und die ostwärts gelegenen Häuser abzutragen und einen Neubau zu errichten auf deren Zustimmung. Das Palais wurde daher für baufällig erklärt und abgetragen. (Der Festsaal wurde dank des Einsatzes von Cornelius Gurlitt gerettet und in der Kunstgewerbeschule eingebaut. Leider entging er 1945 nicht der Zerstörung.) Planungen sahen eine strenge symmetrische Elbfront mit schlankem Mittelturm und hohen Ecktürmchen und eine Verkürzung der Brühlschen Terrasse vor; dem konnte durch den Druck der öffentlichen Meinung begegnet werden. Für eine Reduzierung des hochfliegenden Bauprogramms sprachen sich Ende, Thiersch, Licht und Roßbach aus. Ihr Rat fand Beachtung.
Der ausgeführte Bau ist ein sandsteinverkleideter dreigeschossiger Baublock über trapezförmigem Grundriß mit Binnenhöfen. Die Fassadengestaltung der drei unterschiedlichen Schauseiten wurde dadurch beeinflußt, daß die Brühlsche Terrasse, ein Rest der Stadtbefestigung, die Ansicht nach der Elbe bis in ca. 12 m Höhe verdeckt. Daher ist das 1. Obergeschoß hier und auf den übrigen Ansichten als Erdgeschoß gestaltet. Die vierte Ansicht zur schmalen Brühlschen Gasse ist kaum gegliedert.
Der Bau ist auf Zusammenklang und Einfügung in die Stadtsilhouette berechnet. Die asymmetrische Elbseite zweigeschossig, quadratischer Vorbau für den zweigeschossigen Turm. Im Obergeschoß der linken Rücklage eine Halbsäulenordnung mit Rundbogenfenstern. Im Turmunterbau Portal. Offene Turmgeschosse, Rundbogen und rechteckige Öffnungen. Auf den Gesimsen Putten mit den Attributen von Handel, Industrie, Wissenschaft und Kunst. Halbrunde Steinkuppel mit dem Standbild der Minerva. Die dreigeschossige neunachsige Ansicht nach dem Schloßplatz (Georgi-Dimitroff-Platz) mit der Front zur Hofkirche symmetrisch gebildet. Dreiachsige Mittelrisalite mit hohem Segmentbogengiebel und reichem Figurenschmuck. Im Risalit der Haupteingang, Säulenportal mit Figuren. Darüber ein großes Halbkreisfenster.
Nach der engen Augustusstraße 17 Achsen. In der Mittelachse über einer kurzen Freitreppe ein von Atlanten flankiertes Portal, darüber ein Balkon. Über drei Achsen Flachgiebel mit einer Saxonia im Tympanon. Im Inneren barockisierende, offene Treppenanlagen. – 1945 ausgebrannt. Wiederherstellung des Äußeren bis auf die hohe Dachform. Innenräume verändert. Inneres teilweise noch Ruine.
Lit.: Centralblatt der Bauverwaltung 1899, Nr. 37, S. 205, 217, 223; Richter, Geschichte, S. 142; Deutsche Bauzeitung, 1912, Nr. 102, S. 909–914; Gurlitt, Ständehaus
(249, 250) J 9, 10

Rathaus Cotta. 1900 von Seitz (Grundriß und Skizze des Aufrisses) und Voretzsch mit Otto
Dreigeschossiger freistehender Bau von unregelmäßigem Aufriß. Rechts der Hauptansicht Turm über quadratischem Grundriß, rechts davon hoher Staffelgiebel, niedrigerer Giebel über Nebenansichten. Portal- und Fenstereinfassungen, Erker und Zierglieder Sandstein, die Wandflächen verputzt. Flachbogenfenster im Erdgeschoß, rechteckige Fenster mit Vorhangbogen im 1. Obergeschoß, im 2. gekoppelte Rundbogenfenster. Der Turm mit Umgang und Ecktürmchen, hohe welsche Haube. Reiches Rundbogenportal mit Viertelsäulen und sehr großer weiblicher Büste als Scheitelstein, über dem Sims wappenhaltende Löwen. Dort, an den Erkerbrüstungen und in den Giebeln reiche Ornamentik zwischen Jugendstil und der malerischen Spätgotik. – Gut erhalten
(234) Etwa AB 9

Rathaus Niedersedlitz. Sosaer Straße. Um 1900 von Hänichen
Dreigeschossiger freistehender Bau von unregelmäßigem Aufriß, 7/4 Achsen, in der Mittelachse der Hauptansicht fünfgeschossiger Turm von quadratischem Grundriß und mit hoher, geschweifter Laterne, links breiter, hoher Staffelgiebel. Die hohen Dächer abgewalmt. Sockel, Portal- und Fenstereinfassungen Sandstein, die Wände verputzt. Große Rundbogenfenster im Erdgeschoß, die Fenstereinfassungen in den Obergeschossen mit gotisierendem Stabwerk. Sitznischenportal. Im Inneren Zellengewölbe. Dekoriert im Stile der deutschen Kunst um 1500. – Gut erhalten
(232)

SCHUL- UND SOZIALBAUTEN

Maternihospital. Freiberger Straße 14. 1837/1838 von G. Semper
„Der Zweck dieser Anstalt ist, betagten Frauen in den letzten Tagen ihres Lebens einen gesunden, ruhigen und sorgenfreien Aufenthalt zu verschaffen." (BvD, S. 252)
Dreigeschossige Dreiflügelanlage mit Mittelrisalit und Seitenrisaliten. Flaches Walmdach, über den Risaliten Dreiecksgiebel. Gequadertes Erdgeschoß, Eckquaderung. Gesims über dem Erdgeschoß. Rechteckige Fenster mit geraden Verdachungen. Im Mittelrisalit das Treppenhaus, der Bet- und Konzertsaal. Mittel- bzw. Seitengangerschließung. „Anklänge an historische Vorbilder zur Charakterisierung der Bestimmung des Gebäudes lassen sich nur als allgemeinste Hinweise auf die Frührenaissance – als eines humanistisch gesinnten Zeitalters – aus der Verwendung der Giebelformen und der Ornamentik mehr vermuten als erkennen." (Volker Helas, in: Katalog der Semperausstellung, S. 251)
Entwürfe für Sozialgebäude waren häufig Gegenstand von Atelieraufgaben bei Gau gewesen. Der Entwurf Sempers steht auf der Höhe der hygienischen Forderungen seiner Zeit – das Korridorsystem mit kleinen Krankenzimmern – er ist funktionell klar gegliedert und läßt auch repräsentative Durchbildung, die im Grundzug vom barockem Schloßbau übernommen ist, nicht vermissen. – 1945 zerstört
Lit.: BvD, S. 252, 253; Katalog der Semperausstellung 1979. S. 251, 252; Manteuffel S. 196–198, MV 56
(373) F 10

373 Maternihospital. Hauptansicht

Altes Polytechnikum. Antonsplatz. 1844/1846 von Heine

Dreigeschossiger Bau von 11/4 Achsen (jeweils Zwillingsfenster), abgeflachtes Steildach. Symmetrischer Aufriß, kräftige zweiachsige Eckrisalite, in der Mittelachse Freitreppe und Eingang. Erdgeschoß gequadert. Geschoßgliederung durch Gesimse, breite Lisenen in den Obergeschossen. Sockel. Tür- und Fenstereinfassungen und Gesimse Sandstein, Stichbogenfenster mit ebensolchen Einfassungen. – Später Romantischer Historismus mit lockerem Stilbezug auf Bauten der Frührenaissance. – 1945 zerstört

Lit.: BvD, S. 190–192, Fig. 71

(374) H 11

374 Altes Polytechnikum

Gemeindeschule Blasewitz. Naumannstraße. 1851. Ausgeführt von Kluge, Entwurf von G. Semper? Anbau des Ostflügels um 1905 durch Scherz

Zweigeschossiger Bau über rechteckigem Grundriß mit unregelmäßigem Aufriß. Links breiter Seitenrisalit mit dreistufigem Staffelgiebel, die Rücklage zweiachsig, in der rechten Seitenansicht drei Achsen und höherer Staffelgiebel. Walmdach. Putzbau mit Sandstein. Rechteckige Fenster, die Einfassungen mit gotisierenden Vorhangbögen. Gotisierendes Gewändeportal, Stabwerk und Kielbogenschluß mit Fialenbekrönung. Reiche Maßwerkblenden über dem Portal und in den Staffelgiebeln.

Fleischer, S. 8, führte im Ausstellungskatalog 1892 zwei Blätter aus dem Besitz Manfred Sempers auf und wies sie der ehemaligen Gemeindeschule in Blasewitz in der Naumannstraße zu. Diese Blätter sind heute verschollen. Fleischer hat sich – was bei Gruner, S. 51 deutlich wird – bei der lokalen Zuweisung geirrt, die Schule sollte an anderer Stelle errichtet werden. Der ausgeführte Bau zeigt keine der von Semper bevorzugten Renaissanceformen. Doch Entwürfe in gotischen Formen sind bei Semper nicht selten, (→ *Cholerabrunnen,* Kaserne in Bautzen, Entwürfe zur Nikolaikirche in Hamburg). Wenn der mittelalterliche Stil dem Wesen der Bauaufgabe angemessen erschien, verstand sich Semper auch auf diesen Stil. Indessen kann der Nachweis für die Urheberschaft Sempers nur stilkritisch erbracht werden. Hier erleichtert die ins Auge fallende Ähnlichkeit des Turmhelms der 1861 erbauten Kirche von Affoltern am Albis mit den Giebeln der Gemeindeschule die Zuweisung an Gottfried Semper, auch wenn Gruner, S. 52 von Jagdmauermeister Kluge als Planverfasser spricht. – Gut erhalten, Anbau 1905 mit einem Portal im Stil um 1500 von Scherz

Lit.: Fleischer; Gruner, S. 50–52

(56) S 10

Kreuzschule. Georgsplatz. 1864/1866. Entworfen von Arnold

Gymnasium und Internat der in das 13. Jahrhundert zurückreichenden Schule. Zweigeschossiger Vierflügelbau mit zwei Binnenhöfen, durch das Treppenhaus voneinander getrennt. 13 Achsen Front, weit vorgebauter siebenachsiger Mitteltrakt mit dreiachsigem Mittelrisalit, von einem gleichwinkeligen Dreieck bekrönt. Sandsteinbau. Vertikalgliederung des Mitteltraktes durch Strebepfeiler mit Fialen. Fenster spitzbogig. Die weiten Fenster des Mitteltraktes mit Strebepfeilern und hochgotischem Maßwerk versehen. Statuen vor der Fassade (Luther, Melanchthon, Allegorien der Grammatik, Mathematik, Geschichte und Poesie). Aula, Treppen und die „hauptsächlichen Passagen" mit Rippenwölbung. „Der Malerei wurde reiche Entfaltung bei der künstlerischen Ausstattung der Aula angewiesen. In vier großen Wandgemälden ist (. . .) der männliche Muth verherrlicht und in einer grösseren Zahl Friesbilder sind die Repräsentaten der Kunst und Wissenschaft aus den verschiedenen Culturepochen aufgeführt. Reicher ornamentaler Schmuck gliedert und umrahmt die von dem Maler Dietrich al fresco ausgeführten Gemälde." (BvD, S. 202)

Während sich Grundriß und Massengruppierung nicht von anderen Schulbauten unterschieden, war die Fassade hochgotisch stilisiert, eine künstlerisch wohlgelungene Leistung. Dennoch blieb dieser Bau der einzige öffentliche Profanbau Dresdens mit streng hochgotischer Fassade. „Hettner sagte (1863; V.H.) in seinem leider unbeachtet gebliebenen Protest gegen die Wahl dieses Baustils: ‚Der Beschluß (die Kreuzschule gothisch zu bauen) ist aus der Klage über die angebliche Einförmigkeit der Dresdner Bauwerke hervorgegangen. Man will der architektonischen Physiognomie Dresdens den Reiz höherer Abwechslung und Mannigfaltigkeit geben. Weil Dresden fast ganz im Renaissancestil erbaut ist, soll bei der jetzt darbietenden Gelegenheit auch einmal gothisch gebaut werden (. . .). Im Kirchenbau mag es gefordert sein, zum Theil auf ältere Baustile zurückzugehen (. . .). Aber der bestimmende Grundcharakter unserer modernen Bauten, zumal der öffentlichen, ist und bleibt die Renaissance (. . .). Aus welchem Grund also will man bei dem Bau der Kreuzschule von dem naturgemäßen Renaissancestil abgehen? Empfiehlt sich die Gothik als besonders charakteristisch für den Zweck des Gebäudes? Mit Nichten (. . .). Oder ist die Bevorzugung der Gothik wegen der architektonischen Umgebung wünschenswert? Im Gegentheil. Dresden hat einen einzigen gothischen Bau, die Sophienkirche. Alle wirksamsten Gebäude der älteren Zeit, die Frauenkirche, die Kreuzkirche, die katholische Hofkirche, das königliche Schloß, das Japanische Palais, der Zwinger u.s.f. sind durchweg im Renaissancestil, bald reiner, bald zopfiger. Und denselben Stil haben auch alle neueren öffentlichen Bauten eingehalten. . . . Es war nicht bedenkenloses Haften am Alten und Hergebrachten, sondern maßvolle künstlerische Einsicht in die gegebenen örtlichen und zeitlichen Bedingungen, wenn sich viele Baumeister . . . die Aufgabe stellten, die künstlerische Einheit der baulichen Physiognomie Dresdens nicht zu durchbrechen, sondern nur die Auswüchse des entarteten Zopfstils auf die ursprüngliche Formschönheit der italienischen Hochrenaissance zurückzuführen.'" (Lindau, S. 1003–1004). – 1945 zerstört

Lit.: BvD, S. 201–202, Abb. 80, 81.

(148) J 11

I. Bezirksschule. Pestalozzistraße 20. 1866/67 von Friedrich

Dreigeschossiger Bau, Doppel-T-Grundriß. Symmetrischer Aufriß. 19 Achsen Front, sechsachsiger Mittelrisalit mit flachem Walmdach, die dreiachsigen Seitenrisalite mit fialenbesetzten Flachgiebeln. Backsteinbau. Meist Flachbogenfenster, in den Giebelfeldern und unter dem Hauptgesims romanisierende Rundbogen. – 1945 zerstört

Lit.: BvD, S. 215, Abb. 86, 87 L 10

Annenrealschule. Humboldtstraße. 1867/1868 von Friedrich
Dreigeschossiger Vierflügelbau mit einem zwei Höfe bildenden Mitteltrakt. Symmetrischer Grund- und Aufriß. 15/8 Achsen. Fünfachsige Mittelrisalite auf den Längsseiten, auf den Schmalseiten breite einachsige Seitenrisalite. Flache Walmdächer, über dem Mittelrisalit stumpfes Zeltdach. Sandstein- und Putzfassade, bossiert die Eckquaderung und das Erdgeschoß des Mittelrisalits. Der übrige Bau sauber gefugt. Gesims über dem Erdgeschoß. Rundbogenfenster dort und im 2. Obergeschoß des Mittelrisalits. Im Mittelrisalit Ädikulafenster. Portalanlage drei Rundbogen, dazwischen Rundbogenfenster und Kreismedaillons. Vor dem 2. Obergeschoß ionische Halbsäulenordnung. Im Inneren offene einzweiläufige Palasttreppenanlagen. In der Aula Wandgemälde von Diethe. – Die Schule ist ein Bau der Sempernachfolge im unmittelbaren Wortsinn. Als Vorbild hat das Eidgenössische Polytechnikum in Zürich gedient. (Vgl. auch Technische Hochschule) – 1945 zerstört
Lit.: BvD, S. 203–206, Abb. 82, 83; Friedrich, Th. Annenrealschule, S. 71–80, Taf. II–VII
(113) G 11

Entbindungsinstitut. Seminarstraße. 1869 von C. M. Haenel
Dreigeschossige Dreiflügelanlage von symmetrischem Grund- und Aufriß. Mittelrisalit mit Drillingsfenstern, dreiachsige Seitenrisalite. Flaches Walmdach. Putzbau. Lisenengliederung. Im Erdgeschoß Flachbogenfenster. In der Mittelachse Löwen als Wappenhalter. Ohne engeren stilistischen Bezug. Wie beim Maternihospital sind Grund- und Aufriß vom barockem Schloßbau übernommen. – Gut erhalten
Lit.: BvD, S. 247–249, Abb. 108, 109 F 9

Stadtkrankenhaus. Wachsbleichstraße. Mutterhaus. 1870/1876 von Friedrich
Dreigeschossiger Bau von H-förmigem Grundriß mit Walmdächern. Putzbau. Erdgeschoß gequadert, Obergeschosse glatt. Gesims über dem Erdgeschoß, im 1. Obergeschoß Bändergliederung. Stichbogenfenster in den ersten beiden Geschossen. Grundriß ähnlich dem Maternihospital. Ohne engere Stilvorbilder, höchst allgemeiner Bezug auf die Renaissance, ohne höhere künstlerische Qualität. – Gut erhalten
Lit.: BvD, S. 232–235, Abb. 96, 97 F 9

Neues Polytechnikum, später Technische Hochschule. Bismarckplatz. 1872/1875 von Heyn
Dreigeschossiger Vierflügelbau mit einem zwei Höfe bildenden Mitteltrakt. Symmetrischer Grund- und Aufriß. Mittel- und Eckrisalite. Flache Walmdächer. Sandsteinfassade. Geschoßgliederung durch Gesimse. Erdgeschoßfenster rundbogig ausgeschnitten, im 1. Obergeschoß alternierende Verdachungen. Im fünfachsigen Mittelrisalit ionische und korinthische Halbsäulen- und Pilasterordnung, Flachgiebel über den Außenachsen und der Mittelachse, Balustraden, Eichenlaub, im Gebälk vielfiguriges Relief, Liegefiguren auf den Giebeln. Über dem Gesims Wappenschilde.
„Die Aula, durch zwei Stockwerke hindurchgehend, (...) ist an Wänden und Decke mit reichem plastischen Schmuck versehen. Die unteren glatten Wandflächen, in Stuckmarmor hergestellt, haben vergoldete Gaswandleuchter erhalten. Der Plafond besteht aus drei quadratischen Hauptfeldern, die durch reichgegliedertes Gebälk voneinander getrennt und mit Stuck und farbiger Ornamentik ausgestattet sind. (...) Ebenso ist das Treppenhaus in reicher Stuckarbeit und buntfarbig ausgeführt." (BvD, S. 196)
Das Hochschulgebäude vertritt exemplarisch die Architektur der Semper-Nachfolge. Grundriß und Fassaden sind vom Polytechnikum in Zürich abgeleitet (G. Semper, 1858–1864).
Die architektonische Qualität des Bauwerks war beachtlich. In der „Verhältnismäßigkeit der Theile unter sich und zum großen Ganzen" sah der Architekt den „architektonischen Wert eines Gebäudes"; den „Maaßstab" und die „Ornamentation" stellte er an die zweite Stelle der Faktoren, die den Wert eines Bauwerks bestimmen. Zwischen Zweckmäßigkeit und Repräsentation meint der Architekt einen Ausgleich gefunden zu haben: Es wäre „unangemessen (...), nur um der Wirkung willen Stockwerkhöhen, Fenster etc. noch mehr zu vergrößern (...)". (Rudolf Heyn, Polytechnikum am Bismarckplatz, in: Deutsche Bauzeitung 1874, VIII. Jg. Nr. 50 und 51, S. 201) – 1945 zerstört
Lit.: BvD, S. 192–197, Abb. 71–75
(111; *375, 376*) H 13

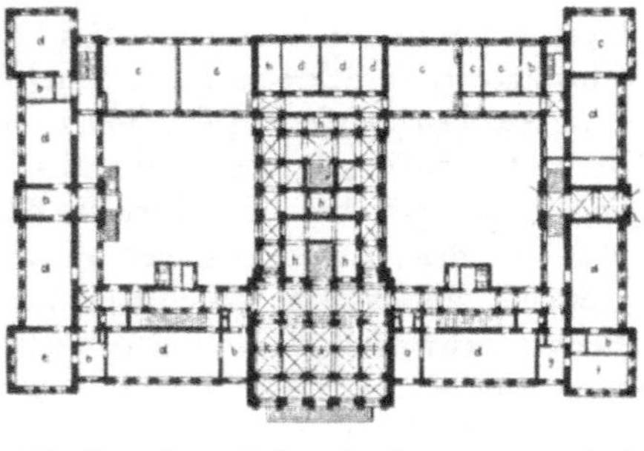

375 Dresden. Polytechnikum. Grundriß des Erdgeschosses

376 Zürich. Polytechnikum. Hauptansicht

Chemisches Laboratorium des neuen Polytechnikums. Schnorrstraße. 1874/1875 von Heyn
Zweigeschossige Zweiflügelanlage von 15 Achsen, in der Rückachse des Hochschulgebäudes. (In gleicher räumlicher Zuordnung befand sich auch das Chemiegebäude des Züricher Polytechnikums.) Dreiachsiger, etwas erhöhter Mittelrisalit, eingeschossige Außenflügel. Erdgeschoßbehandlung wie am Hauptgebäude, hohe Rundbogenfenster im Mittelrisalit. – 1945 zerstört
Lit.: BvD, S. 197, Abb. 76, 77 H 13

Königliches Staats-Gymnasium Neustadt. Holzhofgasse. 1872/1874 von Canzler
Dreigeschossiger Vierflügelbau, ein Treppentrakt bildet zwei Binnenhöfe. Symmetrische Anlage, 15 Achsen Front, in der Hauptansicht fünfachsiger Mittelrisalit. Flache Walmdächer. Geschoßgliederung durch kräftige Gesimse, drei Rundbogenportale, im 2. Obergeschoß des Mittelrisalits Rundbogenfenster. Semper-Schule. – 1945 zerstört
Lit.: BvD, S. 197, Abb. 178, 179
(377) L 7

377 Königliches Staatsgymnasium Neustadt. Holzhofgasse

XV. Bezirksschule. Görlitzer Straße 44/45. 1875/1876 von Lisske
Viergeschossiger Schulbau in einer geschlossenen Bebauung. Symmetrischer

378 XV. Bezirksschule. Görlitzer Straße. Aufriß.

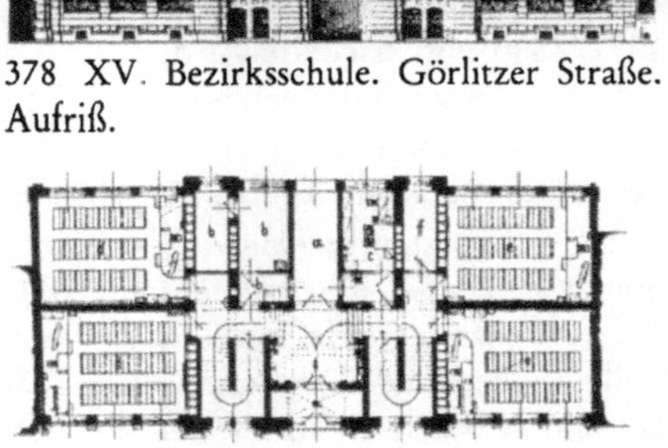

379 XV. Bezirksschule. Görlitzer Straße. Grundriß des Erdgeschosses

Aufriß von neun Achsen und dreiachsigem Mittelbau, mittiger Eingang mit Durchfahrt. Die pilastergegliederte Fassade beinahe gänzlich in Fenster aufgelöst, wodurch dieser Bau in seiner Negation historisierender Gestaltungstraditionen entschieden modern wirkt. – Erhalten
Lit.: BvD, S. 219, Abb. 89, 90
(378, 379) L 6

Pestalozzistift. Jägerstraße. 1876 von Heyn
Zweigeschossiger Bau von 15 Achsen Front, dreiachsiger Mittelrisalit mit zweieinhalb Geschossen. Walmdächer. Sandstein und Putz. Gequadertes Erdgeschoß, glattes Obergeschoß mit Spiegelgliederung. Geschoßgesims. Flachbogenfenster, im Obergeschoß verdacht. – Erhalten
Lit.: BvD, S. 222–223, Abb. 91, 92 M 6

VI. Bürgerschule, später Konservatorium. Blochmannstraße 24. 1876/1877 von Friedrich
Dreigeschossiger Dreiflügelbau von symmetrischem Aufriß. 13 Achsen Front, fünfachsiger Mittelrisalit, um ein Halbgeschoß überhöht. Walmdächer. Gesims über dem Erdgeschoß. Wandflächen genutet. Die Flachbogenfenster in den Obergeschossen durch lisenenartige Rundbogenblenden zusammengefaßt. Kubisch strenger Baublock, kaum stilistische Anklänge. – 1945 zerstört
Lit.: BvD, S. 213–215
(112) L 11

Arbeitsanstalt. Otto-Buchwitz-Straße (Königsbrücker Straße). 1876/1878 von Friedrich
Komplex meist dreigeschossiger Gebäude, getrennt in eine Männer- und Frauenabteilung. Der Gestaltung des in der Symmetrieachse gelegenen Verwaltungsgebäudes entspricht die der übrigen Gebäude: Dreigeschossiger Bau über rechteckigem Grundriß, 9/3 Achsen, einachsiger Mittelrisalit und Seitenrisalite. Walmdach mit Türmchen. Putzbau mit Sandsteingliedern, Fenster im Erdgeschoß mit Rundbogenverdachungen, in den Risaliten z. T. Ädikulafenster. Geschoßgliederung durch Gesimse. – Im wesentlichen erhalten
Lit.: BvD, S. 295–298, Abb. 135, 136
(380) L 4

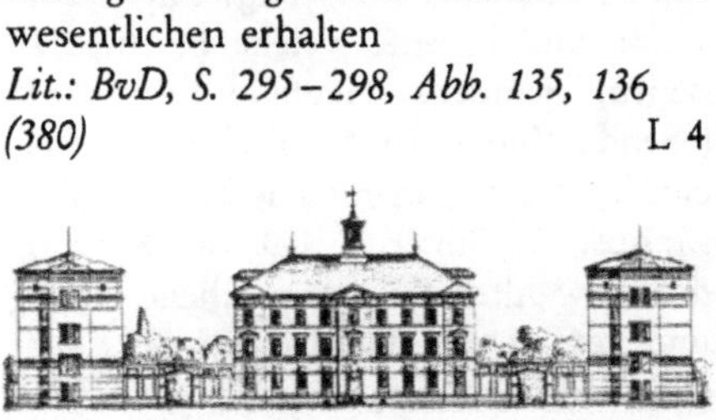

380 Arbeitsanstalt. Ansicht von der Königsbrücker Straße

Wettiner Gymnasium. Fritz-Heckert-Platz (Wettiner Straße). 1884 von Friedrich
Dreigeschossiger Dreiflügelbau mit niedrigem Mezzanin. 19 Achsen, fünfachsiger Mittelrisalit, drei Achsen durch Flachgiebel zusammengefaßt. Flache Walmdächer. Gesims über dem Erdgeschoß. Mittelrisalit, Erdgeschoß und Fenstereinfassungen Sandstein, das übrige Putz. Portale und Fenster im Erdgeschoß und im 2. Obergeschoß des Mittelrisalits rundbogig. Vor den Obergeschossen kolossale Halbsäulen und Pilaster. Renaissancismus der Semper-Schule, die Verwendung von Kolossalordnungen als barockes Motiv. – Im wesentlichen erhalten, linker Flügel nach Kriegszerstörungen leicht reduziert wiederhergestellt
(192) G 9

Kunstakademie und Ausstellungsgebäude. Brühlsche Terrasse. 1886/1893 von Lipsius
Als Kunstakademie diente zuvor das ehemalige Bibliotheksgebäude des Grafen Brühl, für Kunstausstellungen das Galeriegebäude des Grafen Brühl. Akademische Kreise wünschten geräumigere Gebäude. 1884 legte die Regierung dem Landtag Pläne zum Neubau eines Akademie- und Ausstellungsgebäudes vor. Die Pläne sahen einen Abbruch des Galeriegebäudes und die teilweise Abtragung des Bibliotheksgebäudes vor. „Nachdem die Pläne öffentlich ausgestellt waren, richtete der Dresdner Architektenverein eine Vorstellung an den Landtag, worin er Bedenken erhob gegen den ungeeigneten Bauplatz, gegen den dadurch bedingten unschönen Grundriß, gegen die Höhe des Gebäudes, die im Mißverhältnis zur ganzen Umgebung stehe, und gegen den vom Künstler gewählten neufranzösischen Stil, der einen Bruch mit den Überlieferungen der von Semper und Nicolai gepflegten Architekturschule bedeute (...)". (Richter, Geschichte, S. 141) Dem ist zu entnehmen, daß der Verlust der beiden hochqualitätvollen Bauten Christoph Johann Knöffels von 1747 und 1746 für belanglos erachtet wurde. Den vorgetragenen Bedenken wurde nicht entsprochen, lediglich die Höhe des Hauptgebäudes wurde um 10 m reduziert. 1886 genehmigte der Landtag die Planung. (Vgl. auch Deutsche Bauzeitung 1886, 3. April, 2. 158)
Die Gesamtanlage besteht aus einem vielgestaltigen ehemals teilweise eingebauten Komplex, dessen völlig unterschiedliche Ansichten nach vier Seiten eines Fünf-

ecks entwickelt sind. Fassaden der Straßenansichten sandsteinverkleidet, Hofseiten Backstein.

Nach der Brühlschen Terrasse das zweigeschossige Akademiegebäude. 11 Achsen in symmetrischer Anordnung um einen stark plastischen Mittelrisalit mit runder gefalteter Glaskuppel, kräftige dreiachsige Seitenrisalite. Auf hohen Postamenten Kolossalordnungen: Rundbogenportal, Flachbogenfenster im Erdgeschoß, in den Obergeschoßfenstern eingestellte Säulen. Reicher Figuren- und Büstenschmuck, abgeflachtes Dach. Zu beiden Seiten ebenerdige Flügelbauten.

Das Ausstellungsgebäude, bestimmt für den Sächsischen Kunstverein, zeigt nach der Brühlschen Terrasse. Prostylos mit gekoppelten korinthischen Säulen auf hohen Postamenten. Portal in der Mittelachse, in Nischen Statuen. Reiches Figurenprogramm im Tympanon, auf dem Gesims, auf dem gesprengten Giebel des Hauptbaues Nike und Liegefiguren. (Die Fassade ähnelt S. Giovanni in Laterano in Rom.)

Die östliche Seitenansicht zweigeschossig. Breite einachsige Seitenrisalite, dreiachsige Rücklage. Das Sockelgeschoß gequadert und rustiziert, Rundbogen aus gigantischen Bossen. Im Obergeschoß Kolossalordnungen, in den Achsen schmale, reichverdachte Figurennischen, darüber Hochreliefs. Balustrade über dem Gesims.

Am Übergang vom Ausstellungsgebäude zur Akademie auf der Südseite eine gläserne Kuppel. Repräsentative doppelläufige Treppe. Kolossalpilaster rahmen eine triumphbogenartige Portalanlage. In den Zwickeln Genien, in Medaillons Sphinx und Pegasus. Auf der Südseite zwei Risalite, dazwischen ein Hof, in diesem ein halbrunder Bauteil (ehemals Anatomie) mit abgeflachter Kuppel.

Günstige Beurteilung hat der ausschweifendste aller öffentlichen Bauten Dresdens kaum erfahren. „Noch war das Werk nicht vollendet, da zeigte sich schon, daß es seine Aufgabe nur unvollkommen erfüllte (. . .). Im Äußeren zeigte der Bau manche Schönheiten, namentlich die stattliche Säulenhalle am Ausstellungsgebäude machte eine bedeutende Wirkung. Aber die Mängel des Ganzen ließen keine rechte Freude an den Vorzügen im einzelnen aufkommen. Das wuchtige Werk war überladen, seine Umrißlinien ohne Reiz und die zwecklos gefaltete Glaskuppel für das Stadtbild geradezu eine Störung. Der reiche bildnerische Schmuck der Gebäude, dessen Zierlichkeit überdies im Widerspruch stand zu den derben Architekturformen, vermochte die Fehler der Anlage nicht zu verdecken." (Richter, Geschichte, S. 141, 142)

Die Anlage war vier Quellen verpflichtet: der italienischen Spätrenaissance, dem französischen Manierismus und Neubarock und der Architektur Sempers. Die Halbkuppel auf der Südfassade, die üppigen Kolossalpilaster und die Dachaufbauten des Akademiegebäudes waren durch zeitgenössische Vorbilder angeregt (Garnier). Der Bezug auf Semper ist am Zwischenbau der beiden auf die Glaskuppel zuführenden Risalite abzulesen; der triumphbogenartige Aufbau monumentalisiert das Erdgeschoß des Mittelrisalits des Museums, so daß man an ein Zitat glauben darf. – 1945 teilweise zerstört, im wesentlichen erhalten (das Ausstellungsgebäude als Ruine)

Lit.: Richter, Geschichte S. 142, Deutsche Bauzeitung 1886, 3. April, S. 158

(175, 176, 178) J 9, 10

Dreikönigsschule, Entwurf. 1890 Überarbeitung des Entwurfs von Friedrich durch seinen Amtsnachfolger Rettig

Die Auseinandersetzung um den Fassadenentwurf Rettigs gibt Aufschluß über das Denken der Dresdner Architektenschaft um 1890. „Hinsichtlich der Fassade glaubte sich der Architekt derjenigen Bauweise anschliessen zu wollen, welcher die Monumentalbauten aus Dresdens Glanzzeit in der ersten Hälfte des 18. Jahrh. angehören, (. . .) welche durch ihre Eigenart die kunstgeschichtliche, architectonische Physiognomie der Stadt bestimmen." (Deutsche Bauzeitung 1891, S. 224) Der Rat der Stadt genehmigte den Entwurf, die Stadtverordnetenversammlung lehnte ihn ab. Hinter dieser stand der Architektenverein. Ein Vertreter des Architektenvereins stellte den Antrag, den Grundriß zu genehmigen, doch „die Fassade wiederum abzulehnen, und zwar weil die stilistische Fassung derselben den in Dresden gepflegten Überlieferungen Semper's und Nicolai's nicht entspreche, sondern zu jener (. . .) langweiligen Bauweise zurückgreife, welche beseitigt zu haben, Semper's Hauptverdienst sei". (ebenda) Keiner der Architekten des Vereins habe den Plan gutgeheißen, lediglich Lipsius, der äußerte, „daß der Entwurf dem gewählten Stil entsprechend richtig und gut sei, die Wahl dieses Stils aber gleichfalls nicht empfohlen (werden könne)". (ebenda) Oberbürgermeister Stübel versuchte vergeblich zu vermitteln und wies auf das günstige Urteil von Wallot, Ende, Kayser & Großheim und Licht hin. Rettig schied daraufhin aus städtischem Dienst, die Schule wurde 1892 von Adam erbaut.

Lit.: Deutsche Bauzeitung 1891, S. 223, mit Abb.

Lehrerseminar. Kantstraße (Seminarstraße). 1894/1895 von Waldow

Zweigeschossiger Bau mit Souterrain- und Mezzaningeschoß. Front 23 Achsen, dreiachsiger Mittelrisalit mit Freitreppe, blinde Seitenrisalite. Mittelrisalit, Sockel, Erdgeschoß der Seitenrisalite und Fenstereinfassungen Sandstein, Wandflächen gelbe Klinker mit roten Gliederungssteinen. Rechteckige und flachbogige Fenster. Lisenen- und Bändergliederung. Zeltdach mit Laterne. Später Bau der Dresdner Schule. – Gut erhalten D 15

Baugewerkeschule. Oberer Kreuzweg. 1897 entworfen von Hantzsch, ausgeführt durch Kayser

Dreigeschossiger Bau von 9/9/9 Achsen. Nach der Hauptansicht breite einachsige Seitenrisalite mit steilen Staffelgiebeln, in der Seitenansicht Mittelrisalit mit kleinerem Staffelgiebel. Hohes Walmdach. In der Mittelachse der Hauptansicht Rundbogenportal. Im Erdgeschoß Rundbogenfenster, im 2. Obergeschoß der Hauptansicht Vorhangbogenfenster, die übrigen mit hohen Dreiecksgiebeln oder Rundbogenverdachungen. Ornamentik mit Motiven der Kunst um 1500. Im Treppenhaus Zellengewölbe. – 1945 ab 2. Obergeschoß zerstört

(381) K 8

381 Baugewerkeschule. Übereckansicht

Freimaurerinstitut. Eisenacher Straße. 1897/1899 von Kickelhayn d. J.

Langgestreckter, dreigeschossiger Bau mit Mittelrisalit und Seitenrisaliten, hohes Walmdach mit Giebeln. Nebengebäude. Sandsteinverkleidete Fassade, Spitzbogen und Rechteckfenster. „Für die Außenarchitektur wurden die reizvollen Formen der Deutschen Renaissance mit Anklängen an die Gothik gewählt." (Festschrift S. 17). – Unversehrt erhalten

Lit.: Festschrift zur Feier der Einweihung der Lehr- und Erziehungsanstalt ‚Freimaurerinstitut' zu Dresden-Striesen am 19. Juni 1899, hrsg. von der Vorsteherschaft der Anstalt
(235) R 7

Zusammenfassung

Bis in die neunziger Jahre hinein war die italienische Renaissance alleiniges Stilvorbild. Anregend hat Sempers Polytechnikum in Zürich gewirkt, das in Dresden mehrfach Nachfolge gefunden hat. Die Wahl des gotischen Stilvorbilds für die Kreuzschule läßt sich aus Sonderbedingungen erklären. Je höher der gesellschaftliche Rang des Bauwerks, desto intensiver war die Nähe zum historischem Vorbild. Für die Gruppe der in der sozialen Hierarchie unten angesiedelten Bauten – Volksschulen, Arbeitsanstalt, Krankenhaus – ist der geringe Bezug auf ein historisches Formvorbild oder gar auf einen Bautypus bezeichnend.
Diese „Stillosigkeit" hat ihre Ursache nicht im Fehlen von Vorbildern, sondern ist darin zu suchen, daß die Notwendigkeit eines demonstrativen Bezuges auf ausgewählte Traditionen für entbehrlich gehalten wurde. Der Verzicht auf Stilisierung und damit auf die Applizierung einer Bedeutung ist bei vielen – hier nicht aufgeführten – Bauten des Stadtbaumeisters Friedrich zu beobachten. Dies ist kein Problem gestalterischen Unvermögens gewesen, sondern ergab sich aus der Hierarchie der Bauaufgaben, die ihrerseits auf die soziale Wertabstufung derer, für die diese Gebäude gedacht waren, zurückging.
In den neunziger Jahren wurde der mehr oder minder enge Bezug auf die italienische Renaissance zugunsten malerischer Stilvorbilder, vor allem zugunsten der Spätgotik, aufgegeben.

MILITÄRBAUTEN

Torhäuser am Karl-Marx-Platz (Leipziger Tor, Palaisplatz, Kaiser-Wilhelm-Platz). 1827/1829 von Thormeyer
Nach Abtragung der Stadtbefestigungen traten an deren Stelle Zollmauern, die durch Schläge geöffnet waren. Eine repräsentative Behandlung erfuhr der Leipziger Schlag mit einer symmetrisch angelegten Toranlage: Zwischen beiden Häusern – kubischer Kernbau mit vorgelegtem Portikus und niedrigeren seitlichen Flügeln – ein Gitter mit hohem Pfeilerpaar. – 1945 ausgebrannt, das südliche Gebäude um 1970 beseitigt.
(8) J 8

Altstädter Wache. Theaterplatz. 1831/1833 nach dem Entwurf von Schinkel durch Thürmer ausgeführt
Als Mittelbau ein Antentempel mit sechs ionischen Säulen (Monoliten), seitlich dreiachsige niedrigere Flügelbauten. Die schlichten Fassaden Sandstein. Neben Schloß Albrechtsberg wichtigster Bau des Preußischen Klassizismus. – 1945 ausgebrannt, wiederaufgebaut, doch im Inneren verändert.
Lit.: BvD, S. 258, Figg. 113, 114
(10) H 9

Nach dem verlorenen Krieg 1866 und der Heeresreorganisation von 1867 wurden neue Kasernen errichtet. Die alten Kasernen im Zentrum der Neustadt in der Nähe des Elbufers (Mönchswiese) wurden geräumt.
Für die Kasernenbauten kann kein Architekt genannt werden, da die Bauakten – sollten sie noch vorhanden sein – nicht eingesehen werden konnten, da die Kasernen heute noch als solche genutzt werden.
„Der Schöpfer dieser neuen Anlagen (der Albertstadt; V.H.) war der Kriegsminister General von Fabrice, nach seinen Angaben wurden die Bauten von der Militärbaudirektion unter Zuziehung des Professors Nicolai ausgeführt." (Richter, Geschichte, S. 31) „Für die architektonische Bearbeitung sind außerdem die Architekten Niess und Rumpel thätig gewesen." (BvD, S. 260)

Schützenkaserne am Alaunplatz (Platz der Thälmann-Pioniere). 1868/1870
Viergeschossiger Bau mit Mittelrisalit und Seitenrisaliten. Den Mittelrisalit flankieren fünfgeschossige Seitenrisalite mit spitzen Zeltdächern, auf den Seitenrisaliten Pyramidendächer. Hauptgesims mit Zinnenkranz, die Ecken durch schlanke dreiviertelrunde Vorlagen betont. Vorbild war die von Semper entworfene Kaserne zu Bautzen (1838/1840). – Teilzerstört
(158) LM 5

Kasernen in der Albertstadt. 1873/1879
In der Achse der Schützenkaserne steht auf einer Anhöhe das Arsenal, vorgelegt in symmetrischer Anordnung zwei viergeschossige Dreiflügelbauten (bald zu vier Flügeln erweitert), hinter dem Arsenal Werkstattgebäude, umgeben von niedrigeren Wagenhallen, die Ecken der Anlage durch höhere und aufwendigere Bau-

382 Grundriß des Arsenals mit dem ehem. Administrationsgebäude und dem Montierungsdepot

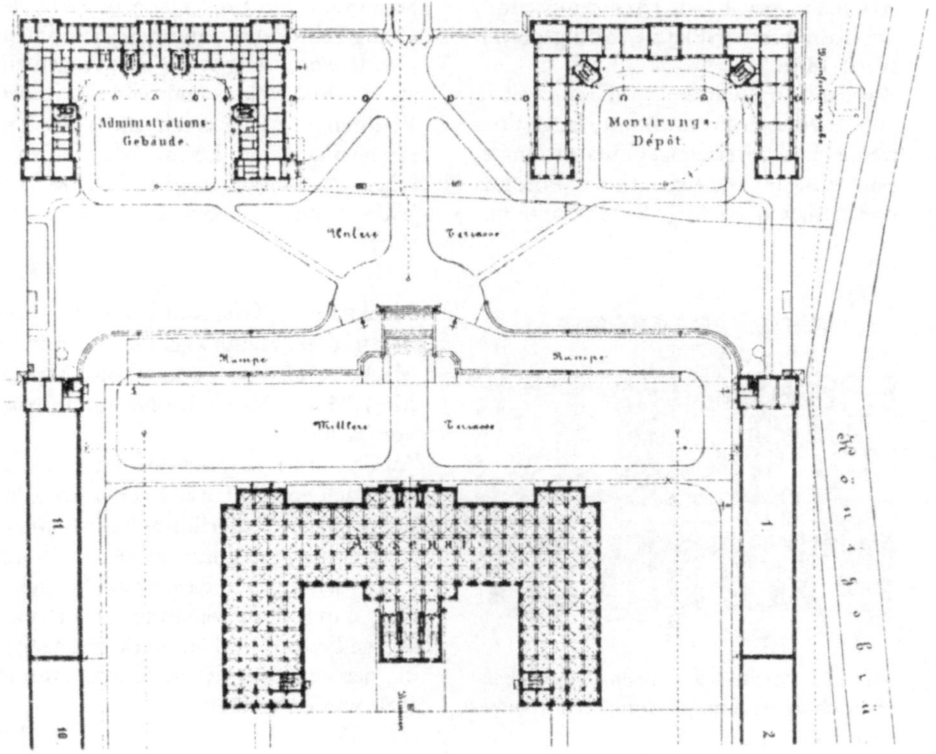

ten akzentuiert. Weitere Kasernen sowie die erst 1896/1900 erbaute Garnisonskirche entlang der Dr.-Kurt-Fischer-Allee (Carolaallee) und der Otto-Buchwitz-Straße (Königsbrücker Straße). Vorbild der Anlage war wohl das Wiener Arsenal. Meist langgestreckte drei- bis viergeschossige Gebäude mit der hergebrachten Fassadengliederung durch Risalite, Gesimse in jedem Geschoß und Pilasterordnungen in den hervorgehobenen Beteilen. Fenster rechteckig, Mansarddächer, auf zu Türmen ausgebauten Risaliten. Steile Mansard- oder Walmdächer.
Bemerkenswert an diesen eher nüchternen Bauten ist, daß auch die französische Renaissance, etwa das Schloß Fontainebleau, zum Vorbild genommen ist.
Von diesem stilistischen Schema weichen lediglich das Arsenalhauptgebäude, die Hauptwachse und einige Nebengebäude im „Rundbogenstil“ ab.
Lit.: BvD, S. 259–273
(59, 165; *382, 383*)

383 Schloß Fontainebleau, Hauptfassade zur Cour de Cheval Blanc

Arsenalhauptgebäude (Armeemuseum). Dr.-Kurt-Fischer-Platz (Königsplatz). Nach 1873.
Zweieinhalbgeschossiger Dreiflügelbau von 23 Achsen Front. Breite, lange Freitreppe und zweiarmige Zufahrtsrampe. Fünfachsiger Mittelrisalit mit Portikus und Attika, dreiachsige Seitenrisalite mit

384 Der Portikus des Arsenalhauptgebäudes nach dessen Umgestaltung zum Armeemuseum

Flachgiebel. Putz und Sandstein. Genutetes Erdgeschoß mit abschließendem Sims, vor den glatten Obergeschossen Kolossalpilaster. Rundbogenfenster im Erdgeschoß, über den Hauptgeschoßfenstern alternierend Flachbogen und -giebel. Im Inneren Kreuzgewölbe auf Säulen, offene ein-, dann zweiläufige Treppe. In den Kolossalordnungen sind zu einem für Dresden frühen Zeitpunkt neobarocke Elemente verwandt. – Durch Umbauten teilweise entstellt
(105; *384*) M 4

Hauptwachgebäude. Dr.-Kurt-Fischer-Allee (Carolaallee). Um 1875 von Nicolai
Zweigeschossiger Bau von neun Achsen und dreigeschossigem dreiachsigen Mittelrisalit, dessen beide ersten Geschosse in einem Rundbogenportikus geöffnet sind. Flache Walmdächer. Gequaderter Putzbau. Gesims zwischen den Geschossen. Rundbogenfenster im Erdgeschoß und im Obergeschoß des Mittelrisalits. – Dieser Bau bringt in seiner zierlichen Ausgewogenheit und seinem Bezug auf die florentiner Frührenaissance die künstlerische Eigenart Nicolais zur Geltung. – Gut erhalten, leicht reduziert
(106) N 5

Jägerkaserne. Sachsenplatz. 1881 von Haenel und Adam
Dreigeschossiger Komplex am Brückenkopf der Albertbrücke. Viergeschossige Risalite mit hohen Zeltdachtürmen. Fassade sandsteinverkleidet und verputzt. Souterrain und Erdgeschoß bossiert, die Obergeschoßfenster mit manieristischem Quaderwerk eingefaßt. Rundbogenfenster im Erdgeschoß und teilweise in den Risaliten. – Außer einem entfernten Zusammenhang mit Formen des französischen Manierismus sind stilistische Vorbilder kaum zu benennen. – 1945 zerstört
(174) LM 9

Blockhaus (Kriegsministerium und Neustädter Hauptwache). Neustädter Markt. 1782 von Longuelune, Mezzanin 1749 von Knöffel, 1892 aufgestockt von Weißbach
Ausbau des Dachgeschosses in den drei Mittelachsen, Aufsatz einer Dachbalustrade. Dabei Weiterführung der Pilasterarchitektur und stilistische Angleichung an den schlichteren Barockbau. Bereicherung durch Trophäenarrangements und üppige Festons. – 1945 stark beschädigt, in der ursprünglichen Barockfassung 1980 wiederaufgebaut
(186, 187) J 9

THEATER, MUSEEN, FEST- UND AUSSTELLUNGSBAUTEN

III. Belvedere. Brühlsche Terrasse. 1814 von Schuricht im Auftrage des Fürsten Repnin
„Halle mit sechs dorischen Säulen und breiten Eckpfeilern, darüber Architrav mit Aussichtsterrasse und zurückgesetztem Pavillon, dessen Türen mit Rundbogen und starkem Schlußstein versehen sind, Gliederung durch Putzbänder. Charakteristischer Bau des Dresdner dorischen Klassizismus unter Einfluß der französischen Revolutionsarchitektur“ (Löffler, S. 368)
Lit.: Löffler, S. 368, 399, Taf. 22, 304
K 9, 10

Dekoration der Antikensäle im Japanischen Palais. 1836 nach Entwurf von G. Semper
Zehn der elf Säle der Dresdner Antikensammlung im Japanischen Palais wurden farbig gefaßt, um die unfarbigen Statuen vor farbige Hintergründe zu stellen, und zwar im Sinne antiker Polychromie. Das Ziel war Neuordnung der Sammlung zu einem Gesamtkunstwerk. Semper orientierte sich sowohl an klassisch-griechischen Tempeldekorationen, als auch an pompejanischen Wandmalereien, besonders des Dritten und Vierten Stils. „Das Erkennen der zwischen Dekorationsmotiven und den Kunstwerken bestehenden Beziehungen bildet für ihn einen wesentlichen Teil des ästhetischen Erlebnisses.“ (Walter May, Museen und Ausstellungen, in: Katalog der Semperausstellung 1979, S. 108) Die durch Semper nach rein ästhetischen Gesichtspunkten vorgenommene Aufstellung der Statuen 1887 verändert, freigelegt 1927–1935. – Raumdekoration nur teilweise erhalten
Lit.: Katalog der Semperausstellung 1979. S. 101–107; Däubler, Taf. 1; Manteuffel S. 72–77, MV 55; Löffler S. 373, 374
(25) J 8

Logenhaus Zu den drei Schwertern und Asträa zur grünenden Raute und Zum goldenen Apfel. Ostraallee 15 (Julian-Grimau-Allee). 1837/1838 von Hörnig
Eingeschossiger Bau von 7/3 Achsen und Walmdächern. Dreiachsiger leicht überhöhter Mittelrisalit. Fassade rustizierter Sandstein. Geschoßgliederung durch Gesimse. Rundbogenportal bzw. -fenster.

Fenster mit Rundbogenmaßwerk. In Rundmedaillons Reliefbüsten, Sphinxe vor dem Eingang. „Die Façaden des Gebäudes entsprechen in ihrer Wirkung dem ernsten Zwecke, dem das Gebäude gewidmet." (BvD, S. 304)
Im Inneren Säle mit Pilastergliederung, Voute und Decke geometrisch-ornamental bemalt. Der kubische Logenbau vertritt den Romantischen Historismus. Er hat allgemeine Ähnlichkeit mit Münchener Bauten Klenzes, etwa mit dem Kriegsministerium oder dem Königsbau der Residenz. – 1944 zerstört
Lit.: BvD, S. 303, Abb. 138, 139
(51; *385*) H 9

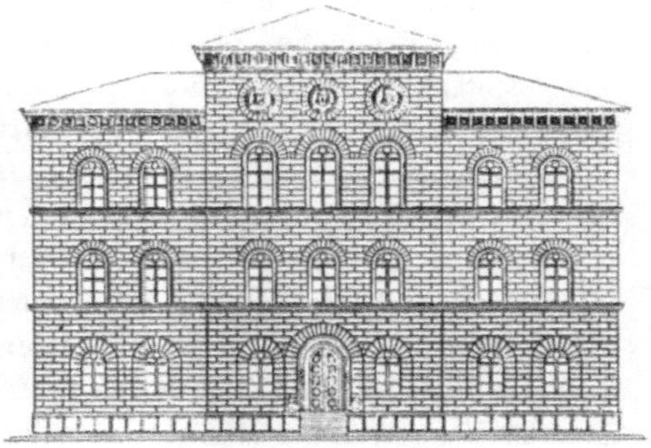

385 Logenhaus. Aufriß der Hauptfassade

Hoftheater I. Theaterplatz. 1838/1841 von G. Semper
Das Pöppelmannsche Opernhaus am Zwinger war 1782 zu einem Festsaal umgebaut worden. Das Komödienhaus am Italienischen Dörfchen war unzulänglich, weshalb über Jahrzehnte versucht wurde, das ehemalige Opernhaus am Zwinger wieder für Opernaufführungen geeignet zu machen. Thormeyer, Langhans und Ottmer hielten das alte Opernhaus erweiterungsfähig. Thormeyers Entwurf von 1835 blieb ganz in der klassizistischen Tradition.
(9)
Er nahm auch keine Rücksicht auf die Zwingerarchitektur, die durch eine Reihe von baulichen Eingriffen beeinträchtigt worden wäre.
Semper jedoch plädierte für einen Neubau an anderer Stelle. Ohne sich mit Umbauprojekten zu befassen, nahm er den Auftrag zu Aufstellung eines Denkmals für König Friedrich August zum Anlaß, eine durchgreifende bauliche Umgestaltung des Bereichs zwischen Zwinger und Elbe (dem mit niedrigen, schlichten, regellos bebauten „Italienischen Dörfchen") nach Art der römischen Kaiserforen vorzuschlagen. Die Ost- und die Westseite des Zwingers sollten verlängert und damit ein bis zur Elbe reichender Festplatz geschaffen werden. Die Altstädter Wache sollte an das Elbufer versetzt werden. Wesentliche Elemente dieses Planes waren ein Theater und ein Museum. Von diesem Plan sollte das Theater verwirklicht werden.
Im April 1838 beschlossen König und Ministerrat den Baubeginn des Theaters. Entwürfe, die die Grund- und Aufrißlösung des ersten Theaters vorwegnahmen, sind nachgewiesen worden (Fröhlich-Sperlich, S. 298 ff.; Magirius, Katalog der Semperausstellung 1979, S. 165). Das Theater zeigt einen Baukörper mit halbrunder Schauseite und glattem Schluß mit Flachgiebel, die Querflügel ebenfalls mit Flachgiebelschluß. Ein flachgeneigtes Kegeldach über Zuschauer- und Bühnenhaus. Stark zurückgesetzt die Obergeschosse des gerundeten Zuschauerraumes, die beiden Untergeschosse in Rundbogenarkaden geöffnet. Wandgliederung durch Halbsäulen und Pilaster. Stilisiert in Anlehnung an die Florentiner Frührenaissance. Ein Bau von äußerster kubischer Geschlossenheit und Klarheit, die aus der Ablesbarkeit der Raumorganisation am Außenbau resultierte. Die vollendet funktionelle und künstlerische Durchbildung des Baues bedingte dessen epochale Wirkung auf den europäischen Theaterbau des 19. Jahrhundert. Der Stil der italienischen Frührenaissance fand in Dresden zu einem bedeutenden Anteil durch das Theater auch für andere Bauaufgaben Verbindlichkeit. Mit diesem Bauwerk erlangte Dresden auf architektonischem Gebiet Anschluß an die führenden europäischen Städte. – 1869 wegen einer Unachtsamkeit abgebrannt
Lit.: G. Semper, Hoftheater, 1849; BvD, S. 320– 328; Fröhlich, S. 40–42; Katalog der Semperausstellung 1979, S. 177–186; Manteuffel, S. 93–110, MV 58; Mütterlein, S. 7 ff.
(26; *386*) H 9

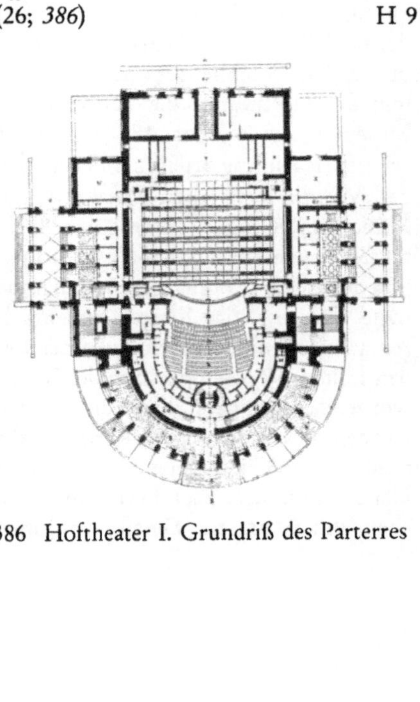

386 Hoftheater I. Grundriß des Parterres

Orangerie in der Herzogin Garten. Julian-Grimau-Allee (Ostraallee). 1841 durch von Wolframsdorf
Langgestreckter eineinhalbgeschossiger Bau von 113 m Länge mit dreiachsiger Fassade. Sandstein. In der Mittelachse bis zur Gesimshöhe Stichbogenportal. In den Seitenachsen in Nischen Standbilder der Flora und Pomona (v. E.J. Hähnel). Quadratische Fenster im Mezzanin. Pilastergliederung, in den Rhomben Inkrustationen. Auf einer Längsseite Rundbogenarkaden. – Die Renaissanceformen orientierten sich neben italienischen Vorbildern an denen des französischen Manierismus, hier ist beispielsweise das Chateau de Vincennes bei Paris zu nennen. – Nach Kriegszerstörung und späterem Abbruch der Längsachsen nur die Front erhalten
Lit.: BvD S. 417, Figg. 243, 244; Inv. S. 571
(46) G 9

IV. Belvedere. Brühlsche Terrasse. 1842 durch von Wolframsdorf
Zweigeschossiger Festbau auf der ehemaligen Merkurbastei der Brühlschen Terrasse, der schönsten Promenade Dresdens. Nach der Aussichtsseite halbrund. Kurze Seitenflügel, gerade fünfachsige Rückfront. Flaches Walmdach mit Aussichtsplattform. Im Halbrund ein Saal, im Erdgeschoß ein Umgang vorgelegt. Die Hauptfenster rundbogig. Geschoßgliederung durch Gesimse und Lisenen, gequaderte Wände.
Wolframsdorf zeigte sich von den eben fertiggestellten Bauten Sempers, der Villa Rosa und dem ersten Hoftheater, abhängig. Das gestaffelte Halbrund des Festsaals mit der arkadenartigen Fensterreihung und den niedrigen Fenstern des Halbgeschosses sowie die kurzen Seitenflügel verwiesen auf das Hoftheater. Die Rückseite ähnelte stark der Villa Rosa. An diesem Bau wurde zum ersten Male Sempers Einfluß in Dresden faßbar. – 1945 zerstört
Lit.: BvD S. 344–346, Abb. 160, 161
(44) K 9, 10

Logengebäude. Projekt. 1844 von G. Semper
Am 22. Juli 1893 übergab Manfred Semper dem Kgl. Sächsischen Ministerium des Innern als Convolut 13 sechs Grundrisse, eine perspektivische Skizze und ein Blatt mit Fassade und Schnitt des Projekts der Freimaurerloge. (Die Originale aus dem späteren Besitz der Kunstakademie Dresden sind heute verschollen.) Erhalten haben sich die fotografischen Aufnahmen dreier Grundrisse, zweier

Schnitte und eines Fassadenaufrisses von mindestens zwei Projektstufen. Sie zeigen einen dreigeschossigen Bau mit flachgeneigtem Walmdach über etwa quadratischem Grundriß. In der Mittelachse der Fassade im Erdgeschoß einzig ein Rundbogenportal, in den Obergeschossen eine Pilasterarchitektur, in der Mitte drei Rundbogenfenster. Das Erdgeschoß gequadert, Geschoßgliederung durch Gesimse. Im Inneren hinter dem Vestibül ein durch alle Geschosse reichender Lichtschacht. Nach der Rückseite der Versammlungsraum mit polygonaler Exedra. – Die Ausführung unterblieb aus nicht bekannten Gründen.
(38; *387, 388*)

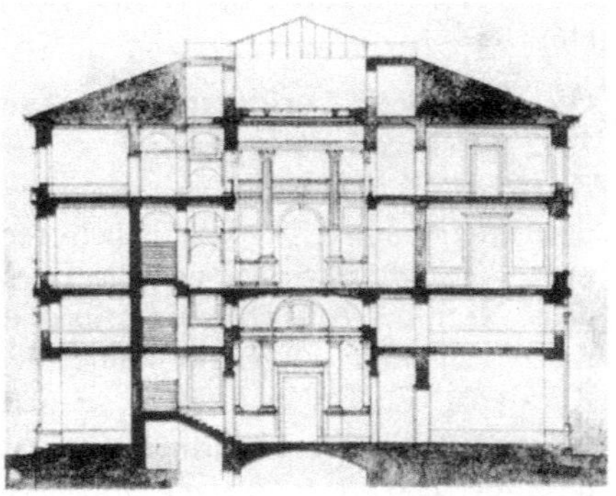

387 Projekt I zu einem Logenhaus. Aufriß und Längsschnitt

388 Projekt II zu einem Logenhaus. Querschnitt

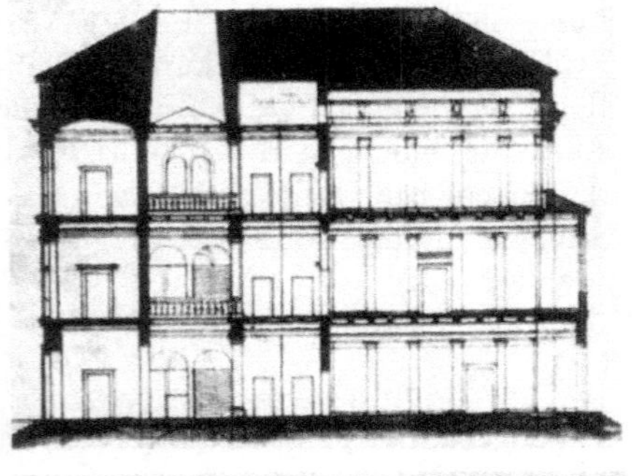

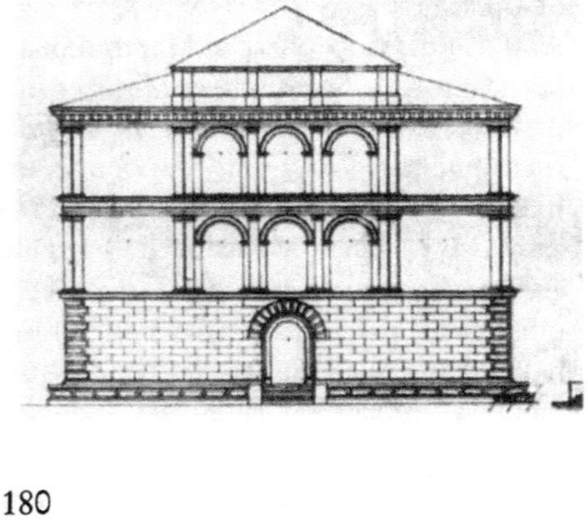

Orangerie. Leipziger Straße 4. 1846
Rechteckiger Bau von 11/4 Achsen und flachem Walmdach. Dreiachsiger Mittelrisalit. Nach zweit Seiten Rundbogenarkaden. Pfeiler mit Rhombenmotiven, profilierte Archivolten. Im Tympanon Rankenwerk. Der Orangerie in der Herzogin Garten von Wolframsdorf sehr ähnlich. – Gut erhalten
(45) H 6

Museum (Gemäldegalerie). Theaterplatz. 1847/1854 v. G. Semper, fertiggestellt von C.M. Haenel und Krüger
Die bedeutende Gemäldesammlung der sächsischen Kurfürsten und Könige befand sich unzulänglich untergebracht im ehemaligen Stallgebäude (s. Johanneum). Seit langem war man bemüht, diese Situation durch einen Neubau zu verbessern, die Suche nach einem geeigneten Standort zog sich seit Jahrzehnten hin. Semper hatte in seinem Forumsprojekt auch einen Museumsbau vorgesehen. Als das Orangeriegebäude, das ein Teil des Projektes war, durch von Wolframsdorf in der Herzogin Garten errichtet wurde, war die Errichtung des Museums als Teil des Forums nicht mehr möglich. Je nach untersuchtem Standort fand Semper konzeptionelle Lösungen, die einen gänzlich anderen Bautypus zeigen konnten, etwa den Zentralbauentwurf für ein Museum westlich des Wallpavillon des Zwingers. Konstante Elemente aller Planungen waren die Stilisierung im Sinne der italienischen Hochrenaissance und die weihevolle Überhöhung, der außer der streng historisch gebundenen Übernahme des Stils die Verwendung von Formzitaten, wie des Kuppelmotivs oder des oktogonalen Mittelsaales, dienten.
Als die noch offene Nordseite des Zwingers gegen Sempers Einspruch als Standort für das neue Museum bestimmt wurde, beeinflußte die Rücksichtnahme auf die Arkadenarchitektur des Zwingers und des Hoftheaters die Baugestalt des Museums. Am 9. Januar 1847 kam es zur offiziellen Auftragserteilung. Nach Klenzes Vorbild der Alten Pinakothek in München (1826/1833) wurde den Architekturformen der Hochrenaissance mehr und mehr der Vorzug gegeben. Semper hatte eine gewaltige Kuppel geplant, deren acht Seiten in Arkaden geöffnet werden sollten. Von Sempers Schüler Krüger wurde nach Sempers Flucht die mit dem Kronentor des Zwingers korrespondierende Kuppel aufgegeben. 1851 reisten Hänel und Krüger nach Berlin und München, um technische Details der Innenausstattung kennenzulernen. (Mütterlein, S. 99; Plagemann, S. 135) 1854 war der Bau vollendet. Er wurde am 27. September 1855 eröffnet.
Baubeschreibung: Dreigeschossiger Bau von 23/3 Achsen. Dreiachsiger Mittelrisalit, einachsige Seitenrisalite. Sandsteinbau. Zweigeschossige Front vor dem dreigeschossigem Kernbau, das Untergeschoß kräftig rustiziert. Die Fensterachsen als Arkaden verstanden (die Pfeiler mit Palladiomotiv), denen kannelierte Säulen vorgelegt sind, um Architrav und Gebälk zu tragen. Der Mittelrisalit in beiden Geschossen als antiker Triumphbogen mit vorgestellten korinthischen Vollsäulen gebildet (im Obergeschoß statt der seitlichen Öffnungen Nischenfiguren), von achteckiger flacher Kuppel abgeschlossen. Der Durchgang, der in der Art eines Triumphbogens (etwa des Septimus Severus oder des Konstantin in Rom) den Zwingerhof mit dem Theaterplatz verbindet, vom Achteck des Kuppelbaues durchdrungen. Die Front zum Theaterplatz (Nordseite) gegenüber der Zwingerseite spröder, kräftiger und hoheitsvoller. Im Obergeschoß wechseln rundbogige Fenster mit Ädikulafenstern. Die Vollsäulen im Mittelrisalit als zweite Raumschicht und das Triumphbogenmotiv sichern dem Mittelbau Dominanz. Die statuarische Bauplastik auf den Mittelrisalit beschränkt. Über den lichten Achsen der Rücklagen Kreismedaillons mit Büsten. Die figürliche Reliefplastik auf den Mittelrisalit konzentriert, die ornamentale Reliefplastik vor allem auf Pilastern und in den Gebälken. (Ornamentik größtenteils nach Zeichnungen von B. Krüger ausgeführt. BvD S. 163) Die östliche Seitenansicht ist im Erdgeschoß wie die Nordseite gegeben, das Obergeschoß vereinfacht die Mittelrisaltgliederung. Die Südseite weicher und weniger hoheitsvoll. Im Obergeschoß eine gleichförmige Reihung, Rundbogenfenster mit Palladiomotiv, Halbsäulen anstelle von Pilastern. Abschluß durch eine Attika.
Die farbige Wirkung des ehemals gelblichen und weißen Außenbaus war völlig anders geplant als sich die heute geschwärzten Sandsteinfassaden darbieten.
Im Erdgeschoß auf der Ostseite eine Säulenhalle mit schlanken ionischen Säulen und den steil ansteigenden Gewölbegurten. Im Westflügel nimmt das Vestibül das Treppenhaus auf. Mittelsäle im Obergeschoß mittels Oberlicht erhellt, desgleichen das dritte Geschoß.
Im Inneren die dekorativen Malereien verloren. „Das Vestibul des Treppenhau-

ses ist mit Kreuzgewölben versehen, die auf korinthischen Säulen von polirtem grauen sächsischen Granit ruhen. Die Capitäle sind aus Sandstein, weiß gemalt mit Goldverzierung. Die beiden Seitenhallen (...) sind mit Tonnengewölben bedeckt, zierliche Rosetten in den Cassettirungen zeigend. Die malerische Decoration der Flächen ist einfach, wie im ganzen Baue, grau in grau, auf mattgrünem oder gelblichem Grunde gehalten (...). Außerdem ziehen sich an den Wänden der Seitenhallen Friese von Gipsreliefs hin, welche ... die Geschichte der italienischen wie deutschen und niederländischen Maler vorführen.

Die in drei Absätzen breit aufsteigende Treppe ruht auf ionischen Säulen von schwarzem Marmor. Im oberen Theile des Treppenraumes erblickt man auf den grau in grau gemalten Wandfeldern die allegorischen Gestalten der Malerei, der Saxonia etc., welche Malereien, ebenso wie die des Vestibuls, von C. Rolle ausgeführt worden sind." (BvD S. 169) – 1945 ausgebrannt und teilweise zerstört. Das Äußere exakt wiederhergestellt, desgleichen die Raumdisposition. Malerei stark vereinfacht

Lit.: BvD S. 164–172, Figg. 65–69; Fröhlich, S. 52–65; Mütterlein S. 67 ff.; Manteuffel S. 78–92, MV 89; Katalog der Semperausstellung Dresden 1979, S. 120–128
(34–37; *389–392*) G 9

II. Hoftheater. Theaterplatz. 1871/78 von G. Semper, ausgeführt durch M. Semper.

Grundsteinlegung 26. April 1871, Einweihung 2. Februar 1878.

Nach dem Brand des I. Hoftheaters sprach sich eine Kommission (u.a. Haenel, Krüger, Hähnel, Nicolai) für einen Neubau an einem anderen Ort und nach einem neuen Grundriß aus. (Vgl. Mütterlein, S. 38–42 und Katalog der Semperausstellung 1979, S. 194). Stadtbaudirektor Friedrich und Stadtbaukommissar Franz legten einen gemeinsamen Plan vor (Mütterlein, S. 42). Die Zweite Kammer des sächsischen Landtages stimmte unter dem Druck der Dresdner Bürgerschaft dafür, den Auftrag G. Semper zu übertragen; offenbar scheint keiner der Dresdner Architekten so viel Ansehen besessen zu haben, daß man von ihm die Lösung dieses Auftrages erwartet hätte. (Die Entwicklung der Planungen ist bei Mütterlein, S. 46 ff.; Fröhlich, S. 186 und im Katalog der Semperausstellung, S. 168–173, S. 194–207, beschrieben worden.) Das Theater wurde auf dem Platz zurückversetzt, weil durch den Bau des Museums eine städtebauliche andere Situation entstanden war.

Grund- und Aufrißbildung des zweiten Hoftheaters sind über mehrere Zwischenstufen (Theater in Rio de Janeiro, 1858, und Wagner-Festspielhaus in München, 1864) mit dem des ersten Hoftheaters verwandt: Dreieinhalbgeschossiger Bau mit viertelkreisrunder Schauseite, wie beim ersten Bau den Zuschauerraum und die Wandelgänge markierend. Stark zurückgesetzt die Obergeschosse, die beiden Untergeschosse in Rundbogenarkaden geöffnet. Kurze symmetrisch angelegte Querflügel mit Balustrade. Über dem Bühnenhaus ein leerer Flachgiebel. Der Hauptachse eine überhöhte Exedra vorgelegt. Fassade Sandstein, in der Rückwand der Exedra farbige Inkrustationen, die Exedra von einer Pantherquadriga von Joh. Schilling, 1877, bekrönt. Wandgliederungen durch Halbsäulen und Pilaster. Das Erdgeschoß und die Pilaster bossiert.

Von der kubischen Geschlossenheit des ersten Theaters ist Semper abgerückt; die vergleichsweise größere plastische und räumliche Bewegtheit, der Reichtum an Gliederungselementen und die hochrenaicanssistische Formensprache wirken malerischer.

Der Innenraum mit fünf Rängen, mit Königsloge in der Mittelachse und Prozeniumslogen. Die Logen hufeisenförmig angeordnet. die Rückwand spannungsvoll dazu als Stichbogen. Der Innenraum dekoriert im Sinne des Neobarock, reich mit Stuckmarmor, Stucco lustro, figürlicher und ornamentaler Malerei versehene Vestibüle und Treppenhäuser im Sinne der italienischen Renaissance.

Den Einfluß des Zweiten Hoftheaters in Dresden ließen der Innenraum des Alberttheaters und das Äußere des Erweiterungsbaues der städtischen Ausstellungshalle erkennen. – Das Theater wird gegenwärtig rekonstruierend wiederhergestellt, wobei bedauerlicherweise der Grundriß des Zuschauerraumes (anstelle

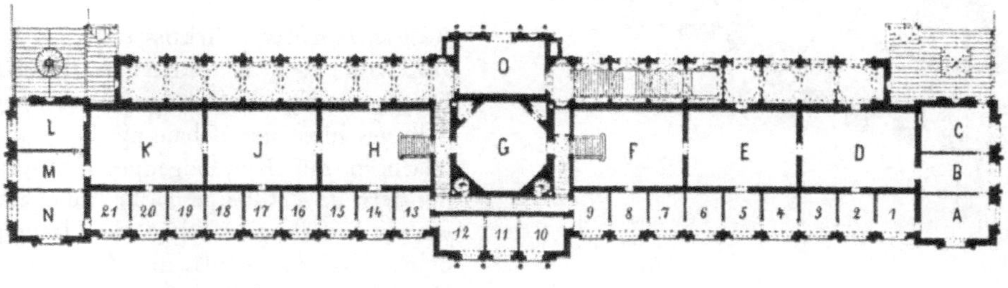

389 Museum. Grundriß des 1. Obergeschosses

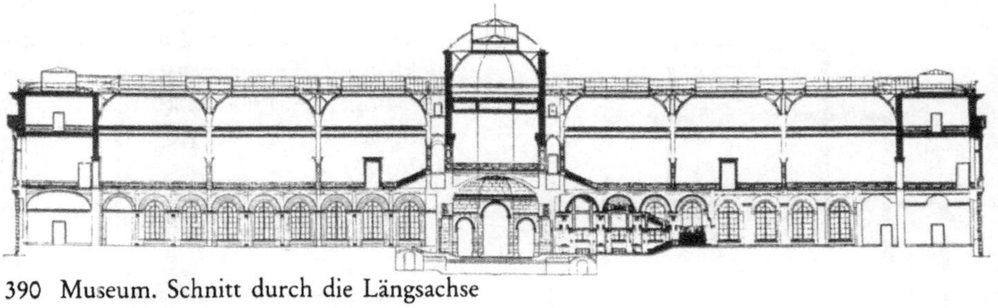

390 Museum. Schnitt durch die Längsachse

391 Rom. Triumphbogen des Septimus Severus (203 n. Chr.)

392 Rom. Konstantinsbogen. (312/315 n. Chr.)

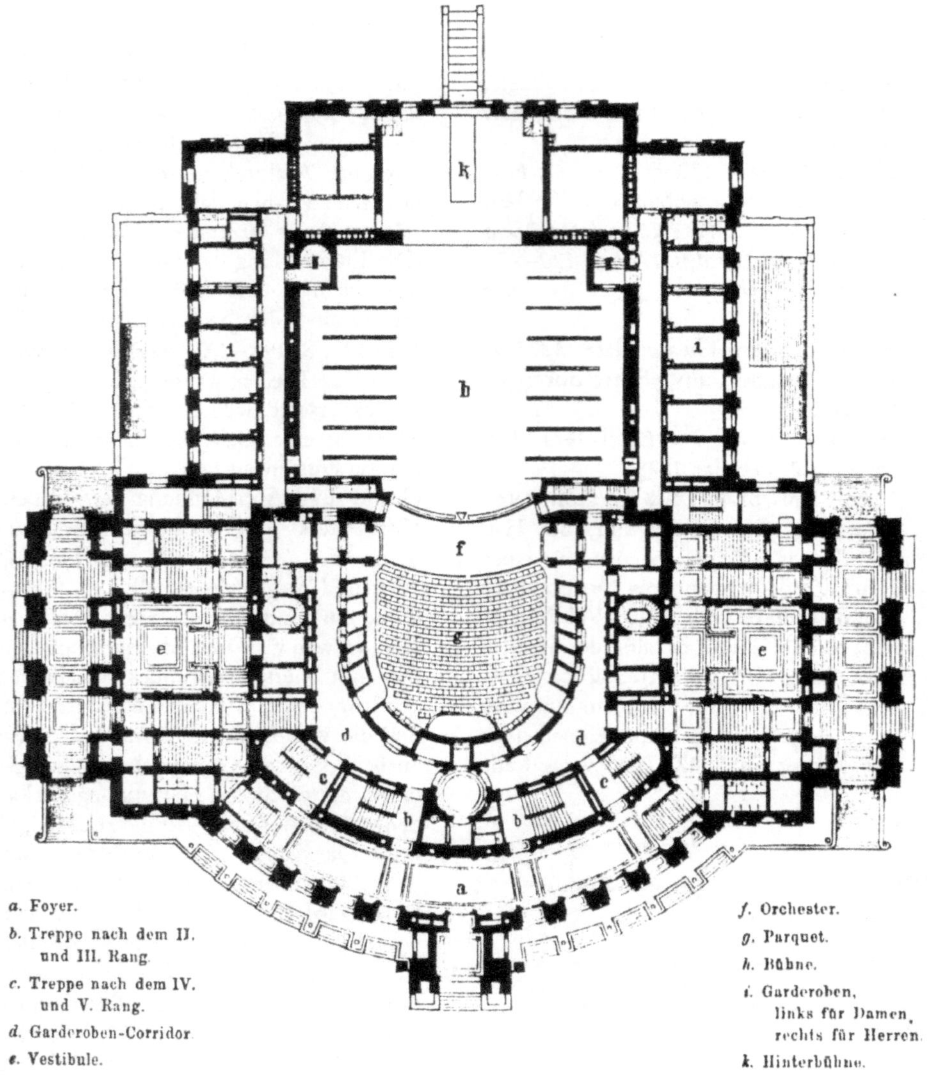

393 Hoftheater II. Parterregrundriß

des Segmentbogenschlusses eine der halbrunden Rangform folgende Rückwand) geändert, Mauerwerk am Bühnenhaus nach außen gerückt und ein überdimensionierter Anbau asymmetrisch angefügt wird.
Lit.: BvD S. 328–339, Abb. 152–155; Fröhlich, S. 178–196; Manteuffel S. 129–145, MV 196; Mütterlein S. 39 ff; Katalog der Semperausstellung 1979, S. 194–213 (hierin eine weiterführende Bibliographie)
(91, 92; *393*) G 9

Alberttheater. Albertplatz. 1871/1873 von Schreiber für eine Aktiengesellschaft Neustädter Bürger
Freistehender Theaterbau über rechteckigem Grundriß. Putz und Sandstein. Zweigeschossige Ansichten, dreigeschossiges zurückversetztes Bühnenhaus. Flaches Walmdach mit Giebel zur Hauptansicht nach der Schmalseite. Geschoßgliederung durch Gesimse. Gequadertes Erdgeschoß, Obergeschosse glatt mit Pilaster- und Säulenordnung. Der Eingangsseite breiter fünfachsiger Mittelrisalit vorgelegt. Dreiachsige Portalanlage (Rundbogen), in den Außenachsen Rundbogennischen mit Figuren. Rundbogenfenster und -nischen in der Hauptansicht. Die neunachsigen Seitenansichten durch Risalite gegliedert, die Rücklagen als Arkaden gegeben. Pilasterarchitektur. Ädikulae in den Risaliten. Der nach außen rechteckige Zuschauerraum mit hufeisenförmiger Sitzordnung mit drei Rängen und Prozeniumslogen. Dekoration weißgold.
Harmonisch ausgewogener Bau von klarer, kubischer Bildung und ausponderierter Spannung zwischen leeren und reich dekorierten, offenen und geschlossenen Flächen. Renaissancismus der Nicolai-Schule, deren Eigenart in der Handhabung der Renaissanceformen im Vergleich zum zweiten Hoftheater deutlich wird. – 1945 zerstört
Lit.: BvD S. 339–341, Abb. 156, 157
(104, 269; *394*) K 7

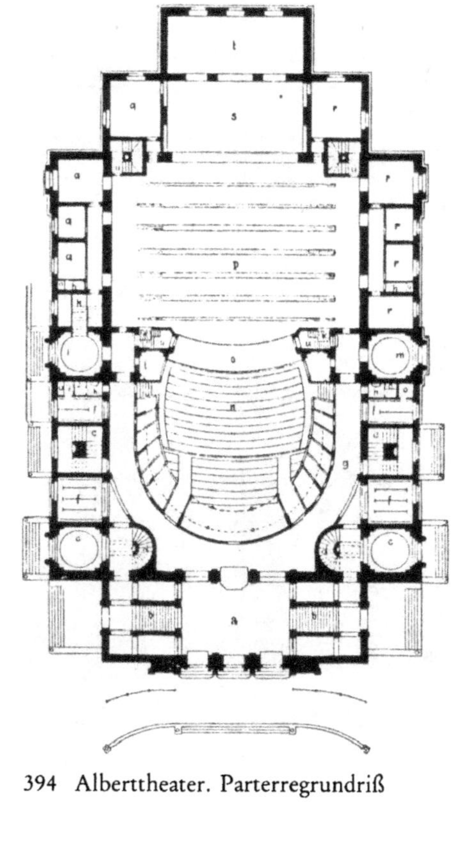

394 Alberttheater. Parterregrundriß

Residenztheater. Zirkusstraße. 1871/1872 von Stock, Schönherr und Weise
Dreigeschossige fünfachsige Front innerhalb geschlossener Bebauung. Drei Mittelachsen mit Rundbogenportalen und -fenstern im 2. Obergeschoß. Außenachsen mit Rundbogennischen und Flachgiebeln. Fassade Sandstein. Gerundeter Zuschauerraum, überspannt von einer Kuppel, drei Ränge. – Strenger Historismus, Renaissancismus der Nicolai-Schule, jedoch ohne deren Zartheit und Zurückhaltung. Details weisen unmittelbar auf Semper. – 1945 zerstört
Lit.: BvD S. 341–342, Abb. 158, 159
(102; *395*) K 11

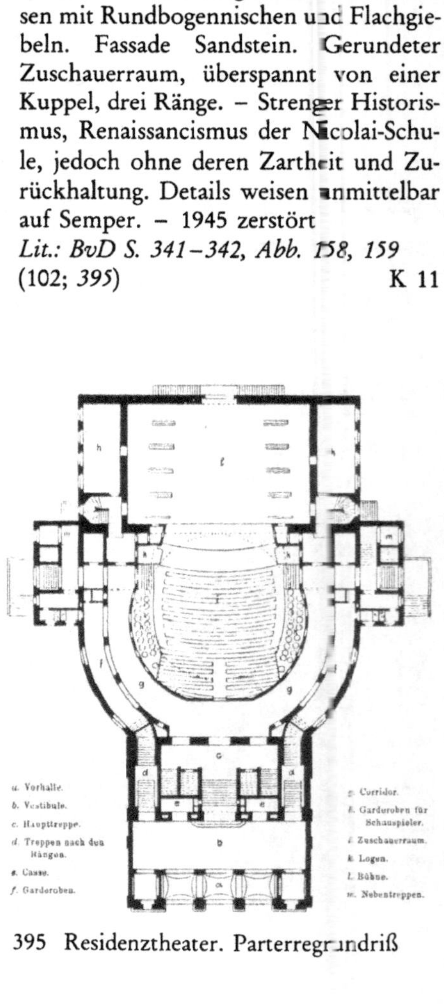

395 Residenztheater. Parterregrundriß

Johanneum (Stallhof). Jüdenhof. Kern 1586/1588 von Buchner, Umbau 1722/1729 von Fürstenhoff, Umbau 1744/1746 von Knöffel, 1872/1876 von K.M. Haenel

Errichtet als Marstall, in den Obergeschossen Prunkräume. Bis 1855 Gemäldegalerie. Vor dem Umbau viergeschossiger Vierflügelbau. Im Obergeschoß vor dem Umbau hohe Rundbogenfenster. Über dem dreiachsigem Mittelrisalit Tympanon. Beim Umbau die Fenster auf der Front erhöht, die Wände durch Medaillons und Festonreliefs bereichert. Abschluß durch Attika mit wappenhaltender Löwengruppe über Trophäen (Vorbild Zeughaus Berlin). – Nach Teilzerstörungen Äußeres und Inneres im Erdgeschoß wiederhergestellt, Obergeschosse im Inneren verändert

Lit.: BvD S. 180–182, Fig. 70

(180) J 10

Albertinum (ehemaliges Zeughaus). Akademiestraße. Kern 1559/1563 von Trost, Erweiterung 1740/1747 von Fürstenhoff, 1884/1887 von Canzler

Zweieinhalbgeschossiger Vierflügelbau. Das nach der Verlegung des Militärs nach der Albertstadt verfügbare Zeughaus sollte zuerst Ateliers und das Staatsarchiv aufnehmen. Projektbearbeitung durch Lipsius. Planung für ein Restaurant durch Giese & Weidner. Ausgeführt wurde das Projekt von Canzler: Staatsarchiv im Erdgeschoß, in den Obergeschossen Antiken- und Abgußsammlung.

Vor dem Umbau schlichte barocke Fassade, Lisenenarchitektur, die Canzler als „äußerst schmucklos“ bezeichnete, die schönen Wölbungen im Erdgeschoß (16. Jahrhundert) blieben erhalten. (Vgl. Dt. Bauzeitung 1886, S. 28) Nach dem Umbau 13/9 Achsen, symmetrische Aufrisse durch dreiachsige Mittelrisalite, Attiken mit Figurengruppen über Risaliten. Sandsteinverkleidung. Erdgeschoß rustiziert, 1. Obergeschoß bossiert und glatt, im 2. Obergeschoß Pilasterarchitektur. Inkrustationen und große Kupferreliefs. Im Erdgeschoß Stichbogenfenster, in den Risaliten auch Rundbogenfenster. Teilweise mit Ädikulen. Haupteingang zur Akademiestraße mit rundbogigem Säulenportal. Palladiomotiv, Säulen- und Pilasterarchitektur. Die Fassadendurchbildung steht zwischen dem Strengen und dem Freien Historismus. Die Tektonik und die Schmuckmotive weisen auf Hochrenaissance, Manierismus und Barock. Ein Bezug auf bestimmte historische Vorbilder ist nicht mehr faßbar. – 1945 teilzerstört, im Äußeren völlig wiederhergestellt, desgleichen die Treppenhäuser, die Obergeschoßräume modern

Lit.: Deutsche Bauzeitung 1886, S. 27

(181–183, 185) JK 10

Leonhardi-Museum. Grundstraße 26. 1884 und 1896 zur Baugenehmigung eingereicht, wahrscheinlich vom Maler Eduard Leonhardi zum eigenen Gebrauch entworfen

An die im Tal der Trille gelegene ehemalige Mühle, die „Rote Amsel“ (17. Jahrhundert), links im Winkel zur Mühle und hinter dieser hohe eingeschossige Atelier- und Ausstellungsräume angebaut, (zuerst der linke Anbau) auf offenen Gewölben ruhend und an den Berghang angelehnt (1884). Links hoher, fensterloser Fachwerkbau mit weitem Strebenabstand. Flaches Walmdach mit Oberlicht. In der Mittelachse ein Erker, getragen von einem bärtigen germanischen Krieger. Kleine Kuppel auf dem Erker. Wände ornamental bemalt. Stilisiert als deutsche Renaissance. – Erhalten.

Ausstellungshalle des Sächsischen Kunstvereins → Akademie

Städtisches Ausstellungsgebäude. Stübelallee. 1894/1896 durch das städtische Hochbauamt

Aus einem Wettbewerb für eine Ausstellungshalle war **Hauschild** als Sieger hervorgegangen. Der Entwurf wurde **1891** reduziert und **1893 durch Möbius unter Bräters** Leitung nochmals **überarbeitet.** Anbau des **Konzertsaales** an die Südseite der Halle nach dem Entwurf von **H.A. Richter**. 1903 vollendet. Saalbau über rechteckigem Grundriß, nach der Straßenseite ein langgestreckter niedriger Quertrakt vorgelegt, akzentuiert durch Mittelrisalit und Eckrisalite mit Kuppelbekrönungen. Sandsteinbau, Glaskuppeln.

Auf der Rückseite der Halle ein kürzerer Quertrakt, an der Südseite ein halbrunder Anbau. Rundbogenfenster und Lisenenarchitektur, die Mittelachsen der Risalite sind durch Flachgiebel, die Ecken der Risalite und des Saales durch Türmchen betont. – Später Renaissancismus, die künstlerische Durchbildung, wie so oft bei Bauten des Stadtbauamtes, etwas dürftig. Die ovale Hauptkuppel orientierte sich an neubarocken französischen Vorbildern. – 1945 zerstört

Lit.: Richter

(189) L 11

Die „Alte Stadt“. 1896. Ausstellung für Sächsisches Handwerk und Kunstgewerbe zu Dresden, zwischen Lennéstraße, Grunaer Straße und Albrechtstraße

Historisierende Bauten sollten die Gewerbeausstellung anziehender machen. Bestimmte Gruppierungen der Dresdner Architektenschaft warben für ihre neuen künstlerischen Ziele, die sich erheblich vom konservativen Renaissancismus der Nicolai-Schule unterschieden.

Initiator der Ausstellung war der als Stadtrat einflußreiche Architekt Bruno Adam. „Zur Entstehungsgeschichte der alten Stadt sei hier kurz erwähnt, daß die Idee der ganzen Anlage sowohl als auch der einzelnen Gebäude das Resultat einer vom Architektenverein unter seinen Mitgliedern hervorgerufenen Konkurrenz war.“ (Die alte Stadt. Vorwort)

Über das selbstgesteckte Ziel schrieb F. Avenarius: „Möge sich die Sinnesart ausbreiten, die sie geschaffen hat: Die Freude an phantasievollem, charaktervollem, deutschem Bauen. Wird man im Publikum die Lehren beherzigen, die das allgemeine Entzücken über die Schöpfungen jedem Tieferen darbrachte? Oder wird unsere modische Bauerei mit all ihrer Ödigkeit nach wie vor als fein und vornehm beliebt bleiben?“ (ebenda) Dem Beschauer wurde eine stimmungsvolle Inszenierung geboten: „Seltsame Giebel und Türme, verwitterte Bastionen, eigenartig gruppierte Häuser, blitzende Kanäle und ländliche Gehöfte – alles wundersam malerisch und vom Schleier der Romantik umwallt steigen vor dem staunenden Auge auf: Die *‚Alte Stadt‘*, eine Stadt, die Kunst und Wissen geschaffen hat.“ (Irrgang, S. 1)

„Gewisse Grundbestandteile dieser neuen Kunst entstammen älteren Bauweisen, zumal jener, die im ausgehenden Mittelalter in den großen deutschen Städten Bauwerke von herzerfreuender malerischer Wirkung hervorbrachte: ein vergängliches Bild dieser Herrlichkeit, das aber doch eben nachhaltigen Einfluß ausübte, zauberte die ‚alte Stadt‘ von 1896 vor unser Auge.“ (Statistisches Jahrbuch der Stadt Dresden von 1900, S. 110)

Neben der alten Stadt wurde ein Dorf mit wendischen Häusern errichtet.

Von Adam mit Schramm stammten: Torturm und Zunfthaus, von Diestel mit Ohlendick: Rathaus, Winkelkrug und Brunnen, von Grothe: Wendisches Museum und Wendisches Gehöft, von Michel mit Schümichen: Jungfernbastei, Kasematten und Adler, von Schleinitz:

Gewandhaus und Münze, von Seitler: Zunfthaus, Schulhaus und Post, von Tirnstein: Storchennest und von Weidner: Brauhaus und Hildesheimer Haus. – Die Ausstellung wurde im gleichen Jahre wieder abgebaut
Lit.: Die alte Stadt. Statistische Jahrbuch der Stadt Dresden, 1900
(231, 233) KL 11, 12

Triumphbogen für König Albert 1898. Prager Straße.
Errichtet anläßlich des 25jährigen Regierungsjubiläums und des 70. Geburtstages von König Albert von Sachsen. Der Bogen über der Straßenbreite wird durch einen Aufbau bekrönt, der eine Krone und eine große Schabracke mit dem Monogramm des Königs und dem sächsischen Wappen und eine Draperie mit sächsischen Fahnen trägt. Die seitlichen Pylonen mit Zwiebelkuppeln. Die Konstruktion durch Gitterwerk ausgefüllt, mit Blumen geschmückt, mit Girlanden und Quasten behängt. Ornamentformen heterogenster Art – indische Kuppelformen, germanisierende Rundschilde, barocke Voluten, klassizistische Palmwedel. – Sehr bald wieder beseitigt
(266) H 12

Zentraltheater. Waisenhausstraße. 1900 von Lossow & Viehweger, unter Mitarbeit von Otto
Streng symmetrische dreigeschossige siebenachsige Fassade in geschlossener Bebauung, einachsiger Mittelrisalit. Stark geschwungene Gesimslinie und hoher, kompliziert geschweifter Giebel. Kolossalordnung in der Rücklage. Sandstein, glatt und bossiert mit Fugung. Erstes Obergeschoß als hohes Hauptgeschoß. Verschiedene Fensterabschlüsse (Korb- und Rundbogen, einhüftige Bogen, geschweifte und gerade Abschlüsse). Überreiche neubarocke Dekoration mit Festons, Kartuschen, Muschelwerk, Plastiken etc. Im Inneren Jugendstilelemente. – 1945 zerstört
(248) H 11

SAKRAL- UND MEMORIALBAUTEN

(Wenn nicht anders erwähnt, handelt es sich um evangelisch-lutherische Kirchen.)

Turm der Annenkirche. Annenstraße. 1817 entworfen, 1822/1823 ausgeführt von Thormeyer
Auf dem Bau von 1764, an der Nordseite (die liturgische Westseite), an der stadtseitigen Ansicht, über dem Risalit des Haupteingangs ein dreizoniger Aufsatz über quadratischem Grundriß und mit Kuppel und Spitze. Das erste und dritte Turmgeschoß mit Flachgiebeln, das mittelste als idealer Kubus, ein Glockengeschoß – im dritten Turmgeschoß – in vier Eckpfeiler mit eingestellten Säulen aufgelöst. Ohne jedes Dekor. Einziger klassizistischer Turm Dresdens. – 1945 beschädigt, Kuppel und Turmspitze zerstört G 10

Katholische Kapelle im Nordflügel des Neuen Palais zu Pillnitz. 1824/1828 von Schuricht
Saal im ersten Obergeschoß über dem Durchgang zum Fliederhof, nach außen durch Rundbogenfenster und einen niedrigen Dachreiter hervorgehoben. Der Saal mit Dreiachtelschluß, Muldenwölbung, Wandgliederung durch Rundbogenblenden- bzw. -fenster auf der Nordseite und kannelierte Pilaster. Intakt die Ausstattung und die figürliche und ornamentale Ausmalung von C.Chr. Vogel von Vogelstein. – Mit dem Kuppelsaal des Neuen Palais ist hier der einzige Innenraum der 1. Hälfte des 19. Jahrhunderts erhalten.
Lit.: Hartmann S. 150
(17)

Entwurf für eine Kapelle im Königlichen Weinberg in Wachwitz. 1836 von G. Semper
Als Stilvorbild wählte Semper mittelalterliche italienische Sakralbauten. Das Äußere des kleinen Saals mit halbrundem Schluß ist durch skulpierte Lisenen und einen Rundbogenfries verziert, Rundbogen- und Radfenster erhellen den Raum. Im Inneren sehr reiche Ausstattung: inkrustierter Fußboden, marmorierte Wände, Wand- und Deckengemälde, Statuen. Weswegen Sempers Projekt zurückgesetzt wurde, ist nicht mehr bekannt, sicher nicht wegen seines stilistischen Habitus. Von dem Entwurf Haenels unterschied er sich nur in der Pracht der Details. Dennoch wirkt Sempers Entwurf anders als der von Haenel, er erscheint höfischer; es ist zutreffend, daß „der altgermanische (vorgothische) Kirchenbaustyl eine mannichfaltigere Charakteristik der Gebäude (gewähre); die feinsten Abweichungen der Formen und Verhältnisse, wie bei der menschlichen Gesichtsbildung, sind hinreichend dem Bauwerk eine ganz anderes Gepräge aufzudrücken." (Semper 1845, S. 24)
Lit.: Semper 1845; Katalog der Semperausstellung S. 279, Abb. S. 281, Kat.Nr. 542

Synagoge. (zwischen Zeughausstraße und Elbe). 1838/1840 von G. Semper
1837 erhielten die Juden das Recht, sich zu einer Religionsgemeinschaft zu vereinigen, Grundstücke zu erwerben und ein Schul- und Bethaus einzurichten. 1838 wurde der Grundstein zur Synagoge gelegt, die Einweihung fand 1840 in Gegenwart hoher Staatsbeamter und christlicher Geistlicher statt. Zentralbau über quadratischem Grundriß, aus dem Quadrat aufsteigende achteckige Kuppel mit flachem Zeltdach. Nach Westen leicht eingezogene Vorhalle, die beiden Seitenrisalite mit achteckigen Turmstümpfen und flachgewölbten Kuppeln. Putzbau mit Sandsteingliederungen. Vertikalgliederungen durch Lisenen bzw. Strebepfeiler. Romanisierende Rundbogenportale und -fenster, im Gesims ein Rundbogenfries. Im Inneren eine zweigeschossige umlaufende Empore. „Während die äußere Architektur einfach und strenge Formen des byzantinischen Stils zeigt, ist im Innern eine reiche buntfarbige Decoration maurischer Motive zu Verwendung gekommen." (BvD S. 149) Diese beschreibt Manteuffel: „Die unteren Säulen waren schwarz gestrichen und hatten Bronzekapitelle. Die Balken und Brüstungen der Emporen waren in der Art von Intarsien bemalt. Ebenso hatten die Wände und Pfeiler des Erdgeschosses ein mannshohes imitiertes Holzgetäfel. Darüber waren sie dunkelgraugrün mit maurisch-byzantinischen Ornamenten gestrichen. Die blaue Kuppel zeigte eine Strahlendekoration . . ." (Manteuffel S. 44) – In der „Kristallnacht" 1938 niedergebrannt.
Lit.: BvD S. 148–150, Abb. 55–57; Fröhlich S. 44, Manteuffel S. 39–46, MV 60
(24, 27) K 10

Katholische Kapelle im ehemaligen Königlichen Weinberg in Wachwitz. 1839 von Haenel

Umbau einer älteren Kapelle. Kleiner turmloser Bau auf rechteckigem Grundriß, flaches Satteldach und erhöhtes Transversaldach in der Mitte. In der Mittelachse der Bergseite Portal, auf der Talseite großes Rundbogenfenster mit Pilastereinfassung und Flachgiebel. Seitlich Nischenfiguren. Rundbogenfries um das Gesims und entlang der Dachschrägen. – Äußeres gut erhalten, säkularisiert

Lit.: Geiler

Cholerabrunnen. Sophienstraße; ehem. Postplatz. 1843 gestiftet von Eugen Freiherr von Gutschmid, Entwurf „in Verbindung mit dem Stifter" von G. Semper

Über achteckigem Becken ein 18 m hoher fialenartiger Turm in hochgotischer Stilisierung. Sandstein. Reiches, sehr schlankes Maßwerk mit Strebewerk, Giebeln, am Turmende Krabben und Kreuzblumen. „In den Spitzbogenöffnungen stehen vier (. . .) Figuren: Johannes der Täufer, Winfried, als erster Apostel der Deutschen, Wittekind, als erster getaufter Fürst der alten Sachsen, die heilige Elisabeth, Landgräfin von Thüringen (. . .)". (BvD S. 432)

Für die Wahl des Stils, ist die Neigung des Stifters ausschlaggebend gewesen (→ *Terrassenufer 3*). – Gut erhalten, vom Postplatz hinter die Sophienkirche versetzt

Lit.: BvD S. 431, 432, Fig. 250

(53) H 10

St. Franziskus-Xaverius. Hauptstraße. 1852/1853 von Bothen (unentgeltlicher Planentwurf und Bauleitung) und Choulant

Katholische Pfarrkirche der Neustadt. Das Bauprogramm sah eine Kirche, Schule, Pfarrer- und Lehrerswohnung vor. Um die einschiffige Anlage mit halbrunder Apsis gruppiert nach außen symmetrisch die Räumlichkeiten für die obengenannten Bestimmungen. Flachgiebelfront, das Turmpaar über quadratischen Grundrissen und achtseitigen spitzen Helmen flankierte den Chor. Rundbogenportal, große Fensterrose. Gekoppelte Rundbogenfenster in den seitlichen Wohnflügeln und den Türmen. Geschoßgliederungen durch Gesimse. Rundbogenfriese. Putzbau mit farbigen Steingliederungen. Portal mit Säulen aus rotem Granit mit weißen Basen und Kapitellen, im Tympanon ein Gemälde auf Goldgrund. (Vgl. BvD S. 143) „Während die äußere Architektur den romanischen Stil unter Anwendung lombardischer Formen repräsentiert, findet man im Innern mehr eine altchristliche und sicilianisch normännische Behandlung (. . .) vorherrschend. S. Lorenzo in Rom, Capella reale in Palermo und Monreale haben dem Architekten zum Vorbild gedient." (BvD S. 143) „In der Chornische steht der Hochaltar (. . .) bekleidet mit weißen und dunkelgrünen Marmorplatten. Die Dekke der Kirche bildet der sichtbare Dachstuhl mit reichen buntfarbigen Malereien. Das Holzwerk der Dachbinder ist mit goldenen Verzierungen (. . .), die glatte Dachfläche der Zwischenfelder mit goldenen Sternen auf blauem Grunde dekorirt. In der Mitte dieser Felder sind Medaillonbilder gemalt (. . .). Den reichsten Schmuck bilden jedoch die nach den Entwürfen des Professors Schnorr von Carolsfeld auf Goldgrund hergestellten Wasserglasgemälde." (BvD S. 144)

Der Bischof „hielt sich (. . .) für verpflichtet, auf ein Gebäude Bedacht zu nehmen, welches nicht nur eine angemessene Front und Höhe hat, sondern auch durch seinen Baustyl sich einigermaßen auszeichnet, kurz, einen Bau aufzuführen, der eben so sehr der katholischen Kirche, als der Residenz Dresden würdig ist." (Aleppi, S. 5) Die Absicht, eine katholische Kirche zu errichten, die sich inmitten des protestantischen Dresdens deutlich als solche ausweist, erklärt den Bezug auf Vorbilder, auf kurialrömische Bauten, auf Bauten des als katholisch verstandenen Mittelalters und auf zeitgenössische katholische Kirchen wie die Ludwigskirche in München. – 1945 zerstört

Lit.: Aleppi; BvD S. 143–145, Abb. 50, 51

(138; *396*) K 8

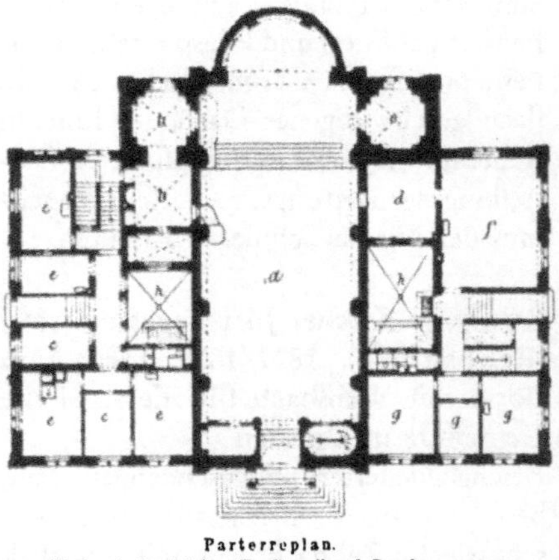

396 St. Franziskus-Xaverius. Grundriß

Turm der Dreikönigskirche. An der Dreikönigskirche. 1854/1857 von Marx und K.M. Haenel

Auf den Unterbau eines nicht ausgeführten Turmes der Kirche von 1732/1739 zwei offene Geschosse mit Säulen- und Pilastergliederung, dazwischen ein geschlossenes Geschoß (mit der Uhr), Abschluß durch eine kleine vierseitige Kuppel und schlankem Obelisk. Die Detailbildung sowohl der Semper-Schule zugehörend als auch leicht barockisierend (übereck gestellte Säulen mit reichen Kapitellen und Vasen, geflügelte Engelsköpfe, Form der Balustrade etc.). Die Turmlösungen der barocken Katholischen Hofkirche und der Kreuzkirche sind motivisch aufgegriffen. – Erhalten, geringe Kriegsschäden

Lit.: BvD S. 136–138, Fig. 48

(62) J 8

Diakonissenhauskirche. Bautzner Straße. 1856/1857 von Choulant

Kleine Anstaltskirche, kreuzförmiger Grundriß. „Eine Vorhalle schließt sich dem nördlichen Kreuzesarm an und bildet mit einem in der Mitte stehendem . . . Glockenthurm die Vorderfaçade. Dieser Turm ist den älteren italienischen Campanilen nachgebildet." (BvD S. 139) – 1945 zerstört, Reste 1975 umgebaut.

Lit.: BvD S. 139 M 7

Neuer Friedrichstädter Friedhof. Bremer Straße. Angelegt 1851, Hochbauten 1861 von Canzler

Kleiner eingeschossiger Dreiflügelbau. Parentationshalle mit Spitzbogenportal und Radfenster. Spitzbogenfenster an den Seitenflügeln (Wohnung, Totenkammer). Steile Walm- und Giebeldächer. Putzbau mit Terrakottagliederungen (Gesimse, Fialen). Hochgotisch stilisiert. – Erhalten

Lit.: BvD S. 159

(397) D 7, 8

397 Neuer Friedrichstädter Friedhof. Parentationshalle. Ansicht von der Straße

Umbau der Sophienkirche. An der Sophienkirche. 1864/68 durch Arnold
Errichtet 1351 für das Barfüßerkloster. „Zweischiffige Hallenkirche, jedes Schiff östlich mit dreiseitigem Chorschluß. 1421 nach Westen erweitert, M. 15. Jh. eingewölbt." (Dehio, S. 69) Turmlose Fassade.
Vor der Umgestaltung „gewährte diese Kirche mit ihren in verschiedenen Zeiten errichteten willkürlichen und unschönen Vor- und Anbauten an Sakristeien, Betstuben, Treppenhäusern ein Bild baulicher Unordnung und des Verfalls (...) Zuvörderst galt es durch Freilegen der (...) Fenster der Kirche eine bessere (...) Beleuchtung zu geben, dann (...) die An- und Aufbauten in architektonisch geordnete und stilgemäße umzuwandeln." (BvD S. 135) Dies geschah dadurch, daß eine Westvorhalle und zwei hohe Flankentürme mit durchbrochenen Sandsteinhelmen vorgelegt wurden. Die seitlichen Anbauten einschließlich des niedrigen Südturmes (bis auf die Busmannskapelle) wurden abgerissen und durch niedrige seitenschiffartige Gänge ersetzt, über diesen Strebepfeiler. Bis auf die Chorpolygone wurde der Außenbau völlig umgestaltet, die Fenster mit hochgotischem Maßwerk versehen. Die Schauseite zeigte nun ein Doppelportal mit Wimpergen, ein Rundfenster mit Rose und einen in fünf Spitzbogen aufgelösten Giebel zwischen dem Turmpaar.

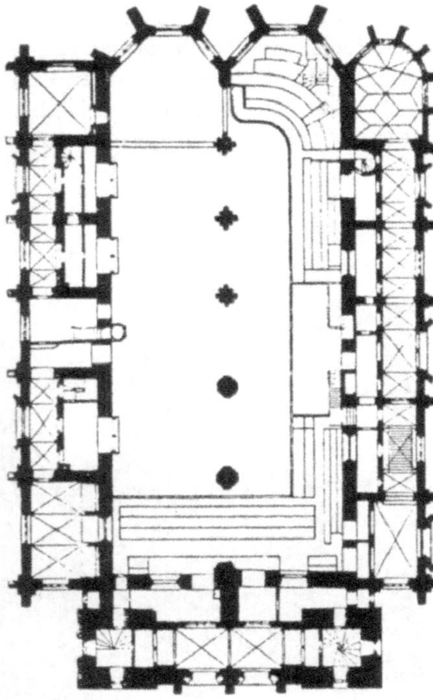

398 Sophienkirche. Grundriß nach dem Umbau

Unter völliger Preisgabe der historisch gewachsenen Bausubstanz, ohne Bezug auf obersächsische Bautraditionen der Spätgotik, wurde mit diesem Umbau nach dem Schema der klassischen Kathedralgotik auf eine Epoche Bezug genommen, in der Dresden eine kleine, unbedeutende Stadt war. – Erster neugotischer Kirchenumbau in Dresden. – 1933 Verkleidung der Turmhelme mit Kupfer. 1945 zerstört, Ruine 1963 gegen vielfachen Protest abgerissen
Lit.: Inv. Bd. XXI, S. 80–93, Abb. 49, 50; BvD S. 135, 136, Abb. 46, 47
(151, 152; *398*) H 10

Englische Kirche, All Saints Church. Wiener Straße/Beuststraße. 1868/1869 von St. Aubyn
Eine Stiftung „der Wittwe des aus Sachsen stammenden Mr. Göschen in London" (BvD S. 141). Kleinere dreischiffige basilikale Anlage mit niedrigem Querschiff, eingezogener polygonaler Apsis und südlich des Schiffs gelegenem starken vierseitigen Turm mit hoher achtseitiger Spitze. Sandsteinbau. „Formen des Early english style" (BvD S. 140), der Außenbau (insbesondere der Turm) erinnert jedoch eher an die Elisabethkirche in Marburg, als an englische Gotik. Im Inneren offener Dachstuhl, reiche plastische Arbeiten und Glasmalereien. – 1945 zerstört
Lit.: BvD S. 140, 141, Fig. 49
(153) J 13

Herrmann-Denkmal. Friedrich-Wieck-Straße. 1869 durch den Bildhauer Josef Herrmann
Tempietto zur Erinnerung an die Rettung zweier Schiffbrüchiger durch Dominil Herrmann, dem Vater des Stifters. Sandstein. Bossiertes Sockelgeschoß, über Sims acht Rundbogenstellungen (drei in Fenster geöffnet) und Pilasterarchitektur. Fein profiliertes Gesims, leeres Gebälk, flach geschwungenes Dach, im Inneren Relief mit der antikisch idealisierten Darstellung der Rettungstat. – Renaissancismus der Nicolai-Schule. – Erhalten

Russische Kirche. Juri-Gagarin-Straße (Reichsstraße). 1872/1874 durch von Bosse mit Weißbach für die russische Gemeinde in Dresden
Reichgegliederter eingeschossiger Bau, bestehend aus Turmvorhalle und dreigeschossigem Zeltdachturm mit Zwiebelkuppel, niedrigerer Vorkirche, Hauptkirche mit querhausartigen Apsiden und Hauptkuppel mit fünf Nebenkuppeln so-

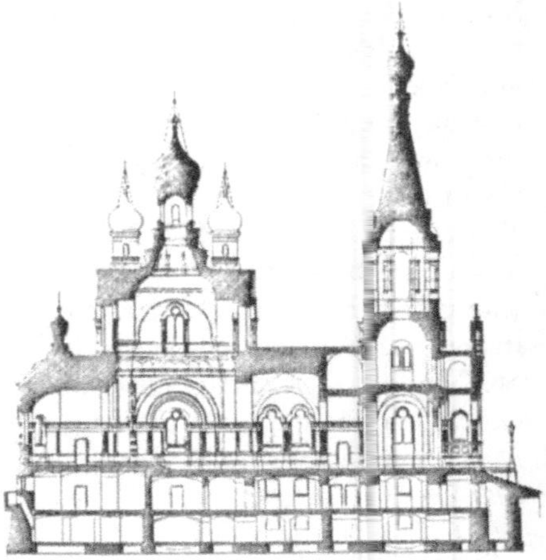

399 Russische Kirche. Längsschnitt

400 Moskau. Kreml. Verkündigungskathedrale

401 Moskau. Kreml. Dreifaltigkeitskirche

wie Ostapsis. Reiner Sandsteinbau, die Kuppeln blau oder vergoldet. Am Außenbau Gesims- und Pilastergliederungen, Rundbogen- und Dreipaßfenster. Die Detailsformen schließen sich eng russischen Vorbildern an. Die Fünf-Kuppel-Gruppe hat ihr typologisches Vorbild in der Sophienkathedrale von Nowgorod (1045/1052). Enge Beziehungen bestehen zum Bautypus und zur Durchformung der Details der Mariä-Verkündigungs-Kathedrale im Moskauer Kreml (1484/1489), zur Mariä-Himmelfahrts-Kirche in Wladimir (12. Jh.) und der Dreieinigkeits-Kathedrale (1682/1699) in Pskow. Der Reichtum der zierlichen und kleinteiligen Ornamentik erinnert an Bauten des 17. Jahrhunderts. In den Proportionen der Kreuzkuppel gleicht die Dresdner Kirche der Kirche der Erscheinung Christi in Jaroslawl (1684/1693). Der achtseitige Zeltdachturm über der Eingangshalle zitiert eine der originellsten Leistungen der altrussischen Steinbaukunst (etwa die Christi-Himmelfahrts-Kirche in Kolomenskoje, 1530/1532). Die Verbindung der Kreuzkuppel mit der Zeltdachkirche in der Basilius-Kathedrale in Moskau (ab 1555) vorgebildet. Direkte Vorbilder die Dreifaltigkeitskirche in Nikitniki (1634) und Nikolauskirche in Chamowniki (1679–1682) ferner die Dreifaltigkeitskirche in Moskau-Ostankino (1678/92) sowie die Prophet-Elias-Kirche in Jaroslawl (1647/1650). Der Grundriß hat weniger enge Beziehungen zur russischen Baukunst – repräsentative Bauten pflegten mehrschiffig zu sein. – Nach Kriegsschäden wiederhergestellt und benutzt.
Lit.: BvD S. 145, Abb. 52–54
(157; *399–401*) H 14

Johanneskirche. Pillnitzer Straße. 1874/1878 von Möckel
Einschiffige Anlage mit niedrigen Seitengängen, über diesen Emporen (ein Zwitter zwischen Drei- und Einschiffigkeit, zwischen einer Halle und Basilika, denn die Seitengänge treten am Außenbau vor), Querschiff, polygonalem Chor mit kapellenkranzartigem Umgang. Dem südlichen Querschiff ein hoher Turm mit achtseitigem Helm vorgelegt. Die vorletzten Turmgeschosse (nach dem Vorbild der Kathedrale von Laon und dem Dom von Naumburg) in Säulenstellungen aufgelöst. Strebepfeiler, Spitzbogenfenster, Maßwerk in den Formen des 13. Jahrhunderts, Sandsteinbau. Im Inneren vierteilige Rippengewölbe, Bündelpfeiler, Spitzbogenarkaden und triforienartig ausgebildete Brüstung. Gotisierende Ausstattung.
Der Architekt hielt es für erforderlich, die Wahl des Baustils mit der Absicht, „den gothischen Baustil in Dresden zu Ehren zu bringen", zu begründen. (Möckel, 1880, S. I) Der Auftrag an Möckel wurde nach einer engeren Konkurrenz vergeben. Das Projekt war von Hase, Hannover, dem Verein für kirchliche Kunst in Sachsen und von Schmidt, Wien, gutgeheißen worden. (Möckel, 1880, S. I) – Erster bedeutender gotisierender Kirchenneubau in Dresden. – 1945 zerstört, der stehengebliebene Turm 1952 gesprengt
Lit.: BvD S. 131–135, Abb. 44, 45; Möckel, 1880 S. I.; Möckel, Mitteilung, S. 113–119 (Möckels eigene Interpretation)
(154, 155; *402*) L 10

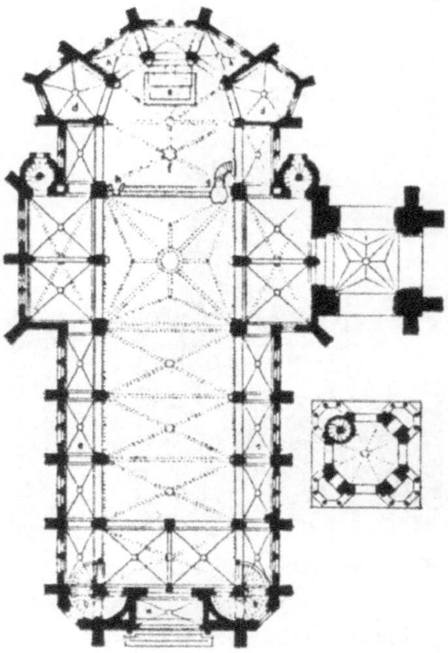

402 Johanneskirche. Grundriß

Neuer Annenfriedhof. Kesselsdorfer Straße. Angelegt 1875, die Hochbauten 1878 von Wimmer
Der Eingang zum Friedhof über repräsentativer Dreiflügelanlage, Sandstein und Putz. Die Flügelbauten teilweise in Rundbogenarkaden geöffnet. Halbsäulen- und Pilastgerarchitektur, Ädikulafenster. Die Parentationshalle, ein Raum über einem griechischem Kreuz, überkuppelt. Oberlicht. Wandgliederung durch Dreiviertelsäulen und Pilaster. Semper-Schule. – Parentationshalle zerstört, Arkadenflügel erhalten.
Lit.: BvD S. 155–158, Abb. 59–61
(108) C 12

Erlöserkirche. Wittenberger Straße. 1878/1880 von Möckel
Dreischiffige Anlage mit stark eingezogenem Westturm und polygonalem Chor. Sandsteinbau. Hoher Turm mit in Spitzbogenstellungen geöffnetem Glockengeschoß, Umgang und hohem verschiefertem Helm mit gleichseitigen Dreiecksgiebeln. Schiff dreijochig mit querliegenden Walmdächern. Fenster und Portale hochgotisch. Im Inneren Pfeiler, Kreuzgratgewölbe und Emporen über den Seitenschiffen.
Das Pfarrhaus wie die Kirche stilisiert. Freiere Auffassung gegenüber dem historischen Vorbild als die ebenfalls von Möckel errichtete Johanneskirche. Ähnlich stilisiert ist die Kapelle des Striesener Friedhofs, Kipsdorfer Straße. Reduziert erhalten. – Kirche und Pfarrhaus 1945 zerstört, Kapelle mit Veränderungen (Verlust des Turmhelms) erhalten.
Lit.: Möckel, 1880
(156) P 8

Ehemalige Dorfkirche Briesnitz. Umbau 1882 durch Möckel
Einschiffige gotische Anlage (13. – Anfang 16. Jh.) mit eingezogenem polygonalen Chor und eingezogenem Westturm. Beim Umbau verändert: Anstelle eines Renaissanceaufbaues (rundbogig geschlossene Giebel) am Turm ein hoher Spitzhelm mit vier Ecktürmen, ebensolche als Dachreiter und über dem Chor und der südlichen Vorhalle. Gotisierend der vereinheitlichende Umbau am Äußeren. Im Innern anstelle einer hölzernen Flachdecke im Schiff ein Stern-Netzgewölbe. – Ohne auf die lokalen Traditionen und auf die Erhaltung des im Laufe der Jahrhunderte Gewordenen einzugehen hochgotisch stilisiert. – Erhalten
Lit.: Inv. XXIV, S. 2–5
(198, 199)

Markuskirche. Bürgerstraße. 1886/1888 von Ch. Schramm
Mittelgroße Vorstadtkirche. Backsteinbau. Dreischiffige Anlage mit kurzem, fast quadratischem Schiff von drei Jochen, stark eingezogenem Wetturm und polygonalem Chor. In den Winkeln Treppentürme, Sakristei und Taufkapelle. Vierseitiger spitzer Helm, hier schlanke Rundbogenöffnungen, die übrigen Fenster und Portale spitzbogig. Im Innern vierteiliges Kreuzrippengewölbe auf abgefasten Sandsteinpfeilern mit Blattwerkkapitellen. Emporen über Westjoch und Seitenschiffen. Hochgotisch stilisiert. – Äußeres unversehrt, Inneres

leicht reduziert. Das Pfarrhaus mit der Kirche errichtet: Neugotischer Bau von 9 Achsen, zwei jeweils in Seitenrisaliten mit Giebeldach. F 4

Martin-Luther-Kirche. Martin-Luther-Platz. 1885/1887 von Giese & Weidner, Auftrag nach einem 1882 ausgeschriebenen Wettbewerb
Einschiffige Anlage mit kurzem Querhaus, eingezogenem Westturm und polygonalem Chor. Sandsteinbau. Turm mit hohem offenen Glockengeschoß und hoher steinerner Spitze. Niedrige Flankentürme und kleine Ecktürmchen. Rundbogenportale, Fenster, Friese und Blendgalerien. In den sehr schlanken Fenstern Drei- und Vierpässe. Es wurde der „romanische Baustil gewählt, dessen Grundelemente (...) am geeignetsten erschienen, eine Vermittlung mit unserer modernen Stilweise zu bilden". (Deutsche Bauzeitung 1886, S. 287) Romanisch nur die Detailbildung, gotisch sind Bautyp und Proportionierung; die Maßwerkbildung der Fenster rein gotisch. Der Innenraum gotisierend. – Im wesentlichen erhalten. Das Pfarrhaus viergeschossig in einer Reihenhausbebauung, durch einen überschlanken Mittelerker und einige romanisierende bzw. gotisierende Elemente aus der übrigen Bebauung herausgehoben.
Lit.: Deutsche Bauzeitung 1886, S. 287
(203) L 7

Petrikirche. Großenhainer Straße. 1888/1890 von Zeißig. 1906 Sakristeianbau von Schilling & Gräbner
Einschiffiger Backsteinbau mit Querhaus, Westturm und polygonalem Chor. Kurzes Schiff, runde Treppentürme zwischen Turm und Schiff, Vierungstürmchen. Die hohe Turmspitze ins Achteck übergehend, kleine Ecktürmchn. Große, weite Spitzbogenfenster mit Sechspaßmaßwerk, Rosettenfenster im Querhaus. Im Inneren Kreuzgratgewölbe, die Gewölbe ursprünglich schlicht ornamental bemalt. Hochgotisch stilisiert. – Nach Kriegsschäden im Äußeren wiederhergestellt.
Lit.: Flade, Dir kirchliche Vergangenheit in Dresden-Neustadt, insbesonderheit der St. Petri-Gemeinde ... Dresden 1900 (m. Abb.)
(197) H 5

Friedenskirche. Wernerstraße. 1889/1891 von Arnold
Einschiffige Anlage mit eingezogenem Westturm, Querhaus ud geradem Chorschluß. Treppentürme in den Ecken zum Turm und Querhaus. Spitzer, hoher Turmhelm. Gliederung durch Strebepfeiler, Kaffgesimse, Rundbogenfriese, -nischen und -fenster. Sandsteinbau, Zyklopenmauerwerk. Gotisierend das Erscheinungsbild, romanisierend die Detailformen. – 1945 größtenteils zerstört, als Torso erhalten
(230) C 11

Paulikirche. Fichtenstraße. 1889/1891 von Ch. Schramm
Neugotisch stilisierter Bau mit einem der Südseite vorgelegten hohen Turm mit spitzem Helm. Strebepfeiler, Rund- und Spitzbogenfenster. – 1945 stark beschädigt, seither ohne Turmhelm
(403) K 5

403 Paulikirche. Ansicht

Trinitatiskirche. Gerokstraße. 1891/1894 von Barth
Dreischiffige Anlage mit Querhaus, eingezogenem Westturm und polygonalem Chor. Sandsteinbau. Der Turm über quadratischem Grundriß mit abgefasten Ecken, dreizonig gegliedert. Über dem Unterbau in Rundbogenstellung geöffnetes Glockengeschoß, verjüngt der Oberteil mit hoher Kuppel und Obelisken. Schiff plastisch belebt durch Treppentürme. In der Vierung über niedrigem Zeltdach eine Laterne. Wandgliederung durch Lisenen. Rundbogenfenster. Über Portalen und Fenstern kräftige Segmentbogen- und Flachgiebelverdachungen. Semper-Nachfolge, gemischt mit barockisierenden Formen. Der Turm in der Tradition der Dresdner Kirchtürme des 18. Jahrhunderts, sowohl der Hofkirche (vgl. *Dreikönigskirche*) als auch der Kreuzkirche. – 1945 zerstört, der Turm erhalten
Lit.: Deutsche Bauzeitung 1890, S. 72, 104
(201) N 10

Thomaskirche. Bodenbacher Straße (Pirnaische Straße/Beilstraße). 1891/1893 von Ch. Schramm
Kleine einschiffige Anlage mit Westturm. Backsteinbau, Spitzbogige Portal- und Fensteröffnungen. Der Bau erinnert entfernt an niederdeutsche, frühgotische Dorfkirchen. – Nach Kriegszerstörungen 1945 leicht reduziert wiederhergestellt. Ohne Turmhelm P 14

Reformierte Kirche. Dr.-Külz-Ring (Friedrichsallee). 1892 durch von Bosse, Detailierung von Michel, Bauleitung durch Quentin
Über rechteckigem Grundriß Satteldach mit Glockenstuhl über der Westfassade. Backsteinbau. Über Sockelgeschoß eine Lisenengliederung. Rundbogenportale, -fenster und -friese. Im Inneren Emporen. Neoromanisch stilisiert. – 1945 beschädigt, abgetragen 1956
(404) J 11

404 Reformierte Kirche. Erinnerungsblatt an die Einweihung der Kirche

Heilig-Geist-Kirche. Johann-Sebastian-Bach-Straße (Sommerstraße). 1893 von Scherz
Einschiffige Anlage mit eingezogenem polygonalen Chor, der Turm asymmetrisch vor der Nordseite. Dieser über quadratischem Grundriß mit spitzem Helm. Die Emporen seitenschiffartig ausgebildet und mit Giebeldächern verse-

hen. Back- und Sandstein. Im Inneren Rippenwölbung. Stilisiert als hochgotischer Bau. Vom gleichen Architekten und in ähnlicher, doch freierer Weise stilisiert das Pfarr- und Gemeindehaus. – Nach Kriegsschäden leicht reduziert wiederhergestellt
(200) S 11

Martinskirche (ehemalige Garnisonskirche). Dr.-Kurt-Fischer-Allee (Carolaallee). 1896/1900 von Lossow & Viehweger (Preisträger der Konkurrenz vom Mai 1893)
Simultankirche der Garnison Dresden. Unter einem Walmdach quer zu dessen First zwei unterschiedlich große dreischiffige Hallen. Zur Hauptansicht nach der Straße ein vorgelagerter hoher Turm, viereckiger Grundriß, achteckige steinerne Spitze. Links des Turmes der kleinere katholische Teil, rechts der evangelische. Die (liturgischen) Ostseiten polygonal mit Umgang und Kapellenkranz, die übrigen Ansichten mit Giebeln. Rundbogenfenster, -portale, -friese und -blenden. Äußerst vielgestaltiger Aufriß mit teilweise symmetrisch angeordneten Treppentürmen und Türmchen, Apsiden und Kapellen. Der Umriß reich mit Türmen besetzt.
Dreischiffige Hallen mit Emporen. Kuppelige Gewölbe mit Gurtbögen, Stern- und Netzgewölben auf runden Säulen mit romanisierenden Kapitellen. Wände und Decken mit reicher ornamentaler Malerei, archaisierend romanisch unter Jugendstileinfluß.
An die Kopie eines bestimmten romanischen Baues ist ebensowenig gedacht wie an einen kunsthistorisch denkbaren „richtigen" Bau. Die Kirche ist schon als Bautyp originell und ohne Vorbild – eine Paraphrase über das Thema „romanische Vielgestaltigkeit, Vieltürmigkeit und Rundbögen". – Architektonische Substanz erhalten, teilweise im Verfall. Kirchliche Nutzung im katholischen Teil, hier Wiederherstellung der Raumfassung
Lit.: Deutsche Konkurrenzen Bd. III, Leipzig 1893/1894, Nr. 25, 26; Mai, Studien, S. 147
(239–244) M 5

Kreuzkirche. Am Altmarkt. Umgestaltung 1897 von Schilling & Gräbner
Nach einem Brand von 1897, der die im Kern gotische und barock umgebaute Kirche bis auf die Grundmauern und damit die Innenausstattung zerstört hatte, wurde der Innenraum (der erst 1894 von Scherz gotisierend umgebaut worden war) umgestaltet, während am Außenbau bis auf die Unterfahrt vor dem Brautportal nichts geändert wurde. Der Innenraum erhielt schlankere, weiter nach außen gerückte Säulen, ein hohes Tonnengewölbe im Mittelschiff und eine Halbkuppel im Chorraum. Die reiche Ausstattung im Jugendstil, gemischt mit Barockformen. Damit war auch im Kirchenbau in Dresden eine Abkehr von der üblichen Praxis des historisierenden Kirchenbaues geschehen. – 1945 ausgebrannt und als Provisorium wiederhergestellt; wenige Reste der Jugendstilornamentik erhalten
Lit.: Löffler, Die Kreuzkirche zu Dresden. (Das Christliche Denkmal, H. 100) Berlin 1980. S. 16
(246) J 10

Jakobikirche. Wettiner Straße. 1898/1901 von Kröger
Ein Entwurf von Ch. Schramm sah einen Zentralbau über Dreikonchengrundriß mit Westturm und gegenüberliegendem Kapellenkranz vor. Stilisiert zwischen Gotik und Renaissance. (IfD, Plansammlung 8/101).
Der ausgeführte Bau auf knappem dreieckigen Grundstück, eine kurze dreischiffige Basilika mit kurzem Querhaus und eingezogenem halbrunden Chor mit Umgang und hohem, ins Achteck übergehenden breiten Turm über dem Schiff mit gedrungener Spitze. Sandsteinbau. Monumentalisierung durch schlichte Formen der rheinischen Hochromantik. – 1945 zerstört
(245) Etwa FG 9, 10

Lukaskirche. Lukasplatz. 1898/1903 durch Weidenbach
Der Konkurrenzaufruf vom 28.4.1891 erbrachte keinen ersten Preis, Weidenbach hatte – wie Arno Eugen Fritsche – einen zweiten Preis und den Bauauftrag erhalten.
Stattliche dreischiffige Anlage, eingebauter, leicht vortretender Westturm, kurzes Querschiff, geradegeschlossener Chor. Glatter und bossierter Sandstein. Oberer Turmschaft achteckig, Haube und hohe Spitze. Seitlich niedrige achteckige Türme mit Zeltdächern und Laternen. Große Rundbogenportale und -fenster. Portaleinfassung und Maßwerk im „Übergangsstil". Das dreijochige Schiff gewölbt. Gurtbögen auf Säulen mit reichen Kapitellen, geschwungene Rippenfiguration, aufwendige Schlußsteine. Ausmalung von Otto Gußmann. Mit der Kirche das Pfarrhaus erbaut, entworfen 1901 von Weidenbach. Dreigeschossiger malerischer Aufriß, ausgebauter Giebel. Rundbogen-, Rechteck- und Vorhangbogenfenster. Stilisiert wie die Kirche, jedoch bedeutend freier. – 1945 teilzerstört, reduziert wiederhergestellt, Ausmalung beseitigt
Lit.: Kühne, Ernst Friedrich: Die Lukaskirche zu Dresden, Dresden 1904
(236–238) H 14

Himmelfahrtskirche. Lilienthalstraße. 1899/1901 von Scherz
Größere einschiffige Anlage mit hohem eingezogenen Westturm, Querhaus und geradem, eingezogenen Chor. Der Helmansatz mit vier Flankentürmchen, der Helm hoch und spitz. In der Westseite Gewändeportal. Rundfenster, Spitzbogenfenster und Maßwerk in einfachen Paßformen. Strebepfeiler. Glatte Sandsteinverblendung.
Im Inneren weiter stützenloser vierjochiger Saal mit Emporen auf flachbogigen Unterzügen im Schiff. Spitzbogiger Triumphbogen, vierteilige Kreuzrippengewölbe. Rippenauflagen auf Blattwerkkapitellen. – Später Bau des Strengen Historismus, die gotischen Formen die des mittleren 13. Jahrhunderts. – Unversehrt einschließlich Ausstattung und Jugendstilausmalung erhalten
Lit.: Festschrift zur Einweihung der „Himmelfahrtskirche" zu Leuben am 16. Mai 1901, Dresden 1901

Zusammenfassung
Da im 18. Jahrhundert in Dresden vier große Kirchen gebaut worden waren und sich die Einwohnerzahl der Stadt erst im zweiten Drittel über den Stand vor dem Siebenjährigen Krieg erhöhte, bestand in der ersten Hälfte des 19. Jahrhunderts kein Bedarf an neuen Kirchen; der Neubau der Synagoge und der katholischen Pfarrkirche für die Neustadt befriedigten einen Nachholebedarf.
Mit der Vervielfachung der Bevölkerung wurde der Mangel an neuen Kirchen deutlich. Die Bevölkerung Dresdens zählte sich 1875 zu 90 % zum Protestantischen Bekenntnis (BvD S. 18), daher wurden unter dem Einfluß des Eisenacher Regulativs von 1861 ausschließlich mittelalterlich stilisierte Kirchen errichtet. („Die Würde des christlichen Kirchenbaues fordert Anschluß an eine der geschichtlich entwickelten christlichen Baustyle und empfiehlt (. . .) vorzugsweise den sogenannten germanischen [gothischen] Styl". Punkt 3 des Eisenacher Regulativs) Bis in das 20. Jahrhundert hinein wurden seit den siebziger Jahren streng mittelalterlich stilisierte – meist gotisierende – Kirchen gebaut, wobei sich – was nur

angedeutet werden soll – der allzu enge Bezug auf die als christlich interpretierte Historie mehr als Flucht vor den drängenden Problemen der Gesellschaft als ein Mittel erwies, geistige Sicherheit und eine Bewahrung christlichen Glaubens durch den Bezug auf Traditionen zu erlangen.
Für das Selbstverständnis der Kirche war die städtebauliche Plazierung ihrer Neubauten bezeichnend. Denkmalhaft standen sie auf von Gartenanlagen umgebenen Plätzen in Blickachsen wichtiger Straßen. Das lange Fortbestehen des Strengen Historismus bei Kirchenbauten, die enge Vorbildwirkung, sowohl von Bauprogramm, als auch vom Stilistischen her, lag darin begründet, daß die Bauaufgabe ein enges Anschließen an den Bautypus, nicht nur an Dekorationsformen, gestattete.
Zwar wurde die Verbindlichkeit des Bezuges auf historische Vorbilder durch das Wiesbadener Programm von 1890 und seit dem ersten Kongreß für protestantischen Kirchenbau 1894 gelockert. aufgegeben wurde diese nicht, sondern durch neue Stilvorbilder wie die deutsche Renaissance bereichert. Barocke Vorbilder kamen erst nach der Jahrhundertwende in Gebrauch.

BAUTEN DES HANDELS, DES GEWERBES UND DER INDUSTRIE

Calberlasche Zuckersiederei. Theaterplatz. 1817/1820 durch Hofmaurermeister Hofmann, wahrscheinlich nach Plänen von Thormeyer, 1853 umgebaut zum Hotel „Bellevue“
Auf der Bastion Sol errichtete dreigeschossige Gebäudegruppe, bestehend aus Mittelbau von 15 Achsen, ursprünglich erdgeschossige Verbindungsflügel und schräg angesetzte Flügelbauten von neun Achsen. Flache Walmdächer, Mittelrisalite. Sparsame Putzgliederung, Putzfugen, Bandgesimse, Rundbogenblenden. Kleines Belvedere auf dem Hauptbau.
Erster Industriebau der Stadt, der in seinem monumentalen Anspruch – bedingt durch die Nachbarschaft von Schloß und Hofkirche – seine Zweckbestimmung nicht erkennen ließ. – Beim Umbau Erhöhung der Zwischenflügel und Dachausbauten. 1945 zerstört
(20) H 9

Kaufhallen am Antonsplatz. 1826 von A.L. Blaßmann
Geschlossene Randbebauung des Antonsplatzes, der nach der Niederlegung der Stadtbefestigung angelegt worden war. Die Bebauung auf beiden Seiten des Platzes als einander gegenüber liegende Pendants errichtet: Dreigeschossiger Mittelbau von 13 Achsen, die Seitenbauten 9/5 Achsen, Walmdächer, die Verbindungsbauten zweigeschossig. Rundbogenfenster im Erdgeschoß, Geschoßgliederung durch Gesimse. Schlichter Klassizismus. – Zerstört
Lit.: Löffler, S. 398, Taf. 313
(4) H 10

Ladenvorbau Elimeyer. Neumarkt. 1840 entworfen von G. Semper für den Hofjuwelier Elimeyer
Gestaltung der Schaufensterzone. Diese in Fensterflächen mit zierlichen Pfeilern aufgelöst, die den Pfeilern und Streben aufgelegte Ornamentik im Stile der italienischen Renaissance. – Zerstört
(41) J 10

Cafe Reale. Brühlsche Terrasse. 1843 durch von Wolframsdorf
Kleiner eingeschossiger Bau von 9/3 Achsen. Dreiachsiger Mittelrisalit mit Prostylos und Flachgiebel. Balustrade über den Seitenflügeln, Rechteckfenster. Pilasterordnung auf hohen Postamenten. Stilistisch auf die Schinkelsche Wache bezogen. – 1886 abgerissen
Lit.: BvD S. 353, Abb. 163, 164 J 9

Victoriahotel. Waisenhaus-/Seestraße/Friedrichsallee. 1850/1851 von Bothen
Umbau eines dreigeschossigen Gartenpalais. Viergeschossiger kubischer Vierflügelbau mit Mezzaningeschoß, turmartige Eckgeschosse und sechsachsiger Mittelbau zur Hauptansicht, die Mittelachsen durch Balkone und Rundbogenfenster hervorgehoben. Attikaschluß. Putzbau mit Eckquaderung. 1892 für das → *Victoriahaus* abgerissen
Lit.: BvD S. 350
(405) J 11

Kaufhaus „Au petit Bazar“ Neumarkt/Frauenstraße. 1851 von Bothen für Joseph Meyer
Fünfgeschossiger Bau von elfachsiger Front. Die Fassade, vor allem der Mittelbau, gänzlich in zierliche Rundbogenöffnungen aufgelöst. Geschoßweise gegliedert durch Gesimse, zarte Ornamentik im Stile der italienischen Frührenaissance. – Biedermeierliche Variante des romantischen Rundbogenstils. – Zerstört
Lit.: BvD S. 310
(137) J 10

405 Victoriahotel. Ansicht. Litho

Hotel zum Kronprinz. Hauptstraße 1. 1853 von Erhardt
Stattliches viergeschossiges freistehendes Haus. Die Ansicht elf Achsen, mäßig hohes Walmdach, abgefaste Ecken. Dreiachsiger Mittelrisalit. Putzbau. Das Erdgeschoß gequadert, Obergeschosse durch Gesimse abgesetzt, Putzspiegel. Säulenarchitektur vor den Obergeschossen des Risalits. Hier die Flachbogenfenster mit Ädikulen. Ein biedermeierlicher Bau. – 1945 zerstört
Lit.: BvD S. 348
(121) J 8

Börse. Waisenhausstraße 23. 1873/1875 von Ehrig und Zumpe
Dreigeschossiger Bau über etwa quadratischem Grundriß. Attika vor flachem Walmdach. Sandsteinfassade. Sieben Achsen, flache zweiachsige Seitenrisalite. Zweizoniger Aufriß: als Sockel die beiden niedrigen ersten Geschosse, die Wände gequadert und mit kräftigem Gesims. Glatt das oberste Geschoß, Festons im Gebälk und kräftiges Gesims. In der Rücklage rechteckige Portale in rundbogigen Einfassungen; im Obergeschoß Säulenordnung und Rundbogenfenster mit reichen Kämpfern. Die Einfassungen der Seitenfenster durch Pilaster und Flachgiebelverdachungen. Im Inneren quadratisches Vestibül, geteilte Palasttreppe, im Obergeschoß der Börsensaal. Prachtvolle Ausstattung. Durch „malerischen Schmuck (ist) an jeder Stelle dafür gesorgt, daß dem Beschauer das Gefühl der Halbheit und des Mangels fern bleibe". (Deutsche Bauzeitung, 15.4.1876, S. 154) Strenger Historismus. Die Tendenz zu malerischer Bereicherung mittels neomanieristischer Kunstmittel.
Als Stilvorlage für Börsen kam gemäß der Architekturikonografie des Historismus vor allem die italienische Renaissance in Betracht, weil der Geldverkehr in den italienischen Städten der Renaissance eine erste Blüte erfahren hatten. – 1945 zerstört
Lit.: BvD S. 306, Abb. 140–142
(110) J 11

Filiale der Kaiserlichen Reichsbank. Bankstraße 3. 1876/1877 von Eltzner & Hauschild
Dreigeschossiges siebenachsiges Reihenhaus mit einachsigem Seitenrisalit auf der linken Seite. Das Erdgeschoß rustiziert. Geschoßgesimse. Kräftiges Hauptgesims mit Attika. Im Erdgeschoß Rundbogenfenster, flachbogige und waagerechte Verdachungen. Semper-Schule. – Zerstört
Lit.: BvD S. 307, Figg. 143, 144 J 11

Victoriahaus. Waisenhaus-/Seestraße/ Friedrichsallee. 1891/1892 von Lossow & Viehweger für den Juwelier Mau
Der Bauherr hatte einen Wettbewerb für ein Kaufhaus ausgeschrieben. Den ersten Preis erhielten Reuter & Fischer für einen neubarocken Entwurf. Für diese Stilrichtung war es in Dresden offenbar noch zu früh, denn „der Bauherr wählte keinen der eingegangenen Entwürfe, sondern beauftragte die Architekten Lossow & Viehweger, Pläne im deutschen Renaissancestil anzufertigen und dabei das Gewandhaus in Braunschweig zum Muster zu nehmen". (Richter, Geschichte, S. 152)
Viergeschossiger Kopfbau einer auf drei Seiten von Straßen umgebenen geschlossenen Bebauung. Sandsteinfassade. In der Hauptansicht viergeschossiger Volutengiebel. Fünf Achsen, halbrunde Eckerker mit Kuppeln. Horizontalgliederung durch Gesimse, Halbsäulenordnungen vor den dreiachsigen Risaliten. Das Erdgeschoß in große Schaufenster aufgelöst, das 1. Obergeschoß mit gedrückten Rundbögen. Fenster in reichen Einfassungen. Die Seitenansichten mit unterschiedlich hohen Zwerchgiebeln. Höchster dekorativer Reichtum in der Giebelzone.
Aufschlußreich die Gegenüberstellung mit dem historischen Vorbild: Geschoß- und Achsenzahl der Giebelseite des Braunschweiger Gewandhauses wurde unverändert übernommen. Zutaten sind die Eckerker und die Giebel der Seitenansichten. Die Klarheit der Gliederung des Gewandhauses durch den Mittelrisalit vor den Obergeschossen ging durch den größeren Reichtum an Details und durch das gleichartige Fensterraster verloren. Im Erdgeschoß wurde vom Vorbild abgewichen; anstelle der Arkaden des Gewandhauses rechteckige Schaufenster. Die Arkaden dafür in das 1. Obergeschoß verlegt. – 1945 zerstört
Lit.: Richter, Geschichte, S. 152; Deutsche Bauzeitung 1891, S. 61; Bl. f. Archit. u. K. 1891, Taf. 13.
(211; *406*) J 11

406 Braunschweig. Ostfassade des Gewandhauses

Markthalle. Antonsplatz. 1891/93 von Rettig mit Theodor Fischer entworfen, ausgeführt von Bräter
Gestreckte Halle mit zweigeschossiger Fassade, hinter hoher Attika ein flaches Satteldach, Fassade Sandstein. Schlichte Lisenen und Spiegelgliederung. Das Hauptportal in der siebenachsigen Schmalseite rundbogig und durch Halbsäulen flankiert. Stichbogenfenster in vortretenden Einfassungen. Dreischiffiges Inneres, die zweigeschossigen Seitenschiffe öffneten sich in Flachbogen.
Rettigs Entwurf zeigte schlichte neubarocke Formen, doch „die Gegner hatten für den Rettigschen Entwurf den Namen Hungerstil erfunden und bekämpften ihn unter Berufung auf den Bürgerstolz und die Heimatliebe." (Richter, Geschichte S. 149). Im Gegensatz zu den Entwürfen zur Dreikönigsschule (s. dort), wurden die Pläne Rettigs ausgeführt. Mit der Markthalle sollte ein repräsentativer Bau entstehen. „Es hat die Überzeugung eine Rolle gespielt, daß ein Bau dieser Bestimmung und Bedeutung nicht als ein gemeiner Nützlichkeitsbau in Erscheinung treten dürfe, sondern in angemessenen Grenzen als Monumentalbau behandelt werden müsse." (Deutsche Bauzeitung XXV. Jg. 1891, S. 487). Ein solcher Bau schien gerechtfertigt, weil „eine Markthalle zu denjenigen Bauwerken gehört, in denen das Culturleben der Zeit sich vorzugsweise spiegelt." (Centralblatt d. BV 1891, S. 374). – 1945 zerstört.
Lit.: Der Rat zu Dresden, Die Markthallen der Kgl. Haupt- und Residenzstadt Dresden. O.O. u. O.J. (1903). m. Abb.; Deutsche Bauzeitung 1891, S. 487; Centralbl. d. BV, 1891, S. 373–376; Richter, Geschichte, S. 149
(195) H 10

Dresdner Bank. König-Johann-Straße. 1895/1897 von Sommerschuh & Rumpel
Stattlicher dreigeschossiger Bau mit zehnachsiger Front. Gequadertes Erdgeschoß, Attikaschluß und kräftiges Kranzgesims. Eckquaderung. Rundbogenfenster im Erdgeschoß. Ädiulafenster im 1. Oberge-

schoß. Stilisiert als römische Palastfassade. – 1945 zerstört
(268) J 10

Kaiserpalast. Pirnaischer Platz. 1897 von Schilling & Gräbner für den Apotheker Illgen
Fünfgeschossiger Kopfbau einer nach drei Seiten freistehenden Reihenbebauung. Sandsteinfassade. Vierteilige Kuppel mit Laterne und Spitze. Die ersten beiden Geschosse als Sockel. Halbrunde Eckerker, dreiachsiger Mittelrisalit in siebenachsiger Front, bekrönt durch hohen gesprengten Giebel mit Figurengruppe. Vor dem Mittelrisalit Kolossalordnung und Balkon. Reiche barockisierende Ornamentik. Der Besitzer „wünschte (...) ein Geschäftshaus zu errichten, das an Pracht alles Ähnliche in Dresden übertreffen sollte. Die Architekten Schilling & Gräbner, die nach einem ergebnislos verlaufenen allgemeinen Wettbewerbe in einem engeren gesiegt hatten, erhielten den Auftrag und führten einen Barockbau aus, der ungemein prächtig wirkt, aber freilich einen fast zu großen Reichtum an architektonischem Reichtum aufweist (...).“ (Richter, Geschichte S. 152) – 1945 zerstört
Lit.: Richter, Geschichte S. 152–153
(247) K 10

Landwirtschaftliche Feuerversicherungsgenossenschaft. Wiener Platz 1/ Prager Straße. 1901/1902 von Diestel
Fünfgeschossiges Eckhaus einer geschlossenen Bebauung, am Ende der Hauptgeschäftsstraße Dresdens und gegenüber dem Hauptbahnhof, mit hohem Walmdach mit Dachreiter über der Ecke, von kurzen Achtecktürmen mit Aussichtsplattformen bekrönt. Sandsteinfassade. – 1945 zerstört
(275) H 12

Herzfeldsches Geschäftshaus. Altmarkt 16. 1901 von Lossow & Viehweger.
Viergeschossiger Bau mit ausgebautem Mansardgeschoß, ein Eckhaus. Die Hauptansicht zum Altmarkt durch ein weites Stützenraster in Fensterflächen aufgelöst, den Stützen und dem Giebel eine Jugendstildekoration vorgelegt. Im Vergleich zum vier Jahre älteren → *Kaiserpalast* kaum noch historisierend. – Noch vor den dreißiger Jahren umgebaut, 1945 zerstört
(270) J 10

Zigarettenfabrik Yenidze. Weißeritzstraße 3. 1909 von Hammitzsch.
Fünf- bis sechsgeschossiger Bau über einem rechteckigen Grundriß. Über quadratischem sechsgeschossigen Mittelteil eine gläserne Kuppel mit hohem Hals. Achteckige Ecktürmchen und der höhere Schornstein als Minarette gestaltet. Putzbau mit rotem Kunststein. Verschiedenartige Fensterformen: rechteckig, rechteckig mit abgerundeten Ecken, kielbogig, kleeblattbogig, rundbogig. Die beiden Portale sehr reich verziert mit starkfarbigen und vergoldeten Kacheln in geometrischer Anordnung. Die rechteckigen Portale von Hufeisenbögen eingefaßt und mit stalaktitenartiger Ornamentik. – Im wesentlichen erhalten, einige Kriegsschäden
(276, 277) Etwa FG 9

BAUTEN DES VERKEHRS UND DER VERSORGUNG

Leipziger Bahnhof. Eisenbahnstraße. Als erste deutsche Fernbahn wurde am 7. April 1839 die Strecke Leipzig--Dresden eröffnet. Ankunftshalle und Flügelbauten stammen von 1837/1839.
Ankunftshalle: In Rundbogenarkaden geöffnete Halle mit flachem Satteldach. Der Halle vorgelegt ein kreisrunder umzäunter Platz, symmetrisch zwei gleichartige zweigeschossige Gebäude von 4/5 Achsen und Zeltdach mit kleinem Aufsatz. Diese Gebäude als schlichte Frührenaissancevillen stilisiert. Gefugtes Erdgeschoß und Ecklisenen, Rechteckfenster, Flachgiebelverdachungen im 1. Obergeschoß. Halbkreisförmige Kolonnaden verbinden die Halle mit den Seitengebäuden. (Dem Bahnhof gegenüber die Häusergruppe → *Antonstraße 29–37*)
Ankunftshalle und Prager Halle, 1857: Gruppe von drei gegeneinander geringfügig geknickten eineinhalb geschossigen Flügeln. Der Mittelbau eingeschossig mit zweigeschossigen Eckpavillons. Putzbauten. Gesimse, gefugte Lisenen. Rundbogenfenster. Am südlichen Ende ein schlanker Turm über quadratischem Grundriß. Grundformen des Klassizismus, freier Bezug zum Renaissancismus der Semper-Schule bei den späteren Bauten. – Erhalten ein Torhaus von 1839, die Baugruppe 1857 ohne den Turm, schlechter Bauzustand
Lit.: BvD S. 522–525, Beilage V. Abb.
(40) HJ 7

Schlesischer Bahnhof. 1844/1847 von Julius Köhler
Eingeschossiges Abfertigungsgebäude, fünfachsige Seitenbauten mit dreiachsigen Mittelrisaliten und flachem Walmdach. Gequaderte Putzgliederung, Rundbogenportale und -fenster. Pilasterarchitektur am Mittelbau. Detailformen wie die gegenüberliegende Bebauung Antonstraße 29–37. – 1898 abgebrochen
Lit.: BvD S. 525–529, Beilage VI.
(407) J 7

407 Schlesischer Bahnhof. Ansicht von der Antonstraße. Aufnahme 1897

Marienbrücke. 1846/1852 von J.G. Lohse
Als Straßen- und Eisenbahnbrücke (zur Verbindung der sächsisch-schlesischen und der sächsisch-böhmischen Eisenbahnlinie, zwischen der Wilsdruffer Vorstadt und der Antonstadt) gebaut. Steinerne Wölbkonstruktion über zwölf Flachbogen. „Durch organische Gestaltung, geschickte Gruppierung der Pfeilerausbauten, Treppenthürmen, Ornamentierung der Straßendurchlässe (...) ist (...) ein in allen Theilen auch äußerlich harmonisch wirkendes Bauwerk geschaffen worden." (BvD S. 482) – Seit der Jahrhundertwende nur noch Straßenbrücke
Lit.: BvD S. 480–482, Fig. 289 H 8

Böhmischer Bahnhof. Wiener Platz. (Vorläufer des heutigen Hauptbahnhofes.) Empfangsgebäude 1861/1864 von K.M. Haenel und Canzler
Symmetrisch angelegter Komplex ein- bis dreigeschossiger Gebäude mit flachen Walm- und Satteldächern. Sandsteinfassaden. Rustika im Erdgeschoß und Ecklisenen, gequaderte Obergeschosse. Der Kern dreigeschossig. Dreiflügelbau mit kurzen Trakten, eingeschossiger Flügel zu zweigeschossigen Seitenbauten. Eine Säulen-Arkaden-Architektur zwischen den Flügeln. Gliederung durch Gesimse und Risalite mit Flachgiebeln. Rundbogenfenster im Erdgeschoß und im Hauptgeschoß der Risalite. Semper-Schule. – 1894 abgebrochen
Lit.: BvD S. 529–532, Abb. 324, 325
(74) H 12

Wasserwerk. Ehemaliges Hauptwasserwerk auf der Saloppe. 1871/1875 von Friedrich
Halle über bossiertem Sockel. Die Schmalseite durch Treppenanlage und Doppelturmfassade mit hohen Walmdächern ausgezeichnet, hier motivischer Anklang zur mittelalterlichen Fortifikationsarchitektur, die Längsseiten mit stilistisch neutralen Stichbogenblenden. – Reduziert erhalten
Lit.: BvD S. 451–465, Abb. 255, 257
(167) Q 7

Albertbrücke (Brücke der Einheit). 1875/1877 von Manck (Ingenieurarbeiten), Lisske und Strunz (künstlerische Ausschmückung)
Straßenbrücke zwischen der Anton- und der Johannstadt, Wölbebau mit vier Segmentbögen. Sandstein. („Der in Sachsen seither ziemlich allgemein befolgte Grundsatz, dem Bau steinerner Wölbbrücken den Vorzug vor den Eisenconstructionen zu lassen (...) überwog auch bei der Albertbrücke alle gegentheiligen Anschauungen." BvD S. 184)
Sehr lockere Anklänge an Renaissancemotive. – Unverändert erhalten
Lit.: BvD S. 482–488, Abb. 291–294
L 8, 9

Gasometer. Gasanstaltsstraße. 1878 von Friedrich
Bau über kreisförmigem Grundriß mit flacher Kuppel. Putzbau. Über kräftig bossiertem Sockelgeschoß zweigeschossige Fassade mit Gesims- und Pilastergliederung. Schmale Rundbogenfenster und -arkaden. Kranzgesims auf Konsolen. Über dem Gesims wird durch aufgelegte Steine das Motiv des Theoderich-Grabdenkmals in Ravenna zitiert. – In schlechtem Zustand erhalten
(179) Q 16

Blasewitz/Loschwitzer Elbbrücke („Blaues Wunder"). 1891/1893 von Köpcke und H. M. Krüger
Eiserne Hängebrücke über zwei uferseitigen Pfeilern. Seltsam kontrastierend mit der rein technisch geprägten Brückenkonstruktion die historisierenden Zinnenkränze und Wappenschilde am oberen Abschluß der sandsteinverblendeten Pfeiler und der Brüstungen an den Brückenaufgängen. – Erhalten
(209) T 9, 10

Hauptbahnhof. Wiener Platz. Planung ab 1888, 1893/1898 Empfangsgebäude von Giese & Weidner
Kombinierter Kopf- und Durchgangsbahnhof anstelle des Böhmischen Bahnhofs. Der großen Mittelhalle (Eisenkonstruktion) eine repräsentative Sandsteinfassade vorgelegt. Die Seitenhallen als Nebenansichten behandelt.
Dem Bau des Empfangsgebäudes war 1892 eine Konkurrenz vorausgegangen, deren Ziel darin gesehen wurde, „jene Grundzüge (der Grundrißanordnung und der Betriebsverhältnisse; V.H.) im einzelnen auszugestalten und dem Aufbau des Ganzen eine angemessene künstlerische Form zu geben." (Deutsche Bauzeitung XXVI. Jg. 1892, S. 589) Diese Formgebung spielte sich vor allem an der Fassade des Empfangsgebäudes ab: Breiter Mittelrisalit mit großem Rundbogenfenster, das Motiv „Thermen" zitierend, und gläserner Kuppel über quadratischem Grundriß, kurze dreiachsige Rücklagen mit renaissancistischer Halbsäulenordnung und Rundbogenfenstern, schlanke Flankentürme mit Zinnenkranz. Eine Figurengruppe über dem Segmentbogengiebel des Mittelbaues.
Die Fassade des Hauptbaues folgt der des Frankfurter Hauptbahnhofes, sie zeigt den Renaissancismus der Semper-Schule; eine Beeinflussung durch den Gare du Nord in Paris ist denkbar. (1861/1866 von Hittorff). Einem als Kunstwerk aufgefaßten Kopfbau schließt sich eine funktionelle Halle an. Auf der nördlichen Längsseite der Halle der Königspavillon, Sandstein, flachgiebel, Säulenordnungen und kassettierte Rundbogenstellung in enger Anlehnung an das Vorbild des Semperschen Museums.
Im Inneren des Empfangsgebäudes am Schnittpunkt von Eingangs- und Durchgangshalle flach überkuppelter Raum. Die Architektur des Empfangsgebäudes gegen die dreischiffige Halle wie auf der Eingangsseite in Renaissanceformen, jedoch schlichter. Die eiserne Hallenkonstruktion bis auf wenige antikisierende Motive an den Säulen schmucklos. – Nach Kriegszerstörungen Vereinfachung der Kuppel und der Flankentürme.
Lit.: Deutsche Bauzeitung 1892, S. 589–591, 613–614; Krings, S. 412–442
(190, 191) H 12

Abkürzungen

BvD Die Bauten, technischen und industriellen Anlagen von Dresden, Dresden 1878
IfD Institut für Denkmalpflege Dresden

Inv. Inventarband = Cornelius Gurlitt
MV Manteuffel-Verzeichnis

Katalog der Architekten

Wohnbauten, auf die in diesem Katalog verwiesen wird, sind unter den Straßen- und Platzbezeichnungen innerhalb der ersten Abteilung des „Katalog ausgewählter Bauten" zu finden, alle übrigen unter den entsprechenden Gebäudegattungen.

Adam, Bruno. 1849–1918. Studierte bei Nicolai 1866–1870. Bauten: → Jägerkaserne (1882) mit O. Haenel, zerstört; → König-Johann-Straße (1886), zerstört; → Sachsenplatz (1879/1880); Dreikönigsschule (1893); Leitung und einzelne Bauten der Ausstellung → „Die Alte Stadt" (1896), zerstört; *Lit.: Richter, Geschichte, S. 208; Erhardt, S. 81.* Konservativer Renaissancist

Arnold, Christian Friedrich. 1832–1890. Akademieprofessor. Studierte an der Gewerbeschule Chemnitz und an der Akademie Dresden bei Semper und Heine. Gehilfe Sempers als Bauführer. Staatspreis 1849. 1853 Anstellung an der Akademie Dresden als 3. Lehrer für Baukunst und -wissenschaften, 1861 Prof. der Perspektive und Ornamentik (1860 Ablehnung eines städtischen Amtes). Bauten: Villa Löschke → Tolkewitzer Straße 73 (1860); Schloß Eckberg → Bautzner Straße 134 (1859/1861); → Kreuzschule (1864/1866), zerstört; Umbau → Sophienkirche (1889/1891), zerstört; → Friedenskirche, Wernerstraße (1889/1891), zerstört. Publ.: Herzogspalast in Urbino, 1853 (Hrsg.). *Lit.: Th.-B. Bd. 2, S. 129.* Wichtiger Vertreter der Neogotik

Aubyn, St. Architekt aus London. Bauten: → Englische Kirche (1868/1869), zerstört

Baron, Rudolph Ludwig Theodor. Geb. 1845. Studierte bei Nicolai 1870/1872. Bauten: Villa → Laubegaster Ufer 33 (1874) mit Hübner; *Lit.: Erhardt, S. 86*

Barth, Karl. 1875/1891 Atelier mit Karl Weißbach. Bauten: → Trinitatiskirche (1891/1894), teilzerstört

Blaßmann, Anton Ludwig. Hofbaumeister. Bauten: Königs Weinberg in Wachwitz (1824); → Kaufhallen am Antonsplatz (1826), zerstört

Boden. Falsch für → Heinrich Hermann Bothen

Bosse, Harald Julius von. 1812–1884. Studierte in Dresden und bei Moller in Darmstadt (vor 1833), seit 1833 in St. Petersburg. Arbeitete in Rußland. Bauten: Entwurf für die → Russisch-Orthodoxe Kirche in Dresden (1872/1874) unter Mitarbeit von Karl Weißbach. → Reformierte Kirche (1892), zerstört. *Lit.: Th.-B. Bd 4, S. 403*

Bothen, Heinrich Hermann. Gest. nach 1862. Ratsbauinspektor und Stadtbaucommissar. 1854 Ehrenmitglied der Akademie. Bauten: Wohnhaus → Terrassenufer 3 (um 1845), zerstört; → Victoriahotel (1850/1851), abgerissen 1890; → Kaufhaus Petit Bazar (1851), zerstört; → St. Franziskus-Xaverius (1852/1853) mit Choulant, zerstört

Bräter, Edmund. 1855–1925. Studierte am Polytechnikum. 1880 Staatsprüfung für das Hochbauwesen, 1891 Stadtbaurat. Bauten: → Städtische Ausstellungsgebäude nach dem Entwurf von Hauschild (1894/1900), zerstört; Neustädter Markthalle (1899), teilweise zerstört; Johannstädter Krankenhaus (1901 vollendet). *Lit.: Dresdner Geschichtsblätter XLIV. Jg., 1936, S. 213*

Canzler, Carl Adolf. 1818–1903. Studierte wohl in Dresden. 1883 Baurat und Oberlandbaumeister. 1892 Ruhestand. Bauten: → Neuer Friedrichstädter Friedhof, Bremer Straße, Hochbauten (1861); im Zoologischen Garten: Affenhaus, Bärenzwinger, Raubtierhaus, Winterhaus (alles nach 1861), zerstört; → Staatsgymnasium Neustadt, Holzhofgasse (1872/1874), zerstört; → Landgerichtsgebäude Pillnitzer Straße (1876/1878), zerstört; Umbau des Zeughauses zum → Albertinum (1884/1887); *Lit.: Dt. Bztg. 1875, S. 231*

Carl → Rönitz (Carl & Rönitz)

Choulant, Theodor. 1827–1900. Architekturmaler und Architekt. Studierte am Polytechnikum, ab 1846 an der Akademie, 1849 Meisterschüler bei Semper. 1850/1851 in Italien, später weitere Italienreisen. 1868 kgl. Hofmaler. 1885–1888 Lehrer für Perspektive an der Akademie. Bauten: → Diakonissenhauskirche (1856/1857), zerstört; Bauleitung d. → St. Franziskus-Xaverius-Kirche (→ Bothen); *Lit.: Th.-B. Bd. 6, S. 529*

Diebitsch, Karl von. 1819–1869. Bauten: → Türkisches Bad in Schloß Albrechtsberg (1850/1854). *Lit.: Th.-B. Bd. 9, S. 255.* Spezialist für orientalische Architekturen

Diestel, Kurt. Geb. 1862. Schüler im Privatatelier von K. Weißbach. Um 1900 Prof. an der TH Dresden. Bauten: Mitarbeit → Schillerplatz 1–3 (1894); einige Bauten der Ausstellung → „Die Alte Stadt" (1896), zerstört; Villa → Hochuferstraße 92 (Käthe-Kollwitz-Ufer) (1899); → Landwirtschaftliche Feuerversicherungsgenossenschaft, Wiener Platz 1/Prager Straße (1901/1902). *Lit.: Th.-B. Bd. 9, S. 252*

Dunger, Gustav. 1845–1920. Studierte ab 1863 an der Akademie, seit 1866 bei Nicolai. 1872 Landbauinspektor. 1876 Italienreise, 1881 Hofbaumeister, 1893 Hofbaurat, 1901 Hofoberbaurat. Bauten: Umgestaltung des → Residenzschlosses (1889/1901), Ruine. *Lit.: Th.-B. Bd. 10, S. 142; Gurlitt, Dresden 1896*

Eberhard, Karl. Studierte wohl in Dresden. Bauten: 1. Realschule der Neustadt (1854), zerstört; → Superintendenturgebäude an der Kreuzkirche (1857/1859), abgerissen 1907; Villen → Beuststraße 2 (1866/1867), zerstört; Parkstraße 6 (1868/1869), zerstört; → Goethestraße 1 (1869/1870), zerstört; Filiale der Landständischen Bank zu Bautzen in Dresden (1876/1877), abgerissen 1904. Vertreter der Semper-Nicolai-Schule, künstlerisch herausragend

Ehrig, Guido. Gest. 1873. Architekt in Chemnitz. Mit Zumpe 1872 1. Preis in der Konkurrenz und Ausführung der → Börse Waisenhausstraße 23 (1873/1875), zerstört

Eltzner, Robert. Geb. 1842. Studierte ab 1863 an der Akademie. 1869 Direktor der Dresdner Baugenossenschaft. 1875 Assoziiert mit A. Hauschild. Bauten: → Filiale der Kaiserlichen Reichsbank, Bankstraße (1876/1877) mit Hauschild, zerstört. *Lit.: Th.-B. Bd. 10, S. 493.* Vertreter der Semper-Nicolai-Schule

Erhard, Hugo, Dr. 1810–1859. Studierte 1825–1828 an der Dresdner Akademie. Bauten: Venezianisches Haus, → Terrassenufer 3 (um 1845), zerstört; → Hotel Zum Kronprinz, Hauptstraße (Str. d. Befreiung) 1 (1845), zerstört; Villa Orlando, → Schillerstraße 4 (wohl 1848/1853); Villa für den Verlagsbuchhändler Kuntze, → Wielandstraße/Hohe Straße (um 1858), zerstört. Ausgeprägte akademische Fassaden, beeinflußt von Wiener und Berliner Architektur, frei vom Einfluß Sempers

Fleischer, Ernst. Bauten: → Tiergartenstraße 28 (1898); Wiener Straße 57 (kurz vor 1900), zerstört

Friedrich, Theodor (Carl Gustav Th.) 1829–1891. Baugewerkeschule. Studierte am Polytechnikum und an der Akademie. Meisterschüler Sempers. 1845/1857 Hilfsarchitekt, 1863 Stadtbaumeister, 1864 Stadtbaudirektor, 1877 Stadtbaurat. Bauten: VII. u. XIV. Bezirksschule, Königsbrücker Platz (1865/1866), zerstört; → I. Bezirksschule, Pestalozzistraße 20 (1866/1867), zerstört; → Annenrealschule (1867/1868), zerstört; Mutterhaus → Stadtkrankenhaus Wachsbleichstraße (1870/1876); Kaufhaus Seestraße/Ring (1871/1873), zerstört; Architektur des → Wasserwerks Saloppe (1871/1875); V. Bürgerschule, Rothenburger Straße 20 (1873); → VI. Bürgerschule, Blochmannstraße 24 (1876/1877), zerstört; → Städtische Arbeitsanstalt, Königsbrücker Straße (1876/1878); Krankenhaus Stephanienstraße (1876/1878), zerstört; Hospital Carolahaus (1876/1878); Kinderheilanstalt Chemnitzer Straße (1876/1878), zerstört; Städtisches Versorgehaus Stiftstraße 4 (1877/1878), zerstört; → Gasanstalt Reick (beide kleine Gasometer) (1878); Städtisches Siechenhaus, Löbtauer Straße (um 1880); → Wettiner Gymnasium (1884). Mehrfach Preisträger bei Konkurrenzen. *Lit.: Th.-B. Bd. 12, S. 474.* Einflußreicher Vertreter der Semper-Schule, deren Formen trivialisierend; die Betonung der Zweckhaftigkeit erbrachte oft Lösungen ohne Anlehnung an stilistische Vorbilder.

Frieße, Carl Richard. Geb. 1847, gest. vor 1894. 1866/1869 im Atelier Nicolais. Assoziiert mit Clemens Theodor → Helm. Bauten: → Hübner, Max. *Lit.: Erhardt S. 80*

Frölich, Gustav Robert. 1858–1920. Studierte 1878/1881 an der Akademie bei Nicolai. Kgl. Hofbaurat. Bauten: Beteiligt an der Umgestaltung des → Residenzschlosses (Entwürfe für Haupttreppenhaus und Vestibül); → Sekundogenitur (1896/1897); → Königshaltestelle in Strehlen (1897); Gestaltung des Inneren der Eingangshalle des Ausstellungsgebäudes der Internationalen Kunstausstellung 1897, zerstört, neobarock; Schauseiten des → Georgentores (1898/1901). (Der Anteil Frölichs ist von dem Dungers nicht sicher abzugrenzen, Frölich war wohl der Spezialist für Barock). *Lit.: Th.-B. Bd. 12, S. 511*

Gebler, Julius. Bauten: → Residenzstraße (August-Bebel-Straße) 10 (1886/1888); Villa Scheidemantel, → Striesener Platz (1887), zerstört. *Lit.: Schumann, Führer, S. 79 (betr. Villa Scheidemantel).* Spezialist für dt. Renaissance

Geutebrück, Albert. Um 1800–1868. Bauten: Entwurf des → Postamtes auf dem Wilsdruffer Platz (1830/1832), zerstört. Ausführung durch Thürmer

Giese, Ernst. 1832–1903. Studierte bei Nicolai. 1855/1857 Reisestipendium, Italienaufenthalt. Dort zahlreiche Bauaufnahmen. Vor 1866 Atelier mit B. Schreiber. Ehrenmitglied der Akademie. 1866/1872 Berufung an die Düsseldorfer Akademie. 1874 Assoziation mit der Baufirma P. → Weidner. 1878/1901 Prof. und Leiter des Ateliers für Baukunst der TH Dresden. Bauten: Umbau Schloß Gauernitz bei Dresden (1862/1870) mit B. Schreiber in der „rheinischen Auffassung der Renaissance" (vgl. *Lit.: Herrensitze, S. 9–10*), bemerkenswert ist die frühe Hinwendung zur deutschen Renaissance; Festhalle zum Sängerbundfest (1865), zerstört; Kapelle auf dem neuen jüdischen Friedhof (1875), enge Anlehnung an die Synagoge von Semper, zerstört; Villa Wolf → Altenzellaer Straße 50 (1883/1884) mit P. Weidner; → Martin-Luther-Kirche (1885/1887) mit P. Weidner. Mit Weidner Sieger im Wettbewerb und Ausführung des Empfangsgebäudes des → Hauptbahnhofes (1893/1898). *Lit.: Th.-B. Bd. 14, S. 5.* Die Lehrtätigkeit und das rege Bauschaffen Gieses im Sinne der Semper-Schule war bedeutungsvoll für deren Fortbestehen bis in die neunziger Jahre.

Gräbner, Julius Willi. 1858–1917. Gymnasium und Polytechnikum (1876/1879) in Karlsruhe (Durm). Studierte an der TH Dresden bei Giese und Weißbach. Tätig im Atelier Gieses. In Berlin bei Oswald Kuhn und Kaiser & Groszheim, erster Architekt bei Hans Griesebach. 1889 Assoziation mit R. Schilling in Dresden. Bei Gräbner stets der künstlerische Anteil, bei Schilling der technische. Bauten und Bedeutung → Schilling. *Lit.: Th.-B. Bd. 14, S. 474*

Grahl, Otto Gustav. 1839–1875. Studierte bei Nicolai 1862. Bauten: Villen Goethestraße 5, zerstört; → Parkstraße 2 (1869/1870), zerstört. *Lit.: Th.-B. Bd. 14, S. 493*

Gutmann, Max. Bauten: Villen Hübnerstraße 1 (1880); → Leubnitzer Straße 30 (1880)

Haenel (Hänel), Karl Moritz. 1809–1880. Studierte an der Akademie 1820/1828 bei Siegel und Thürmer. Seit 1830 im sächsischen Staatsdienst. 1840 Landbaumeister. 1861 Oberlandbaumeister, Ehrenmitglied der Akademie. Bauten: → Kapelle im kgl. Weinberg Wachwitz (1839); Restaurierung sächsicher Schlösser (Herrensitze, verschiedene Stellen) oft im Stile der dt. Renaissance; 1849 Zwingerrestaurierung und Neubau der beiden Pavillons der Ostseite; 1850/1851 Restaurierung der Hofkirche; seit 1849 Vollendung des → Museums; → Turm der Dreikönigskirche (1854/1857) mit Marx; → Böhmischer Bahnhof, Hauptgebäude (1861/1864), zerstört; → Entbindungsinstitut, Seminarstraße (1869); Umbau des Stallgebäudes zum → Johanneum (1872/1876). *Lit.: Th.-B. Bd. 15, S. 435.* Früher Vertreter der deutschen Neorenaissance

Haenel, Oswald Joh. Samuel. Geb. 1842 (Sohn des K.M. Haenel). Studierte bei Nicolai 1865/1869. Assoziiert mit B. Adam. Bauten: Wohnhaus → Bürgerwiese 18 (1870/1872) mit B. Adam, zerstört; → Zinzendorfstraße 30 (1873/1874), zerstört; Bebauung → Sachsenplatz (1879/1880) mit B. Adam, zerstört; → Jägerkaserne am Sachsenplatz (1881) mit B. Adam, zerstört. Publ.: Herrensitze (Mithrsg.). *Lit.: Th.-B. Bd. 15, S. 436; Erhardt S. 80*

Hänichen, Gustav Reinhold. Bauten: → Rathaus Niedersedlitz (um 1900)

Hammitzsch, Hermann Martin. Lehrer an der Baugewerkeschule. Bauten: → Zigarettenfabrik Yenidze (1909)

Hanefeld(t), Edmund. Bauten: Villen → Altenzellaer Straße 11 (1863), zerstört; → Leubnitzer Straße 7 (1868); → Leubnitzer Straße 9 (1868); Hohe Straße 27 (um 1870), zerstört. Vertreter der Nicolai-Schule

Hanefeldt, Gustav. Bauten: Villa → Hildebrandtstraße 1 (1860)

Hauptmann, Johann Gottlob. 1755–1813. Akademieprofessor. Ab 1801 Oberlandbaumeister. Planung zur Umgestaltung der Stadt nach der Entfestigung, insbesondere zur Brühlschen Terrasse und zum Bautzner Platz

Hauschild, Alfred Moritz. Geb. 1841. Studierte ab 1861 bei Nicolai. Weitergebildet in Paris. Europa- und Orientreise. 1875 Assoziation mit R. → Eltzner. Bauten: → Parkstraße 9 (1866/1868), zerstört; → Filiale der Kaiserlichen Reichsbank, Bankstraße (1876/1877), zerstört; Beteiligung an zahlreichen Wettbewerben, → Ausstellungsgebäude (1. Preis); Neues Rathaus, 1. Wettbewerb. *Lit.: Th.-B. Bd. 16, S. 137.* Konservativer Historist

Heine, Gustav. 1802–1880. Studierte ab 1816 an der Akademie. 1827–1869 Prof. für Architektur, Zeichnen, Baukunde etc. an der Technischen Bildungsanstalt, dem späteren Polytechnikum bzw. der TH, seit 1836 Prof. an der Akademie (Bauwissenschaften und Zeichenmeister). 2. Lehrer für Baukunst und -wissenschaften. 1848 Hauptmann der Akademischen Legion, 1850 Mitglied des akademischen Rates. Einflußreich als Mitglied der Städtischen Baupolizeideputation. Bauten: → Polytechnikum (1844/1846), zerstört. Publ.: Darstellung der allgemeinen Baukunde (fast ausschließlich über technische Dinge. In den ästhetischen Anschauungen Semper und Schelling verpflichtet. Architektur als Ausdruck einer Idee, Säulenordnungen drücken Charakter und Bestimmung des Gebäudes aus etc., S. 266, S. 279). *Lit.: Th.-B. Bd. 16, S. 289.* Vertritt seine antikisierende Haltung mit Toleranz, läßt Hochgotik gelten. Antike stellt er über Renaissance, griechische Kunst über römische *(Heine, S. 291).*

Helm, Clemens Theodor. Assoziiert mit Müller und C.R. Frieße. → Helm & Müller

Helm & Müller. Bauten: Villa Kaitzer Straße 9 (1873), zerstört

Hempel, Bernhard. Bauten: Konzertsaal im Linckschen Bade (1853), zerstört; Villen → Bautzner Straße 86 (1864/1865); → Wiener Straße 36 (alte Nr.) (1869), zerstört; Grand Union Hotel, Bismarckplatz 1 (1871/1872), zerstört. Vertreter der Nicolai-Schule

Hermann, Woldemar. 1807–1878. Studierte 1820/1824 an der Akademie. Italienreisen 1830, 1835, 1840. Bauten: Schwanenvilla, Holzhofgasse 8 (1826), zerstört; Kuppelvilla, → Holzhofgasse 12 (1827), zerstört; Umbau Keppschloß (1834); Entwürfe für die Umgestaltung des Italienischen Dörfchens und des Neustädter Elbufers (1831), s.S. 43; Wohnhaus → Bürgerwiese 14 (1838), zerstört; Wasserstraße (Reichpietschufer) 4, 10, 11 (nach 1846). Später nur untergeordnete Arbeiten. *Lit.: Friedrich; Th.-B. Bd. 16, S. 504*

Heyde, Albert. Bauten: Villa → Wiener Straße 27 (1871), zerstört

Heyn, Rudolf. 1835–1916. Studierte an der Baugewerkeschule in Zittau und an der Akademie bei Heine, Arnold und Nicolai. 1857 Assistent der Baugewerkeschule, Lehrer am Polytechnikum. 1865 Professor. Italienreisen. 1893/1894 Rektor der TH. Hauptfach Baukonstruktionslehre, daneben Formen- und Stillehre. Bauten: Neues Polytechnikum mit Nebengebäuden, → Bismarckplatz (1871/1875), zerstört; Villa Bernhardstraße 19 (1876), zerstört; Pestalozzistift, → Jägerstraße (1876); → Altenzellaer Straße 29 (1880), zerstört; Villa Hübnerstraße 8 (1897), zerstört. *Lit.: Th.-B. Bd. 17, S. 37; Dt. Bztg. 1874, S. 194.* Semper-Nicolai-Schule, deren Tradition er festigen half

Hörnig, Gustav. Bauten: Altstädter → Logenhaus (1837/1838), zerstört

Hoffmann, W. Architekt aus Köln. Bauten: Umbau Palais Oppenheim, → Bürgerwiese 5–7 (1871/1874), zerstört

Hübner, Max. Bauten: Villen und Landhäuser: mit Baron → Laubegaster Ufer 33 (1874); mit Frieße → Lothringer Weg 1 (um 1877), Ruine; Prof.-Dieckmann-Straße 1 (1888); → Julius-Otto-Straße 3 (1887); 9 (1889); → Gustav-Adolf-Straße 4 und 6 (1892); Oskarstraße 3 (1894). Landhausstil mit renaissancistischen Elementen, Nachfolge der Nicolai-Schule

Kickelhayn, Hermann (Vater und Sohn gleichen Namens, Arbeiten oft nicht zu trennen). Bauten: Villen Hübnerstraße 10 (1893), zerstört; → Liebigstraße 13 (1893/1894), zerstört; Leubnitzer Straße 4 (1863), zerstört; Freimaurerinstitut (Kickelhayn d.J.), → Eisenacher Straße (1897/1899). *Lit.: Schumann, Führer, S. 77, 79*

Kluge. (Identisch mit Carl Ludwig Klug?) Bauten: Riß und Bauausführung der → Gemeindeschule in Blasewitz (1851). *Lit.: Gruner, S. 52*

Köpcke, Claus. 1831–1911. → Blasewitz-Loschwitzer Elbbrücke (1891/1893) mit H.M. Krüger

Kraft, Carl Friedrich. 1851–1912. Studierte 1872/1875 bei Nicolai. Bauten: → Terrassenufer/Rietschelstraße (1879), zerstört; Ammonstraße 93 (1883/1884), zerstört; → Richard-Wagner-Straße 3 (1885/1886), zerstört; Wiener Straße 75 (1886), zerstört; Beethovenstraße 5 (vor 1900), zerstört; Bürgerwiese 23, 25 (vor 1900), zerstört; Comeniusstraße 15, 17, 19 (vor 1900), zerstört; Anbau Atelier Claudius, → August-Bebel-Straße 10 (1900/1901). *Lit.: Erhardt S. 89*

Kröger, Jürgen. 1856–1923. Architekt in Berlin. Bauten: → Jacobikirche (1898/1901), zerstört. *Lit.: Th.-B. Bd. 21, S. 553*

Krubsacius, Friedrich August. 1718–1789. Schüler Knöffels. 1764 Akademieprofessor, Oberland- und Hofbaumeister. Exponent des Klassizismus in Dresden und einer der führenden Theoretiker. Hauptwerk: Landhaus (1770/1776).

Krüger, Bernhard. 1821–1881. Studierte bei Semper. 1843 Rom. 1851 Hofbaumeister, später Hofbaurat. Bauten: Kuppel der Gemäldegalerie; Kleiner Ballsaal (1866/1868), zerstört; Wohnzimmer der Königin (1868), zerstört; Umbau → Schloß Altfranken (1871) zerstört; Stucksaal (1874), zerstört; Spiegelsaal (1881), zerstört. *Lit.: Th.-B. Bd. 21, S. 589; Mütterlein, a.a.O., S. 44, Fig. 15 (betr. Wiederaufbau Hoftheater I)*

Lehmann, H. Gest. nach 1854. Schüler Sempers. Bauten: → Bürgerwiese 17 (1846/1847), zerstört

Lehnert, Emil. Bauten: Villa → Elsa-Brandström-Straße 13 (1868); Mietshaus Reichsstraße 2 (1871), zerstört; Villa → Schweizerstraße 9 (1873/1874), zerstört; Mietshaus → Sedanstraße 4 (1874), zerstört. Vertreter der Semper-Schule. Neigung zum Hypertrophen

Lehnert, Theodor. Bauten: Villa Thorwald, → Schillerstraße 12 (1851/1853); → Begerburg in Dölzschen (1852); → Burgberg in Loschwitz (vor 1858), zerstört, ein gotisierender Bau; Kerngebäude der Kurhausanlagen zum Bad Weißer Hirsch, Nicolai-Schule, stark umgebaut (1868)

Leonhardi, Eduard. Maler. Bauten: Wohl Pläne zu Atelieranbauten zur „Roten Amsel" (1884 und 1896)

Lippold, Ludwig Wilhelm. Bauten: Villa → Hübnerstraße 4 (1885); Mietshaus → Lukasstraße 6 (1897)

Lipsius, Constantin. 1832–1894. Studierte in Leipzig an der Baugewerkeschule bei Geutebrück, 1851/1854 in Dresden bei Nicolai. Italienreise, in Paris im Atelier von Hittorff, beeinflußt durch Larouste und Garnier. Architekt in Leipzig. 1876 Leitung der Baugewerkeschule Leipzig. 1881 Berufung als Nachfolger Nicolais an die Akademie Dresden. Bauten: 1882 Auftrag zum → Kunstakademie- und Ausstellungsgebäude (vollendet 1893); *Lit.: Th.-B. Bd. 23, S. 280; Würdigung und Charakteristik bei Fritsch, Zur Erinnerung an Constantin Lipsius, in: Dt. Bztg. 1895, S. 191.* Stark französisch beeinflußt, Renaissancist der Semper-Schule und des schweren französischen Neomanierismus

Lisske, Carl Ludwig. Bauten: II. Bürgerschule, Kleine Plauensche Gasse (1872/1873), zerstört; Arbeitersiedlung → Johann-Meyer-Straße (1873/1876); → XV. Bezirksschule, Görlitzer Straße 44/45 (1875/1876)

Lohse, Adolf. 1807–1867. Architekt in Berlin. 1827 Feldmesser. 1847 Land- und Wasserbau-Inspektor. 1849 Landbaumeister. 1855 Parisreise. 1864 Hofbaurat. Bauten: Schloß Albrechtsberg, → Bautzener Straße 130 (1850/1854); Villa Stockhausen, → Bautzener Straße 132 (1850/1853). *Lit.: Nekrolog in: Dt. Bztg. 1868, S. 49, 60.*

Lohse, Johann Gottlieb. 1797–1880. Wasserbaudirektor. Bauten: → Marienbrücke (1846/1852)

Lossow, William. 1852–1914. Teilhaber der Firma Lossow & Viehweger (1890–1906), Lossow & Kühne (seit 1907). Schüler des Polytechnikums. 1906 Direktor der Kunstgewerbeschule. Bauten: → Victoriahaus (1891/1892), zerstört; → Rathaus Dresden-Plauen (1893/1894); Wohnhaus Comeniusstraße 14 (1896/1897), zerstört, dt.-renaissancistisch und gotisierend; → Zentraltheater (1900), zerstört; → Garnisonskirche (1896/1900); Rathausentwurf (1901); → Herzfeldsches Geschäftshaus Altmarkt (1901), zerstört; Kunstgewerbeschule, Güntzstraße (1903/1907), Neobarock unter Verwendung original barocker Bauteile; Villa Lossow, Tiergartenstraße 52 (1905), Neoromantik mit Jugendstilelementen. *Lit.: Th.-B. Bd. 23, S. 404*

Lottermoser, Ernst. Bauten: Villa → Wiener Straße 14 (alte Nr.) (1868/1869), zerstört

Martin, Eduard. Geb. 1847. Studierte 1866/1870 bei Nicolai. Bauten: Wohnhaus Lessingstraße 5b (1876/1877) mit E. Herrmann, zerstört; Landhäuser → Julius-Otto-Straße 13, 15 (1889/1890); Gustav-Adolf-Straße 12 (1892). *Lit.: Erhardt S. 80*

Marx, Frommherz Ludwig. Landbaumeister. Bauten: → Turm der Dreikönigskirche (1854/1857) mit K.M. Haenel; Turnlehrerbildungsanstalt (1862/1863)

Michel, C. s. Schümichen, → Reformierte Kirche

Möckel, Gotthilf Ludwig. 1837–1915. Studierte in Hannover bei Hase. Privatarchitekt in Zwickau, dort zahlreiche neogotische Backsteinbauten der Hannoveraner Schule. 1875 Übersiedlung nach Dresden, 1885 nach Mecklenburg. Bauten: → Johanneskirche (1874/1878), zerstört; Villa Möckel, → Leubnitzer Straße 28 (1877/1878); → Erlöserkirche mit Pfarrhaus (1878/1880), zerstört, mit Friedhofskapelle Striesen (1878/1880); Umbau der → Kirche Dresden-Briesnitz (1882). *Lit.: Th.-B. Bd. 14, S. 608.* Neben Arnold der entschiedenste Neogotiker des Strengen Historismus

Müller, C. Assoziiert mit → Helm

Neumann, Hermann Sigismund. Gartenarchitekt. Gartenanlagen bei Schloß Albrechtsberg, → Bautzner Straße 130; Villa Stockhausen, → Bautzner Straße 132; an den Kasernen der Albertstadt

Nicolai, Georg Hermann. 1811–1881. Studierte in Dresden an der Akademie bei Thürmer und in München bei Gärtner und Klenze. 1835/1836 Italien. 1837 Paris bei Hittorff, Bekanntschaft mit Gau und Zahnt. 1840 Italien- und Orientreise. 1841/1845 oder bis 1847 Hofbaumeister in Gotha, 1845 oder 1847/1848 Privatarchitekt in Frankfurt am Main. 1850 Erster Professor für Baukunst (Nachfolger Sempers) an der Akademie Dresden. 1874 ordentliches Mitglied der Akademie Berlin. Bauten: Seebachsches Haus, → Bürgerwiese 16 (1839), zerstört; Villa Struve, → Prager Straße 18 (1851/1852), zerstört; Umbau des Palais Prinz Georg, → Zinzendorfstraße 24 (1855/1857), zerstört; Villa Schmalz, Chemnitzer Straße 3, zerstört; Villa Meyer, → Beuststraße 1 (1867/1869), zerstört; Villa Seiler, → Parkstraße 3 (1867/1868), zerstört; geschlossene Bebauung Weintraubenstraße und Tieckstraße, nicht bestimmbar (wohl nach 1870), zerstört; Mitarbeit an den Fassaden der Kasernen der Albertstadt, nicht bestimmbar (um 1875); Wache der → Kasernen in der Albertstadt, Carolaallee (um 1875); Architektur der Denkmäler von Weber, Rietschel, Körner und der Germania. *Lit.: Th.-B. Bd. 25, S. 446; Dt. Bztg. 1882, S. 304–316; 1891, S. 248–250.* Nicolais Bedeutung lag in seiner Lehrtätigkeit. Die Planung ging stets vom Grundriß aus, die Fassadengestaltung war der letzte Schritt. „Die Grundlage und das Hauptaugenmerk des architektonischen Unterrichts in Nicolais Atelier ist das Wohnhaus. Zwei volle Jahre (...) werden darauf verwendet, das Wohnhaus (...) zu bearbeiten. – In der gründlichen und gewissenhaften Durchführung der mannichfachsten Aufgaben wird der Atelierschüler gewöhnt und geübt, gut und klar zu disponieren, d.h. den gegebenen Raum geschickt zu benutzen und zu theilen, die einzelnen Abteilungen je nach ihrem Zweck in das richtige Größenverhältnis zu setzen und selbst die untergeordnetsten schönheitsvoll und symmetrisch zu gestalten, den im Plan geschaffenen Räumen die entsprechenden Höhenverhältnisse zu geben, im Außenbau von innen nach außen wirksam, geschmackvoll zu gruppiren und abzuschließen. – Nach Feststellung des Grundplanes (...) wird eine reine Verhältnisskizze der Façade (...) entworfen (...)".
Detailzeichnungen zur Fassade wurden bis zum Maßstab 1:1 gefertigt.

„Sie werden einsehen", äußerte sich Nicolai Lipsius gegenüber, „(...) daß der Grundriß die Hauptsache, das andere mehr Nebensache ist." (Dt. Bztg. 1882, S. 315) Im Nekrolog heißt es weiter: „Allen Bauten Nicolais ist Wahrhaftigkeit, Folgerichtigkeit und zumeist auf das Knappeste sich beschränkendes Maasshalten gemeinsam". (ebenda, S. 315) „Unklarheit und Phrase waren unerbittlich verdammt, Willkürliches (...) wurde brevi manu beseitigt. Maasshalten (wurde) bis zur äußersten Grenze des Bescheidenen geübt." (ebenda, S. 316) Dieses Lehrsystem hatte die Ähnlichkeit der künstlerischen Handschriften und eine ausgeprägte Schulbildung zur Folge, dies um so mehr, als allein Renaissancismus gepflegt wurde. Lipsius berichtet: „Nicolais künstlerische Auffassung kulminirt in dem Ausspruch: ‚Unsere Aufgabe ist es, das, was die Meister der italienischen Renaissance aus dem Ganzen und Vollen schaffen, nach Maassgabe unserer heutigen Verhältnisse und Bedürfnisse weiter auszubilden und zu verfeinern.'" (ebenda, S. 314) Die Gotik hielt er dafür für nicht geeignet. Die normative Typisierung der Nicolai-Schule wurde bald gerügt. „Die spärliche Nahrung, welche in der Nicolai'schen Schule der Phantasie gegönnt wurde, die geringe Beachtung, wenn nicht Unterdrückung der künstlerischen Individualität, die in ihr stattfand: sie haben zu einer Einförmigkeit der architektonischen Auffassung geführt." (ebenda)

Otto, Heino. Geb. 1869. Studierte am Städel-Institut Frankfurt am Main, an der Baugewerkeschule Stuttgart und der TH Dresden. Arbeitete im Atelier von Lossow & Viehweger. Bauten: Mitarbeit am → Rathaus Cotta (1900); Sieger im Wettbewerb um die Fassade des → Zentraltheaters und Mitarbeit (1900), zerstört; Villa Loschwitzer Straße 4 (1901). *Lit.: Th.-B. Bd. 26, S. 91.* Anfangs Historist, später entschiedenster Jugendstilarchitekt Dresdens.

Pieper, August. Baumeister. Bauten: Villen → Goethestraße 12 und 13 (1869/1870), zerstört

Pietzsch, Martin. Geb. 1866. Studierte 1888/1891 an der Akademie, Meisterschüler von Lipsius. Studienreisen durch Europa. Nur frühe Werke frei historisierend. Bauten: Künstlerhaus, → Pillnitzer Landstraße 59 (1897/1898); Bauten auf der ersten dt. Bauausstellung (1900). *Lit.: Th.-B. Bd. 27, S. 30*

Poscharski, M.G. Studierte an der Akademie bei Lipsius. Bauten: → Vogesenweg 4 (1894)

Reichelt, Ottomar. Vorsteher des Landbauamtes I ab 1898. Bauten: Bauausführung des → Finanzministeriums (1889/1896)

Rettig, Wilhelm. 1845–1920. Stadtbaumeister. Studierte in Karlsruhe, tätig in Heidelberg, Mannheim und Berlin (u.a. bei Wallot). 1891 Stadtbaurat in Dresden (Nachfolger Theodor Friedrichs), ausgeschieden 1892. Bauten: → Markthalle Antonsplatz (1890/1893), zerstört; Planung → Dreikönigsschule (1890)

Richter, Friedrich Otto. Wohl Baumeister. Bauten: → Eisenstuckstraße 5 (1898)

Richter, Hermann August. 1842–1911. Studierte an der Akademie bei Nicolai. Stadtbaumeister. Bauten: Villen → Hohe Straße 7 (1867); Sidonienstraße 27 (um 1870), zerstört; → Mosczinskystraße 10 (1873/1874), zerstört; → Wiener Straße 44 (1873/1874), zerstört; Reihenhäuser Sebnitzer Straße 27, 29, 31 (1889), billige Wohnungen für „unbemittelte und unbescholtene Familien"; Schilling-Museum, Pillnitzer Straße (um 1886/1887), zerstört; Anbau eines Konzertsaales an die Südseite der städtischen Ausstellungshalle. Zerstört. *Lit.: Th.-B. Bd. 28, S. 292.* Vertreter der Nicolai-Schule

Rönitz, August. Studierte an der Akademie bei Nicolai. Assoziation mit Carl & Rönitz. Bauten: → Reichsstraße 14 (1873/1874); → Leubnitzer Straße 5 (1874); → Dohnaer Straße 43 (1874); → Hübnerstraße 4 (erweitert 1898)

Rose, Max. Assoziiert zuerst mit Oberle, ab ca. 1900 mit Röhle. Bauten: Villen Prof.-Dieckmann-Straße 15 (1891/1892) mit Oberle; → Gustav-Adolf-Straße 2 (1892) mit Oberle

Roßbach, Arwed. 1844–1903. Architekt in Leipzig. Studierte an der Akademie bei Nicolai. Bauten: → Amtsgericht (1890/1892). *Lit.: Th.-B. Bd. 29, S. 33*

Rumpel, Gustav. 1844–1904. Studierte an der Akademie bei Nicolai. 1871 Landbauinspektor in Chemnitz. 1873 Assoziation mit → Sommerschuh. Bauten: → Dresdner Bank, König-Johann-Straße (1895/1897) mit Sommerschuh, zerstört; Versöhnungskirche (1905/1909) mit Arthur Krutzsch (gest. 1919). *Lit.: Th.-B. Bd. 29, S. 203; BvD, S. 260.*

Schade, Johann Daniel. 1730–1798. Bauten: Pillnitz, künstliche Ruine (1785); → „Waldschlößchen" Radeberger Straße 60 (um 1785 und 1790)

Scherz, Karl Emil. 1860–1945. Studierte an der Akademie bei Lipsius und an der TH Berlin. Bauten: Landhaus → Goetheallee 6 (1886); Tauscherstraße 44 (1889); → Heilig-Geist-Kirche in Dresden-Blasewitz (1893); Bebauung von → Körner- und → Schillerplatz (1892/1899); Villa Rothermundt, Händelallee 34 (1896/1897); → Himmelfahrtskirche in Dresden-Leuben 1899/1901; Villa Schmitz, Goetheallee 18 (1902); Anbau → Rathaus Dresden-Blasewitz, Naumannstraße (1905). *Lit.: Th.-B. Bd. 30, S. 37*

Schilling, Rudolph. 1859–1933. Studierte im Privatatelier von Weißbach und im Atelier von Ende & Böckmann, Berlin. 1889 Assoziation mit J. Gräbner. Bei Schilling der organisatorische technische Anteil. Bauten mit Gräbner: → Rathaus Pieschen (1890/1891); Villa Kaitzer Straße 82 (1891); Mietshaus → Canalettostraße 5, 7 (1891/1892), zerstört; Landhaus Friedemann, Goetheallee 28 (1891/1892); → Goetheallee 55 (1893); → Bartheldesplatz 2 (1893); → Goetheallee 43 (1894); v. Schönthan, → Goetheallee 24 (1891/1894); Franz-Liszt-Straße 19 (um 1895); Geschäftshaus → Kaiserpalast (vollendet 1897), zerstört; Umbau der → Kreuzkirche (1897); Villa Petri, → Hähnelstraße 13 (1899), zerstört; Mietshaus Canalettostraße 28/30 (um 1899), zerstört; Rathaus Löbtau (vollendet 1900), zerstört; Christuskirche Dresden-Strehlen (1903/1905), Jugendstil. *Lit.: Th.-B. Bd. 30, S. 70.* Keine Beziehungen zur Dresdner Schule, erste Arbeiten unter Berliner Einfluß. Zeitige Abkehr vom Historismus, außer Kaiserpalast stets freier Historismus; künstlerische Qualität außerordentlich. Einflußreichste Architektenfirma zwischen 1890 und 1910, die der Nicolai-Schule künstlerisch gleichwertige, doch andersartige Bauten entgegensetzte

Schleinitz, Richard. 1861–1916. Studierte an der Baugewerkeschule und an der Akademie bei Lipsius. Bauten: Ausstellung → „Die Alte Stadt", Gewandhaus und Münze (1896), zerstört; Wohnhäuser Gerokstraße 44/48 (um 1899), zerstört; Hospitalstraße 11/15 (um 1899), Jugendstilelemente; Vereinshaus Zinzendorfstraße (um 1900), zerstört; Dorfkirche von Moritzburg-Eisenberg bei Dresden (1902/1904). *Lit.: Th.-B. Bd. 30, S. 102; Dt. Bztg. 1916, S. 200*

Schönherr, Hugo. Studierte an der Akademie bei Nicolai. Assoziiert mit R. Weise. Bauten: Villa Dr.-Conert-Straße 16 (1871/1872) mit Weise, zerstört; → Residenztheater (1871/1872) mit Stock und Weise, zerstört; Elefantenhaus im Zoo (um 1875), zerstört

Schramm, Christian. Bauten: → Markuskirche (1886/1888); → Pauli-Kirche (1889/1891), Ruine; → Thomaskirche (1891/1893). Gotisierende Backsteinbauten

Schramm, Georg Lothar. Geb. 1852. Studierte an der Akademie bei Nicolai (1870/1874). Bauten: Ausstellung → „Die Alte Stadt", Torturm und Zunfthaus (1896), zerstört

Schreiber, Bernhard. Studierte an der Akademie bei Nicolai. Umbau Schloß Gauernitz bei Dresden (1862/1870) mit

Giese, sächsische Renaissance; Loge zu den ehernen Säulen, Bautzner Straße 19 (1868), zerstört; Nicolai-Schule, Pilasterarchitektur; Villa → Parkstraße 4 (1868/1869), zerstört; im Zoo Häuser für Antilopen, Kamele, Giraffen, Zebras und Affen (um 1870), zerstört; → Alberttheater (1871/1873), zerstört; Palais Kap-herr → Parkstraße 7 (1872/1874), zerstört; Villa Tasch, → Bernhardstraße (Ho-Chi-Minh-Straße) 6 (1875/1876). *Lit.: BvD, S. 330/2, 304, 339/41, 373/76, 392, 399; Dt. Bztg. 1871, S. 116.* Enger Anschluß an Nicolai, beachtlich die frühe Verwendung der deutschen Renaissance.

Schreyer, Arthur. Bauten: Landhaus Artushof, → Malerstraße 18 (1895)

Schümichen, Carl. Studierte an der Akademie bei Lipsius. Professor. Bauten: mit C. Michel: Ausstellung → „Die Alte Stadt", Jungfernbastei, Kasematten, Adler (1896), zerstört; Wohnhaus Dürerplatz 10 (1899), zerstört

Schuricht, Christian Friedrich. 1753–1832. Ab 1812 Oberlandbaumeister. Schüler von Krubsacius. Bauten: → Chinesischer Pavillon in Pillnitz (Ausführung) (1804); → Belvedere III auf der Brühlschen Terrasse (1814), abgebrochen; → Neues Palais in Pillnitz (1818/1826). Einer der bedeutendsten Architekten des Klassizismus in Dresden

Seifert, August. Bauten: → Altenzellaer Straße 37, 39 (1885)

Seifert, Wilhelm. Bauten: Wohnhäuser → Dorotheenstraße 12 (1896); → Eisenstuckstraße 25 (1897); 27 (1897); 44 (1897); Freier synkret. Historismus

Seitler, Carl Bruno. Geb. 1851. Professor, Direktor der Baugewerkeschule. Studierte an der Akademie bei Nicolai 1871/1874. 1877 Reisestipendium. Bauten: Villa Eliasstraße 6 (1885/1886), zerstört; Geschäftshaus Ritter, Marschallstraße 3 (um 1895), zerstört; Ausstellung → „Die Alte Stadt", Zunfthaus, Schulhaus und Post (1896), zerstört. *Lit.: Erhardt S. 88*

Semper, Gottfried. 1803–1879. Geboren in Altona, großbürgerlicher Herkunft. Humanistische Ausbildung. 1823 Studium der Mathematik in Göttingen (Thibault und Gauß), 1825 Studium der Architektur in München, 1826–1830 in Paris (Gau). 1830–1833 Reise nach Italien und Griechenland (Polychromiestudium). 1834 erste Arbeiten in Altona, Berufung nach Dresden als Vorstand der Bauschule der Akademie auf Empfehlung von Gau. Intensive Lehr- und Bautätigkeit bis zur Flucht nach der gescheiterten Dresdner Mai-Revolution 1849, steckbriefliche Verfolgung als „Haupträdelsführer" und „Mitglied der Umsturzpartei". Im Exil in Paris und London bis 1855. 1855–1869 Professor am Eidgenössischen Polytechnikum in Zürich. Rehabilitiert 1863. Ab 1869 Bauaufträge in Wien und Dresden. 1876 Rückzug von praktischer Bautätigkeit. Gestorben und begraben in Rom. Bauten in Dresden: Forumsprojekt (ab 1835).
Neuordnung und Ausmalung der Antikensäle im → Japanischen Palais (1836); → Maternihospital (1837/1838), zerstört; → Hoftheater I (1838/1841), zerstört; → Synagoge (1838), zerstört; Villa Rosa, → Holzhofgasse 20 (1839), zerstört; → Ladenvorbau Elimeyer am Neumarkt (1840), zerstört; Entwurf für eine → Gemeindeschule in Blasewitz (1840/1850); Wohnhaus → Marienstraße 24 (1841), zerstört; → Cholerabrunnen (1843); Grabmal Rumohr (1843), zerstört; Entwurf für ein → Logenhaus (1844); Grabmal C.M.v. Weber (1844); Palais Oppenheim, → Bürgerwiese 5–7 (1845/1848), zerstört; → Museum (1847/1854); Grabmal Oppenheim (1849); Barrikade in der Waisenhausstraße (Mai 1849); → Hoftheater II (1871/1878), Ruine im Wiederaufbau. *Lit.: Werkverzeichnis bei Zoege von Manteuffel; Jüngere Biographien und Bibliographien bei Fröhlich und im Katalog der Semper-Ausstellung 1979.* Sempers Lehrtätigkeit lehnte sich an das bei Gau in Paris gepflegte Ateliersystem an, es betonte die praktische Unterweisung und verband diese mit realen Aufträgen, die er im reichen Maße erhielt. Die Ausbildung erfolgte in zwei Stufen: In der Bauschule wurde die Grundlage in systematischer Darstellung gelehrt, im Atelier fand die Ausbildung bei der Mitarbeit an der Planung von Aufträgen ihre Fortsetzung, begleitet von wissenschaftlicher Unterweisung. Semper hat wie kein anderer Architekt die Dresdner Architektur des 19. Jahrhunderts geprägt.

Semper, Manfred. 1838–1913. Bauten: Anbau einer Bildergalerie an der Villa → Wiener Straße 14 (alte Nr.) (1872), zerstört; Bauleitung → Hoftheater II

Solms, Otto. Bauten: Villa → Kaitzer Straße 18 (1871)

Sommerschuh, Ernst. 1844–1905. Studierte 1863/1865 an der Akademie bei Nicolai 1866/1867 am Stadtbauamt. 1867/1869 weitergebildet bei Nicolai. 1871–1901 Assoziation mit Rumpel. Bauten mit Rumpel: Villa → Hübnerstraße 2 (1885); Wohn- und Geschäftshaus → Moritzstraße 19 (1887/1888), zerstört; Aufstockung des → Blockhauses (1730/1749 v. Longuelune u. Knöffel) (1892); → Dresdner Bank, König-Johann-Straße (1895/1897), zerstört; Allg. Deutsche Creditanstalt, Altmarkt (1894), zerstört; Bankhaus Rocksch, Schloßstraße (1894), zerstört; Goethegarten, → Schillerplatz 1–3 (1894); Mietshaus George-Bähr-Straße 20 (1900). *Lit.: Th.-B. Bd. 31, S. 272*

Stock, Franz Albert. 1834–1872. Bauten: Wohnhäuser Victoriastraße 24, 26 (1869), zerstört; 31 (1872), zerstört, französisch beeinflußt; Landhaus → Händelallee 16 (1870); → Residenztheater (1871/1872) mit Schönherr und Weisse, zerstört

Strunz, Hugo. Bauten: Konzerthaus Waisenhausstraße 25 (1869/1870), zerstört; Sonntagsche Häusergruppe, → Terrassenufer 2 (1873/1874), zerstört; Anbau an Plattleite 1b (1881). Vertreter der Nicolai-Schule

Teichgräber, Wilhelm. Bauten: Villa im kgl. Weinberg, → Wachwitzer Weinberg (1893)

Temper, Julius Eduard. Ab 1892 Oberbaurat am Finanzministerium. Bauten: → Polizeipräsidium (1895/1900); Fernheizwerk (1898/1900), zerstört

Tharandt, Friedrich Rudolph. Maurermeister aus Lockwitz bei Dresden. Bauten: Landhäuser → Caspar-David-Friedrich-Straße 7 (1852); → 13 (1859); August-Bebel-Straße 24 (1869); → 30 (1853); 40 (1853)

Tharandt, Johann Traugott. Bauten: → Hildebrandtstraße 1 (1860)

Thormeyer, Gottlob Friedrich. 1757–1842. Schüler von Krubsacius und Hölzer. Bauten: Großer Garten, Torhäuser an der Hauptallee (1814), zerstört; Treppe zur Brühlschen Terrasse nach einer Idee von Hauptmann (1814); Denkmal des General Moreau in Räcknitz (1814), ein Kubus mit antikisierendem Helm; Eingang und Leichenhalle des Trinitatisfriedhof (1815/1816); Bebauungsplan Antonstadt (1817). Leiter der Demolitonsarbeiten der Stadtbefestigung (ab 1817); → Calberlasche Zuckersiederei (?) (1817/1820), zerstört; Wohnhaus → Polierstraße 19 (um 1820), zerstört; → Turm der Annenkirche (1822/1824), teilweise zerstört; → Antonstraße 8 (?) (um 1825); Anlage Antonsplatz (1826) → Torhäuser Leipziger Tor (1827/1829), teilweise zerstört; → Wohnhaus Johannesstraße 23, Mohrenapotheke (um 1830), zerstört. Publ.: Dresden mit seinen Prachtgebäuden und schönsten Umgebungen. 1807/1808. *Lit.: Th.-B. Bd. 33, S. 87.* Wichtigster Dresdner Architekt des ersten Drittels des 19. Jh. Seine Bauten maßvoll und selbstgenügsam

Thürmer, Joseph. 1789–1832. Schüler von K. Fischer in München. 1827 Akademieprofessor in Dresden. Bauten: Palais Lüttichau, → Zinzendorfstraße 11 (um 1830), zerstört; Bauausführung → Altstädter Wache nach dem Entwurf Schinkels (1831/1833); Bauausführung → Postgebäude nach dem Entwurf von Geutebrück (1830/1832), zerstört; Marstall, Erweiterung nach der Stallstraße (1832)

Tscharmann, Heinrich. 1859–1932. Professor. Studierte an der TH, bei E. v. Ihne in Berlin und bei H. Licht in Leipzig. Bauten: Künstlerische Oberleitung beim Bau des → Ministeriums (ab 1900). Publ.: Ministerialgebäude. *Lit.: Th.-B. Bd. 33, S. 459*

Uebe, Richard. Bauten: Villa → August-Bebel-Straße 27 (1892); Prof.-Dieckmann-Straße 2 (1897)

Viehweger, Ferdinand Hermann. 1846–1922. Studierte an der Akademie bei Arnold 1872/1873, danach im Privatatelier von Weißbach. Assoziiert mit W. Lossow 1890–1906. Bauten: → Lossow. *Lit.: Th.-B. Bd. 34, S. 335; Erhardt S. 88*

Voretzsch, Felix Reinhold. Geb. 1873. Studierte an der Baugewerkeschule in Chemnitz und an der TH bei Weißbach. In frühen Arbeiten historisierende Bauten: → Rathaus Cotta (1900). *Lit.: Th.-B. Bd. 34, S. 547*

Waldow, Edmund. 1844–1921. Studierte an der Baugewerkeschule, am Polytechnikum und an der Akademie bei Nicolai und Arnold 1863/1866, 1868/1869. Im Atelier von Nicolai. Sächsischer Staatsdienst ab 1870, ab 1887 in Dresden, 1897 Leiter des sächsischen Hochbauwesens. Bauten: → Lehrerseminar in Dresden-Plauen, Kantstraße (1894/1895); Zoll- und Steuerdirektionsgebäude (1896/1898), zerstört; → Ministerium (1900/1904). *Lit.: Th.-B. Bd. 35, S. 19; Ministerialgebäude*

Wallot, Paul. 1841–1912. Studierte am Polytechnikum in Hannover, 1859 Bauakademie Berlin. 1864 im Atelier bei Gropius, Lucae und Hitzig in Berlin. Studienreisen nach Süddeutschland, Italien, England. 1873/1883 in Frankfurt am Main. 1881 Sieger im 2. Preisausschreiben zum Reichstagsgebäude. Übersiedlung nach Berlin. Seit 1894 als Nachfolger von Lipsius Leiter der Bauabteilung der Akademie Dresden. Bauten: → Ständehaus (1899/1903). *Lit.: Th.-B. Bd. 35, S. 103; Dt. Bztg. 1912, S. 793, 910.* Strenger Historist, der sich „bitter beklagt, daß die Deutschen keinen monumentalen Stil hätten, und er erblickte gewissermaßen seine Mission darin, (...) das Entstehen einer neuen deutsch-nationalen Kunst mit anbahnen zu helfen. Er hatte die Ewigkeitswerte der Elemente der klassischen Architektur zu sehr erfaßt, als daß er geglaubt hätte, an ihnen ungestraft ändern zu dürfen. So suchte er nationales Empfinden in dieses System dadurch hineinzutragen, daß er das Ornament durch Motive, namentlich der deutschen Renaissance und des Mittelalters, zu befruchten suchte." (ebenda, S. 910)

Wanckel, Otto. 1820–1912. Studierte an der Akademie bei Semper und an der Technischen Bildungsanstalt. Staatsdienst ab 1841. Bauten: → Finanzministerium (1883 Planungsbeginn, 1889/1896). *Lit.: Th.-B. Bd. 35, S. 104*

Weidenbach, Georg. 1853–1928. Architekt in Leipzig. Studierte im Privatatelier von K. Weißbach. Bauten: → Lukaskirche (1898) und Pfarrhaus (1901/1904), teilweise zerstört. *Lit.: Th.-B. Bd. 35, S. 265*

Weidner, Paul. 1843–1899. Studierte an der Akademie bei Nicolai. Italienreise 1870. 1874 Assoziiert mit E. Giese. Bauten: → Giese. Außerdem: Ausstellung → „Die Alte Stadt" Brauhaus, Hildesheimer Haus (1896), zerstört. *Lit.: Th.-B. Bd. 35, S. 274*

Weiner, Hans Viktor. Bauten: Landhäuser Gustav-Adolf-Straße 8 (1890/1891); → 10 (1892/1893)

Weißbach, Karl. 1841–1905. Studierte an der Baugewerkeschule, Gehilfe von B. Krüger und an der Akademie bei Nicolai. 1863/1865 Italien. Beteiligt an Gnauthes und von Försters „Bauwerke der Renaissance in Italien". 1869/1874 Prof. an der Akademie. Daneben private Kunstschule (vor allem Wohnungsbau). 1875/1891 Atelier mit Barth. 1875 Prof. an der TH. Bauten: → Russische Kirche, Detaillierung der Skizzen von Bosses (1872/1874); Villen → Lennéstraße 1 und 2 (1873/1874), zerstört; Mietshaus Reichsstraße 10 (1877/1878), zerstört, franz. Einfluß; Ausbau des → Blockhauses (1892); in der TH Maschinenlaboratorien I, II u. Elektrotechnisches Institut (eröffn. 1902). Publ.: Handbuch. *Lit.: Th.-B. Bd. 35, S. 337.* Bedeutender Einfluß als Lehrer: Renaissancismus der Nicolai-Schule, doch kräftiger und mit französischem Einschlag

Weise, Richard. 1844–1913. Architekt und Kunstgewerbler. Studierte an der Akademie bei Nicolai 1864/1866, 1868/1869. Als Architekt und Lehrer an der Kunstgewerbeschule. Bauten: → Schönherr. *Lit.: Th.-B. Bd. 35, S. 338; Erhardt S. 79*

Wimmer, Robert. Bauten: Gebäude → Neuer Annenfriedhof (1878), teilweise zerstört

Winkler, Paul. Bauten: → Körnerplatz 2 (1894)

Wolframsdorf (Schreibweise differiert, so nach Th.B.), **Otto von.** 1803–1849. Studierte an der Akademie bei Siegel. Staatsdienst ab 1827. 1838 Hofbaumeister. Bauten: Innendekoration im → Residenzschloß (1837/1845); → Orangerie in der Herzogin Garten (1841); → Belvedere IV (1842), zerstört; → Café Reale (1843), zerstört. *Lit.: Th.-B. Bd. 36, S. 224.* Stark von Semper und Schinkel beeinflußt

Zeißig, Julius. Architekt in Leipzig. Bauten: → Petrikirche (1888/1890)

Zopff, Carl. Bauten: → Oberpostdirektion Annenstraße (1878), zerstört; Erweiterungsbau von 1903

Zumpe, Albin. Geb. 1843. Architekt in Zwickau. Studierte 1860/1864 an der Akademie bei Nicolai. Bauten: → Ehrig. *Lit.: Th.-B. Bd. 36, S. 597*

Literaturnachweise

BÜCHER UND MAPPENWERKE

Alippi, Carl Baptist: Die neuerbaute katholische Kirche in Neustadt-Dresden, Dresden, 1856

Dresdner Architekturalbum. Bauten und Entwürfe (Mappenwerk), hrsg. vom Dresdner Architekten-Verein, Dresden, o.J. (um 1875)

Arldt, Karl Wilhelm; Täubert, Gustav: Album von Dresden und der Sächsisch-Böhmischen Schweiz, Dresden, o.J. (um 1860)

Arnold, Christian Friedrich: Der Herzogspalast in Urbino, 1853

Arnold, Christian Friedrich: Die Renaissance, Leipzig, 1860

Aspekte der Gründerzeit. Katalog der Ausstellung in der Akademie der Künste in (West-)Berlin, Berlin, 1974

Die Bauten, technische und industrielle Anlagen von Dresden, hrsg. von dem Sächsischen Ingenieur- und Architekten-Verein und dem Dresdner Architekten-Verein, Dresden, 1878 (= BvD)

Beenken, Hermann: Das 19. Jahrhundert in der deutschen Kunst, München, 1944

Benevolo, Leonardo: Geschichte der Architektur des 19. und 20. Jahrhunderts, München, 1964

Białostocki, Jan: Das Modusproblem in den bildenen Künsten, in: Stil und Ikonographie, S. 9–25, Dresden, 1966

Bibliographie zur Kunstgeschichte des 19. Jahrhunderts, Publikationen der Jahre 1940–1966, zusammengestellt von Hilde Lietzmann, (Studien zur Kunst des 19. Jahrhunderts, Bd. 4), München, 1968

Biermann, Franz Benedikt: Die Pläne für die Reform des Theaterbaues bei Karl Friedrich Schinkel und Gottfried Semper, Berlin, 1928

Architektonische Bilderbogen (Mappenwerk), hrsg. von Wilhelm Wicke. Groß Lichterfelde, 1888

Brand, Silvia: Dresdner Bilderbuch, Dresden, o.J. (1888)

Bruck, Robert: Arwed Roßbach und seine Bauten, Berlin, 1904

Corneli, Peter: Die Anfänge der Neogotik in Anhalt, Sachsen und Thüringen, Dresden, TU Diss., 1962

Däubler, Theo: Sempers Fresken im Japanischen Palais zu Dresden, in: Die Antike, Berlin/Leipzig, Jg. 8, 1932, S. 35–45; Neudruck: Jahrbuch zur Pflege der Künste, S. 87–98, Dresden, 1957

Dehio, Georg: Handbuch der deutschen Kunstdenkmäler, Bezirke Dresden, Karl-Marx-Stadt, Leipzig; Berlin, 1965

Diestel, Kurt: Deutsche Baukunst zu Ende des neunzehnten Jahrhunderts, Dresden, 1907

Dolgner, Dieter: Die Architektur des Klassizismus in Deutschland, Dresden, 1971

Dolgner, Dieter: Die Architektur des Klassizismus in Deutschland, Dresden, 1971

Dresden einst und jetzt, hrsg. von Otto Richter, Dresden, 1905

von Einem, Herbert: Stil und Überlieferung, Düsseldorf, 1971

Architektonische Entwürfe aus dem Atelier von Prof. Hermann Nicolai in Dresden, hrsg. von Alfred Nies, Berlin, o.J. (um 1880)

Im Wettbewerb für das Neue Rathaus in Dresden preisgekrönte und angekaufte Entwürfe nebst dem amtlichen Entwurf des städtischen Hochbauamtes, Dresden, 1901, 1903

Ettlinger, Leopold: Gottfried Semper und die Antike. Beiträge zur Kunstanschauung des deutschen Klassizismus, Halle-Wittenberg, Martin-Luther-Universität, Diss., 1937

Evers, Hans Georg: Vom Historismus zum Funktionalismus. Kunst der Welt, Baden-Baden, 1967

Fleischer, Ernst: Chronologische Übersicht von Gottfried Sempers Werken, Literatur, Bildnissen und Gedenkstücken, zugleich Führer durch die Semper-Ausstellung bei der Semper-Denkmal-Enthüllungsfeier der Wanderversammlung dt. Architekten- und Ingenieur-Vereine am 1. September 1892 in Dresden, Dresden, 1892

Friedrich, Glaubrecht: Der Architekt Woldemar Hermann, Leipzig, Karl-Marx-Universität, Kunsthistorisches Institut, Diplomarbeit, 1959

Friedrich, Theodor: Annenrealschule. Protokoll der 70. Hauptversammlung des Sächsischen Ingenieur-Vereins, S. 71, Dresden, 1870

Fröhlich, Martin: Gottfried Semper. Zeichnerischer Nachlaß an der ETH Zürich. Kritischer Katalog, Basel und Stuttgart, 1974

Frölich–Sperlich: Georg Moller, Darmstadt, 1959

Geiler, Siegfried; Brückner, Georg: Königs Weinberg zu Wachwitz, Dresden, Technische Hochschule, Lehrstuhl für Kunstgeschichte und Geschichte der Baukunst, Semesterarbeit, 1951

Geschichte des Akademischen Architekten-Club Akanthus. Gedenkschrift zum 30jährigen Stiftungsfest 1894 (Dresden, Kunstakademie)

Geyer, Bernhard: Das Stadtbild Altdresdens. Baurecht und Baugestaltung, in: Abhandlungen der Sächsischen Akademie der Wissenschaften zu Leipzig, Philolog.-hist. Klasse, Bd. 51, Heft 2, Berlin, 1964

Götz, Wolfgang: Historismus. Ein Versuch zur Definition des Begriffs, in: Zeitschrift des deutschen Vereins für Kunstwissenschaft, 24. Jg. (1970) Heft 1–4, S. 196 ff.

Großmann, Karl: Die Albrechtsschlösser bei Dresden, in: Geschichtliche Wanderfahrten, Heft 6, hrsg. von Artur Brabant, Dresden, 1930

Grote, Ludwig: Historismus und bildende Kunst (Studien zur Kunst des 19. Jahrhunderts, Bd. 1), München, 1965

Gruner, O.: Blasewitz. Vergangenheit, Entwicklung und jetzige Einrichtungen einer Dorfgemeinde, Leipzig, 1905

Gurlitt, Cornelius: Zur Befreiung der Baukunst. Ziele und Taten deutscher Architekten im 19. Jahrhundert, Berlin, 1924

Gurlitt, Cornelius: Beschreibende Darstellung der älteren Bau- und Kunstdenkmäler des Königreichs Sachsen, 21.–23. Heft (Stadt Dresden), Dresden, 1903 (= Inv.)

Gurlitt, Cornelius: Das Neue Königliche Hoftheater zu Dresden, Dresden, 1878

Gurlitt, Cornelius: Das Ständehaus und Paul Wallot, in: 100 Jahre Sächsischer Kunstverein, S. 121–126, Dresden, 1928

Habel, Heinrich; Mertens, Klaus; Petzet, Michael; von Quast, Siegfried: Münchner Fassaden. Bürgerhäuser des Historismus und des Jugendstils (Materialien zur Kunst des 19. Jahrhunderts, Bd. 11), München, 1974

Haenel, Erich; Kalkschmidt, Eugen: Das alte Dresden, 3. Auflage, Dresden, 1941

Haenel, Oswald: Einfache Villen und Landhäuser, Dresden, o.J. (um 1896)

Hamann, Richard; Hermand, Jost: Deutsche Kunst und Kultur von der Gründerzeit bis zum Expressionismus. Band 1. Gründerzeit, Berlin, 1965

Hammer, Karl: Jakob Ignaz Hittorff. Ein Pariser Baumeister 1792–1867, in: Pariser Historische Studien, hrsg. vom Deutschen Historischen Institut in Paris, Bd. VI, Stuttgart, 1968

Hartmann, Hans Günther: Pillnitz Schloß, Park und Dorf, Weimar, 1981

Hartog, Rudolf: Stadterweiterungen im 19. Jahrhundert, in: Schriftenreihe des Vereins zur Pflege kommunalwissenschaftlicher Aufgaben, Stuttgart, 1962

Hederer, Oswald: Leo von Klenze. Persönlichkeit und Werk, München, 1964

Hegel, Georg Wilhelm Friedrich: Sämtliche Werke. Jubiläumsausgabe in 20 Bänden, hrsg. von Hermann Glockner, 3. Auflage, Stuttgart, 1953

Heine, Gustav: Darstellung der allgemeinen Baukunde, Leipzig, 1853

Helas, Volker: Der Historismus in der Dresdner Architektur um die zweite Hälfte des 19. Jahrhunderts, Diss. Karl-Marx-Universität, Leipzig, 1977

Hentschel, Walther: Bibliographie zur sächsischen Kunstgeschichte, Berlin, 1960

Sächsische Herrensitze und Schlösser, hrsg. von Oswald Haenel, Bruno Adam und Cornelius Gurlitt, Dresden, o.J. (um 1885)

Herrmann, Wolfgang: Gottfried Semper im Exil. Paris, London 1849 bis 1855. Zur Entstehung des „Stils" 1840 bis 1877, Basel, Stuttgart, 1978

Himmelheber, Georg: Die Kunst des deutschen Möbels. Dritter Band, Klassizismus/Historismus/Jugendstil, München, 1973

Hipp, Hermann: Studien zur Nachgotik des 16. und 17. Jahrhunderts in Deutschland, Böhmen, Österreich und der Schweiz, Tübingen, Diss., 1974

Historismus und bildende Kunst. Vorträge und Diskussionen im Oktober 1963 in Schloß Anif, (Studien zur Kunst des 19. Jahrhunderts, Bd. 1), München, 1965

Hofmann, Werner: Das irdische Paradies. Kunst im 19. Jahrhundert, München, 1960

Hundert Jahre Sächsischer Kunstverein. Jubiläumsfestschrift, hrsg. von Erich Haenel, Dresden, 1928

Inventar s. Gurlitt

Irrgang, Georg: Wegweiser durch die Alte Stadt, Dresden, 1896

Statistisches Jahrbuch für die Stadt Dresden, hrsg. vom Statistischen Amt der Stadt Dresden, Dresden, 1900 ff.

Kant, Immanuel: Kritik der praktischen Vernunft. Der Kritik der Urteilskraft erster Teil: Kritik der ästhetischen Urteilskraft, in: Werke, Berlin, 1914

Katalog der Semper-Ausstellung. Dresden 1979, hrsg. Staatliche Kunstsammlungen Dresden, Institut für Denkmalpflege, Dresden, 1979

Kirsten, Gustav: Die Geschichte der Innung der Baumeister zu Dresden, Dresden, 1913

Kokkelink, Günther: Die Neugotik Conrad Wilhelm Hases, Hannover, TH Diss., 1968

Kretzschmar, Hellmut: Die Zeit König Johanns von Sachsen 1854–1873, Berlin, 1960

Krings, Ulrich: Deutsche Großstadt-Bahnhöfe des Historismus, Diss. Ludwig-Maximilians-Universität München, Köln 1981

Krubsacius, Friedrich August: Betrachtungen über den Geschmack der Alten in der Baukunst, in: Neuer Büchersaal der schönen Wissenschaften und freien Künste, IV, Leipzig, 1745

Kunstgeschichte und Kunsttheorie im 19. Jahrhundert, (Probleme der Kunstwissenschaft, Bd. I), Berlin, 1963

Ladendorf, Heinz: Wiederaufnahme von Stilformen in der bildenden Kunst des 15. bis 19. Jahrhunderts, in: Forschungen und Fortschritte, 25. Jg. (1949), Heft 9/10, S. 98–101

Leuschner, Th.: Loschwitz und seine Denkwürdigkeiten, Dresden-Loschwitz, 1928

Licht, Hugo: Die Architektur Berlins, Berlin, 1889

Lindau, M. B.: Geschichte der königlichen Haupt- und Residenzstadt Dresden von den ältesten Zeiten bis zur Gegenwart, 2. Auflage, Dresden, 1885

Lipsius, Constantin: Gottfried Semper in seiner Bedeutung als Architekt, in: Festschrift zur Enthüllungsfeier des Semper-Denkmals am 1. September 1892, Sonderdruck in verbesserter Auflage, Dresden, 1892

Lipsius, Constantin: Studienarbeiten aus dem acad. Atelier des Baurates Prof. Lipsius, o.O., o.J. (um 1890)

Löffler, Fritz: Das Alte Dresden, Dresden, 1982

Mai, Hartmut: Studien zum Kirchenbau des 19. Jahrhunderts, Leipzig, Karl-Marx-Universität, Bereich Theologie, Habilitation, 1970

Manteuffel s. Zoege von Manteuffel

Das Ministerialgebäude in Dresden, hrsg. von der Bauleitung unter Mitwirkung des Architekten Prof. Tscharmann, Text von Dr.-Ing. Mackowsky, Leipzig, 1907

Mebes, Paul: Um 1800, München, 1908

Möckel, Gotthilf Ludwig: Ausgeführte und projektierte Kirchen, Villen und Wohnhäuser . . ., Dresden, 1880

Möckel, Gotthilf Ludwig: Kurze Mitteilung . . . (über die Johanneskirche), in: Protokolle des Sächsischen Ingenieur- und Architektenvereins, S. 113–119, Dresden, 1876

Mütterlein, Max Georg: Gottfried Semper und dessen Monumentalbauten am Dresdner Theaterplatz, Dresden, TH Diss., 1913

Muthesius, Hermann: Stilarchitektur und Baukunst, 2. Auflage, Mühlheim an der Ruhr, 1903

Neidhardt, Hans Joachim: Die Malerei der Romantik in Dresden, Wiesbaden, 1981

Nietzsche, Friedrich: Werke in 15 Bänden, Leipzig, 1899–1901

Pampel, Werner: Die städtebauliche Entwicklung Dresdens von 1830 bis zur Ortsbauordnung 1905. Ein Beitrag zur Geschichte der Stadtgestaltung des 19. Jahrhunderts in Deutschland, Dresden, TH Diss., 1964

Pecht, Friedrich: Aus meiner Zeit, 2. Bd., München, 1894

Pevsner, Nikolaus: Möglichkeiten und Aspekte des Historismus. Versuch einer Frühgeschichte und Typologie des Historismus, in: Studien zur Kunst des neunzehnten Jahrhunderts, Bd. 1, München, 1965

Plagemann, Volker: Das deutsche Kunstmuseum 1790–1870 (Studien zur Kunst des neunzehnten Jahrhunderts, Bd. 3), München, 1967

Posse, Hans: Die Gemäldegalerie zu Dresden. Die alten Meister, Dresden, 1937

Quandt, Joh. Gottlob: Hinweisungen auf Kunstwerke der Vorzeit, Dresden, 1831

Eisenacher Regulativ s. Schultze, Victor

Richter, Otto: Abriß der geschichtlichen Ortskunde von Dresden, Dresden, 1898

Richter, Otto: Atlas zur Geschichte Dresdens, Dresden, 1898

Richter, Otto: Geschichte der Stadt Dresden in den Jahren 1871 bis 1902, 2. Auflage, Dresden, 1904

Rowald: Die neueren Formen des städtischen Wohnhauses in Deutschland, gesammelt vom Verbande deutscher Architekten- und Ingenieur-Vereine; bearbeitet von Stadtbauinspektor Rowald zu Hannover, in: Zeitschrift des Architekten- und Ingenieur-Vereins zu Hannover, Bd. XXXV, Heft 1–8, 1889, S. 247, 409, 481, 589

Schelling, Friedrich Josef Wilhelm: Werke, nach der Originalausgabe von 1859 hrsg. 3. Ergänzungsband: Zur Philosophie der Kunst 1803–1817, München, 1959

Schinkel, Karl Friedrich: Aus Tagebüchern und Briefen, Berlin, 1869

Schlechte, Horst: Die Staatsreform in Kursachsen 1762–1763. Quellen zum kursächsischen Rétablissement nach dem Siebenjährigen Krieg, Berlin, 1958

Schmidt, Gerhard: Dresden & seine Kirchen. Eine Dokumentation, Berlin, 1976

Schmidt, Gerhard: Die Staatsreform in Sachsen in der ersten Hälfte des 19. Jahrhunderts. Eine Parallele zu den Steinschen Reformen in Preußen, (Schriftenreihe des Staatsarchivs Dresden, hrsg. v. Horst Schlechte, Bd. 7), Weimar, 1966

Schopenhauer, Arthur: Sämtliche Werke in 12 Bänden, Stuttgart, 1890

Schultze, Victor: Das evangelische Kirchengebäude (hierin das Eisenacher Regulativ von 1861), Leipzig, 1886

Schumacher, Fritz: Strömungen in deutscher Baukunst seit 1800, Leipzig, 1935, Reprint der 2. Auflage: Braunschweig/Wiesbaden, 1982

Schumann, Paul: Barock und Rococo, Dresden, 1885

Schumann, Paul: Führer durch die Architektur Dresdens, Dresden, 1900

Semper, Gottfried: Über den Bau evangelischer Kirchen, Leipzig, 1845

Semper, Gottfried: Vorläufige Bemerkungen über bemalte Architektur und Plastik bei den Alten, Altona, 1834

Semper, Gottfried: Das königliche Hoftheater zu Dresden, Braunschweig, 1849

Semper, Gottfried: Der Stil in den technischen und tektonischen Künsten oder praktische Ästhetik, 2 Bände, Frankfurt/M., 1860; München, 1878/1879

Semper, Hans: Gottfried Semper. Ein Bild seines Lebens und Wirkens. Mit Benutzung der Familienpapiere, Berlin, 1880

Die alte Stadt der Ausstellung für Sächsisches Handwerk und Kunstgewerbe zu Dresden 1896 (Mappenwerk), hrsg. von deren Erbauern, Dresden, 1896

Die deutsche Stadt im 19. Jahrhundert. Stadtplanung und Baugestaltung im industriellen Zeitalter, hrsg. von Ludwig Grothe, (Studien zur Kunst des neunzehnten Jahrhunderts, Bd. 2), München, 1974

Steudner, Fritz: Baumeister Dresdens im 19. Jahrhundert, in: Jahrbuch zur Pflege der Künste, 3. Folge, S. 97–115, Dresden, 1955

Thieme-Becker: Allgemeines Lexikon der bildenden Künstler, Bd. 1–37, Leipzig, 1907–1950

Ungewitter, G.: Lehrbuch der gothischen Construktionen, Leipzig, 1859–1864

Wagner-Rieger, Renate: Wiens Architektur im 19. Jahrhundert, Wien, 1970

Weinert, Jochen: Villen des 19. Jahrhunderts in Dresden und Radebeul, Dresden, TH, Lehrstuhl für Kunstgeschichte und Geschichte der Baukunst, Semesterarbeit, 1959

Weißbach, Karl: Wohnhäuser, in: Handbuch der Architektur, 4. Teil, 2. Halbband, Heft I, Stuttgart, 1902

Werner, Brunhild: Das kurfürstliche Schloß zu Dresden im 16. Jahrhundert, Leipzig, Karl-Marx-Universität, Diss., 1970

Zoege von Manteuffel, Claus: Die Baukunst Gottfried Sempers, Freiburg, Diss., 1952, Im Anhang „Provisorisches Werkverzeichnis“ (MV Manteuffel-Verzeichnis)

ZEITSCHRIFTEN UND PERIODIKA

Der Baumeister, Berlin, München, 1903 ff.

Deutsche Bauzeitung, Berlin 1867–1910

Blätter für Architektur und Kunsthandwerk, Berlin, 1887–1908

Centralblatt der Bauverwaltung, Berlin, 1880–1910

Civilingenieur, Freiberg, später Leipzig, 1854–1910

Allgemeine Bauzeitung, Wien, 1836–1900

Deutsche Konkurrenz, Leipzig, 1888–1909/1910

Kunstchronik, Leipzig, 1865–1910

Architektonische Rundschau, Stuttgart, 1885–1910

Architektonisches Skizzenbuch, Berlin, 1852–1886

Zeitschrift für bildende Kunst, Leipzig, 1866–1910

Zeitschrift für praktische Baukunst, Leipzig, Berlin, 1841–1864

Bildnachweis

Dresdner Architekturalbum
79, 81, 83, 84, 86, 87, 88, 89, 90, 95, 97, 98, 100, 106, 109, 110, 111, 113, 114, 116, 117, 156, 163, 166, 168, 294, 295, 296, 344, 346, 347, 348, 357, 358, 364, 365, 366, 367, 368, 369

Bauten von Dresden
320, 342, 343, 373, 376, 377, 378, 379, 380, 385, 386, 389, 390, 393, 394, 395, 396, 398, 399, 402

Försters Allgemeine Bauzeitung
141, 355

Deutsche Fotothek Dresden
1, 7, 16, 17, 25, 37, 43, 54, 59, 62, 92, 105, 107, 112, 118, 123, 130, 135, 140, 142, 147, 148, 149, 169, 170, 172, 174, 180, 181, 182, 183, 186, 187, 189, 190, 196, 203, 214, 220, 221, 227, 230, 245, 248, 249, 250, 274, 275, 305, 334, 359, 374, 383, 400, 401, 405

Foto-Marburg
8, 11, 14, 15, 24, 26, 27, 33, 35, 41, 55, 57, 218, 219, 246, 264, 345, 375, 391, 392

Max Helas
199

Volker Helas
2, 12, 36, 45, 46, 47, 49, 50, 52, 56, 60, 63, 64, 65, 66, 67, 68, 69, 70, 72, 73, 75, 76, 77, 78, 80, 82, 85, 93, 94, 96, 99, 101, 103, 108, 115, 119, 120, 122, 125, 131, 132, 134, 136, 143, 144, 145, 146, 157, 159, 161, 162, 164, 165, 167, 175, 176, 177, 178, 179, 185, 188, 191, 192, 193, 194, 197, 198, 200, 201, 205, 207, 212, 213, 215, 222, 223, 225, 226, 228, 229, 232, 234, 235, 236, 238, 239, 240, 241–243, 244, 253, 254, 255, 256, 257, 258, 259, 260, 261, 262, 263, 265, 272, 276, 277, 278, 280, 281, 282, 283, 284, 285, 286, 287, 288, 289, 292, 293, 297, 298, 301, 302, 303, 304, 306, 307, 308, 309, 310, 312, 313, 314, 315, 316, 321, 322, 323, 324, 325, 326, 328, 329, 330, 331, 332, 336, 337, 338, 341, 349, 350, 351, 352, 353, 354, 355, 356, 360, 361, 362, 363, 370, 371, 384, 397

Institut für Denkmalpflege, Arbeitsstelle Dresden
9, 51, 138, 151, 273, 317, 318, 319, 404

Ehem. Kunstakademie Dresden
38

Möckel, 1880
154

Nowak, Dresden
237

Rat der Stadt, Bildarchiv des Stadtarchitekten
5, 10, 13, 22, 23, 28, 29, 30, 31, 32, 39, 48, 126, 127, 128, 129, 131, 139, 171, 173, 202, 204, 208, 211, 247, 252, 266, 267, 268, 269, 270, 271, 333, 335, 407

Rat des Stadtbezirks Dresden-Süd
71, 279, 299, 300

Römmler & Jonas
224

Semper, 1849
21

Alte Stadt
231, 233

Stadtarchiv
41, 44

Stadtmuseum
4, 6, 18, 58, 61

Zeitschrift für praktische Baukunst
290

Historische Aufnahmen unbekannter Autoren und Postkarten
34, 53, 74, 91, 104, 158, 184, 210, 327, 381

Stadtpläne

Plan der Stadt Dresden 1813 mit den französischen Feldbefestigungen. Kopie nach C. H. Aster. Aus: Richter, Atlas zur Geschichte von Dresden. Dresden, 1898

Plan der Stadt Dresden 1845 (mit den Grenzen der Überschwemmung am 31. März 1845). Aus: Richter, Atlas zur Geschichte von Dresden. Dresden, 1898

Dresden 1898. M 1:10000. Bearb. vom Vermessungsamt der Stadt. Aus: Richter, Atlas zur Geschichte von Dresden, Dresden, 1898

Aufnahmedaten

3: *um 1905*
5: *1898*
7: *um 1955*
8: *um 1930*
10: *um 1915*
11: um 1925
12: *1971*
13: *um 1905*
14, 15: *um 1910*
16: *um 1925*
17: *1977*
19: *1971*
24: *um 1930*
25: *um 1940*
27: *um 1930*
28–32: *um 1930 (zerstört)*
33: *um 1910 (zerstört)*
36: *1976*
37: *um 1930*
39: *um 1898 (Abbruch 1900)*
41, 43: *(zerstört)*
45, 46: *1973*
47: *1972*
49: *1971*
50: *1972*
51: *(zerstört 1944)*
55: *um 1900 (zerstört)*
56: *1975*
57: *um 1900 (zerstört)*
60: *1972*
62: *1960*
63–70: *1973*
72, 73: *1973*
75–78: *1973*
79: *1972*
80: *1973*
81–84: *um 1875 (zerstört)*
85: *1972*
86–88: *(zerstört)*
89, 90: *um 1875 (zerstört)*
91: *um 1898*
92: *um 1940*
93: *1974*
94: *1972*
95: *um 1875 (zerstört)*
96: *1974*
97, 98: *um 1875 (zerstört)*
99: *1970*
100: *um 1875 (zerstört)*
101: *1975*
102: *um 1875 (zerstört)*
103: *1974*
104: *um 1898 (zerstört)*
105: *um 1930*
106: *um 1875*
107: *um 1930 (zerstört)*
108: *1973*
109, 110: *um 1875 (zerstört)*
111: *um 1930 (zerstört)*
112: *um 1925 (zerstört)*
113, 114: *um 1875 (zerstört)*
115: *1974*
116, 117: *um 1875 (zerstört)*
118: *um 1935 (zerstört)*
119: *1971*
120: *1974*
122: *1970*
123: *um 1960*
125: *1971*
130: *um 1965*
131–134: *1971*
135: *um 1930*
136: *1971*
142: *um 1935 (zerstört)*
143–146: *1972*
147: *um 1930*
148: *um 1935 (zerstört)*
149: *um 1930*
153: *(zerstört)*
154: *um 1880 (zerstört)*
155: *um 1900 (zerstört)*
156: *(zerstört)*
157: *1972*
158: *um 1900*
159: *1974*
160: *um 1880*
161, 162: *1970*
163: *um 1880*
164: *1972*
165: *1974*
166: *um 1875*
167: *1970*
168: *um 1880 (zerstört)*
175, 176: *1972*
177: *1973*
178: *1972*
179: *1971*
180: *um 1930*
182: *um 1925*
183: *um 1935*
184: *um 1900*
185: *1973*
187: *vor 1945*
188: *1972*
189: *um 1935*
190: *um 1930*
191: *1970*
192: *1972*
193: *1973*
194: *1971*
196: *um 1930 (zerstört)*
197, 198: *1973*
199: *um 1930*
200: *1970*
201: *1972*
202: *etwa 1930*
203: *um 1925*
204: *um 1920 (zerstört)*
205: 1972
206: *um 1880 (zerstört)*
207: *1970*
208: *(zerstört)*
209: *um 1940*
210, 211: *um 1910 (zerstört)*
212: *um 1910*
213: *1970 (abgerissen)*
214: *um 1910 (Ruine)*
215: *1972*
216: *um 1900 (Ruine)*
220: *um 1880*
221: *um 1930*
222, 223: *1972*
224: *um 1900 (zerstört)*
225: *1970*
226: *1975*
228: *1970*
229: *1977*
232: *1971*
234: *1973*
235, 236: *1972*
237: *um 1955*
239–244: *1973*
245: *um 1910 (zerstört)*
246: *um 1910*
247: *1898 (zerstört)*
248: *vor 1945 (zerstört)*
249, 250: *etwa 1930*
251: *1973*
252: *um 1910*
253, 254: *1970*
255: *1972*
256: *1974*
257: *1973*
258, 259: *1972*
260: *1970*
261: *1972*
262: *1970*
263: *1972*
264: *um 1930*
265: *1972*
266: *1898*
267: *um 1910 (zerstört)*
268: *um 1920 (zerstört)*
269: *um 1910 (zerstört)*
270: *um 1905 (zerstört)*
271: *um 1925 (zerstört)*
272: *1973*
273: *um 1910*
274: *um 1925*
275: *um 1930 (zerstört)*
276: *etwa 1930*
277: *1971*

Personenregister

Die kursiven Zahlen verweisen auf einen Beitrag im Katalog der Architekten

Additional information of this book

(Architektur in Dresden 1800 - 1900; 978-3-528-18696-8) is provided:

EXTRA
MATERIALS
extras.springer.com

http://Extras.Springer.com

GPSR Compliance

The European Union's (EU) General Product Safety Regulation (GPSR) is a set of rules that requires consumer products to be safe and our obligations to ensure this.

If you have any concerns about our products, you can contact us on ProductSafety@springernature.com

In case Publisher is established outside the EU, the EU authorized representative is:

Springer Nature Customer Service Center GmbH
Europaplatz 3
69115 Heidelberg, Germany

Batch number: 10816685

Printed by Printforce, the Netherlands